FÍSICA III

Física Moderna

Gerardo V. Morelli

FÍSICA III

Física Moderna

UNIVERSITAS
CÓRDOBA

Pje España 1467. Te/Fax: 4680913. (5000) Córdoba. Argentina – editorialuniversitas@yahoo.com.ar

Diseño de Tapa: Marcelo A. Tejerina
Autoedición: Marcelo A. Tejerina
Producción Gráfica: Universitas.

EMAIL: editorialuniversitas@yahoo.com.ar
WEB: universitascordoba.com.ar

ISBN: 978-987-1457-22-9

Hecho el depósito que marca la ley 11.723.
Impreso en Argentina - Printed in Argentine

PRÓLOGO

¿Cuál es una de las tantas dificultades con que tropieza el estudiante de ingeniería (y seguramente otras carreras)?

¡El escaso tiempo disponible para estudiar el cúmulo abrumador de temas implicados por las distintas asignaturas!

Escasez agravado desde que se implantó el cursado por cuatrimenstre: Pretendemos enseñar en un cuatrimestre temas que a la humanidad le llevó siglos desarrollar e inclusive varios años de estudio al docente que los transmite (al menos hasta sentirse medianamente seguro frente a sus alumnos).

Tratar de disminuir un poco esta dificultad me motivó a escribir este pequño libro. Cada uno de los temas, aquí sintéticamente abordados, llevaría años profundizarlos; para colmo, alguno de ellos, como la física cuántica, no están cerrados, aún hoy siguen en discusión.

Que los estudiantes de ingeniería deben adquirir algunos conocimientos de la física del siglo XX ("física moderna") está fuera de toda duda: pensemos en toda la tecnología que "nos rodea", pensemos que la ingeniería actual, amén de experiencia tecnológica acumulada, es física aplicada.

Cuando un estudiante entiende la igualdad $E = m \times c^2$ entiende porqué una bomba nuclear, un reactor o el Sol, producen tanta energía...

Gerardo V. Morelli

ÍNDICE

CAPÍTULO 1

PULSOS Y ONDAS

No resulta fácil ni quizás sea muy útil, para el entendimiento del estudiante, intentar definir en pocas palabras lo que se entiende por pulsos y ondas. Es más eficaz dar ejemplos y describir las propiedades más generales.

No todos los autores distinguen pulsos de ondas, muchos los consideran como un mismo fenómeno y en parte es así: al menos ambos fenómenos se estudian con los mismos recursos matemáticos, p.e., la teoría de las series e integrales de Fourier. Pero podemos intentar una distinción no muy precisa pero entendible: pulso es un fenómeno de corta duración y poca extensión espacial, que se propaga. p.e.: si sacudimos una vez el extremo de una cuerda tensa (fig. 1) generamos un pulso de cierta forma que se propaga a lo largo de la cuerda (si la cuerda es suficientemente larga terminará por disiparse totalmente). En cambio, si sacudimos periódicamente durante un largo tiempo, generamos una onda (fig. 2).

Como vemos, la distinción es algo ambigua, pues una onda podría considerarse como un "tren" de pulsos.

De aquí en más, por brevedad, cuando hablamos de ondas, incluiremos tácitamente a los pulsos, salvo indicación en contrario.

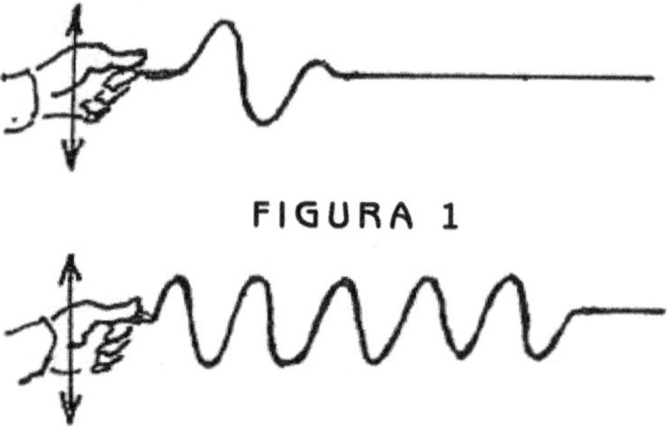

FIGURA 1

FIGURA 2

1.1 Aspectos físicos generales

Todo fenómeno ondulatorio implica propagación de energía, sin necesidad de un transporte del material del medio en que se propaga la onda, p.e., con las ondas superficiales en un lago (olas), se propaga energía cinética y potencial gravitacional, pero no necesariamente se propaga el agua, las partículas de agua solo experimentan movimientos localizados en el entorno de la posición de equilibrio. Esto se percibe si observamos algo que flota: al paso de la onda, lo que flota solo se mueve localmente, sin ser arrastrado. Pero cuidado, hay casos en que se superpone la onda con la propagación del propio medio material, p.e, el sonido en la masa de aire en movimiento (viento).

Con las ondas electromagnéticas (como la luz) se propaga energía del campo eléctrico y magnético, cuya densidad es $\dfrac{\vec{E}.\vec{D} + \vec{B}.\vec{H}}{2}$, pero la onda electromagnética constituye su propio medio; el campo. Antiguamente se pensaba que el medio era una sustancia llamada "éter lumínico", desechado luego por la teoría de la relatividad de Einstein, como luego veremos. Hoy también se supone la existencia de ondas gravitacionales, que según la teoría de la relatividad generalizada, serian deformaciones del propio espacio-tiempo generada por objetos muy masivos.

En física cuántica, hablaremos de "ondas de probabilidad", pero la interpretación de las mismas es una cuestión delicada y diferente de las anteriores, como luego trataremos.

1.2 Aspectos matemáticos

El estudio matemático de las ondas se efectúa empleando funciones escalares o vectoriales $\psi(\vec{r}, t)$, donde $\vec{r}$ es el vector posición de un punto cualquiera del espacio, t el instante de tiempo y ψ, evaluada en $(\vec{r}, t)$ es una magnitud asociada a la naturaleza de la onda, p.e., en el caso electromagnético ψ puede ser el vector campo eléctrico $\vec{E}$ o magnético $\vec{B}$. Estas funciones se denominan "funciones de onda". Cuando sean vectoriales, las indicaremos con $\vec{\psi}$. Son soluciones particulares de ciertas ecuaciones a derivadas parciales, como ser, la ec. dif. de D´Alembert (o clásica), la ec. dif. de Schrödinger o la de Klein-Gordon, etc.

Una misma onda puede ser estudiada con funciones escalares o vectoriales, p.e., el sonido puede ser descripto por funciones escalares que dan la presión del gas o bien por funciones vectoriales que dan los desplazamientos de las moléculas del gas.

1.2.1 Ondas transversales y longitudinales

Si $\vec{\psi}$ se mantiene perpendicular al vector velocidad de propagación $\vec{V}$, se dice que la onda es <u>transversal</u>, p.e., son transversales las ondas electromagnéticas en el vacío.

Si $\vec{\psi}$ se mantiene paralelo a $\vec{V}$, se dice que la onda es <u>longitudinal</u>, p.e., el sonido en un gas o líquido. En un sólido elástico se pueden dar ambo tipos, según como se lo perturbe.

Hay ondas tales que $\vec{\psi}$ posee componentes tanto perpendiculares como paralelas a $\vec{V}$, p.e., las ondas de Rayleigh y de Love en sísmica, o bien ondas superficiales (olas) en un líquido.

1.2.2 Ondas polarizadas y no polarizadas

Cuando la dirección del vector $\vec{\psi}(\vec{r},t)$ no varía, o si lo hace, lo hace en forma sencilla y predecible se dice que la onda es polarizada. En todos los casos, estamos hablando de ondas transversales. Más adelante daremos mas detalles (ver "luz polarizada").

1.3 FUNCIONES DE ONDAS QUE SE PROPAGAN A VELOCIDAD CONSTANTE Y MANTIENEN SU "FORMA".

Sabemos que si a la variable independiente (p.e.x) de una función $\psi(x)$ le restamos cierta cantidad a > 0, su gráfica se corre un valor a en el sentido positivo de x. Si sumamos se correrá en sentido contrario. p.e., sea $\psi = x^2$ (fig. 3) y $\psi = (x - 2)^2$. Todo sucede como si la parábola $\psi = x^2$ se desplazó 2 unidades en el sentido positivo de x. si ahora restamos algo variable en el tiempo, p.e., a=vt, con V > 0, interpretando a V como velocidad, se tendrá una gráfica que se desplaza a velocidad V en el sentido positivo de x. p.e., en la fig. 4 se tiene representado aproximadamente para distintos instantes. $\psi = \dfrac{1}{(x-2t)^2 + 1}$, donde t se toma como parámetro (es decir, t no figura como eje coordenado junto a x).

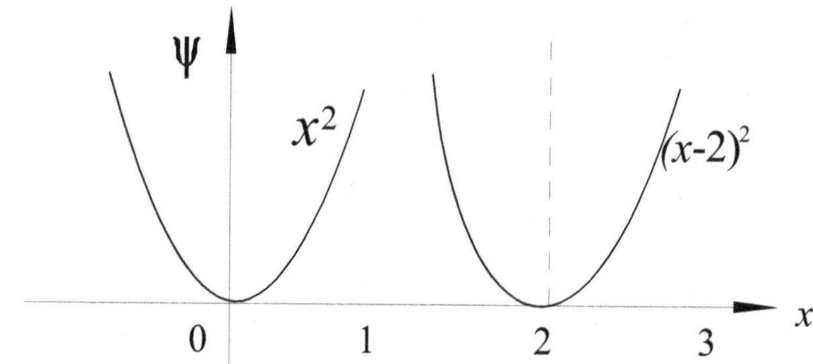

FIGURA 3

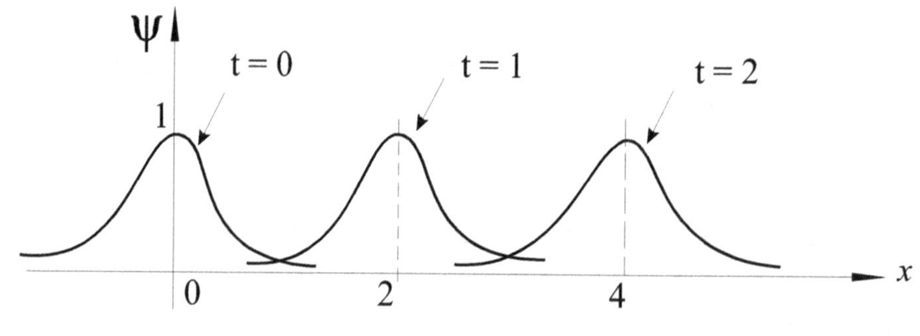

FIGURA 4

En cambio, si incluimos t como eje coord. (fig. 5) se tiene una superficie.

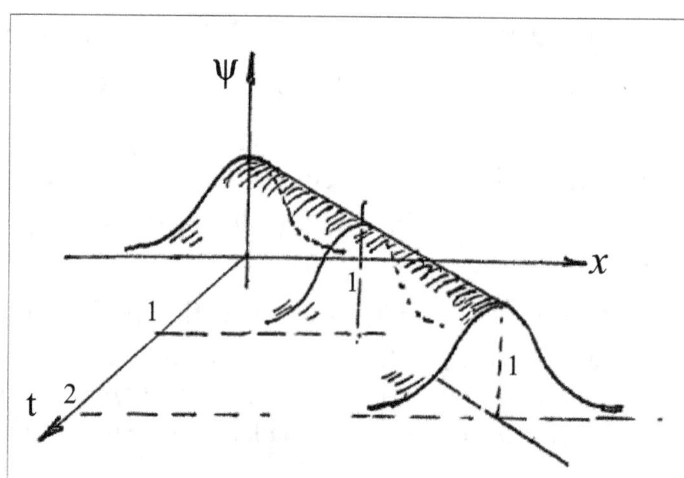

FIGURA 5

Podemos ver que toda función del tipo $\psi(u)$ con u = x-vt corresponde a una onda de forma invariable que se propaga con velocidad v paralela a x.

Debe quedar claro que esto es así para cualquier operación sobre u = x – vt, pero no cuando se opera sobre x o t independientemente, p.e., $\psi = \dfrac{1}{(x^2 - 2\sqrt{t}) + 1}$ ya no corresponde a una onda indeformable que se propaga a velocidad constante.

1.4 LA ECUACIÓN DIFERENCIAL PARCIAL CLÁSICA O DE D´ALEMBERT

El matemático francés d´Alembert (1717-1783) aplicó la 2da ley de Newton de la dinámica a un hilo tenso en el cual se propagaba una onda de flexión y con ciertas hipótesis simplificadoras llegó a una ec. diferencial parcial de 2da orden, también denominada "ecuación clásica de ondas". De 2do orden porque la propia ley de Newton es de 2do orden al contener la aceleración.

Ahora arribaremos a dicha ec. por un procedimiento puramente matemático y luego más adelante haremos la demostración de d´Alembert.

Para ello partimos de las funciones de onda del tipo $\psi(u)$, con u = x – vt y derivando llegaremos a la ec. diferencial cuyas soluciones particulares son estas funciones.

Derivemos respecto a x, aplicando la "regla de la cadena":

$$\frac{\partial \psi}{\partial x} = \frac{\partial \psi}{\partial u} \cdot \frac{\partial u}{\partial x}\text{, pero } \frac{\partial u}{\partial x} = 1\text{, luego } \frac{\partial \psi}{\partial x} = \frac{\partial \psi}{\partial u}\text{, derivemos de nuevo}$$

$$\frac{\partial^2 \psi}{\partial x^2} = \frac{\partial^2 \psi}{\partial u^2} \cdot \frac{\partial u}{\partial x} = \frac{\partial^2 \psi}{\partial u^2} \quad (1)\text{ . Derivemos respecto a t:}$$

$$\frac{\partial \psi}{\partial t} = \frac{\partial \psi}{\partial u} \cdot \frac{\partial u}{\partial t}\text{, pero } \frac{\partial u}{\partial t} = -V\text{, luego } \frac{\partial \psi}{\partial t} = -V \frac{\partial \psi}{\partial u}\text{, derivando nuevamente:}$$

$$\frac{\partial^2 \psi}{\partial t^2} = -V \frac{\partial^2 \psi}{\partial u^2} \cdot \frac{\partial u}{\partial t} = V^2 \frac{\partial^2 \psi}{\partial u^2} \quad \text{o bien:} \quad \frac{1}{V^2} \cdot \frac{\partial^2 \psi}{\partial t^2} = \frac{\partial^2 \psi}{\partial u^2}, \quad \text{comparando con (1) tenemos:}$$

$$\frac{\partial^2 \psi}{\partial x^2} - \frac{1}{V^2} \cdot \frac{\partial^2 \psi}{\partial t^2} = 0$$

Esta es la ec. diferencial de d´Alembert o clásica, para una onda unidimensional espacial. Como ya hemos dicho, las funciones del tipo $\psi(x - vt)$ son soluciones de esta ecuación.

<u>Ejemplo:</u> sea $\psi = A \cos \dfrac{2\pi}{\lambda}(x - vt)$ (onda consenoidal o armónica).

Comprobemos si verifica la ec. de d´Alembert:

$$\frac{\partial \psi}{\partial x} = -A \frac{2\pi}{\lambda} sen \frac{2\pi}{\lambda}(x - vt); \frac{\partial^2 \psi}{\partial x^2} = -A \frac{4\pi^2}{\lambda^2} co \frac{2\pi}{\lambda}(s - vt)$$

$$\frac{\partial \psi}{\partial t} = A \cdot \frac{2\pi}{\lambda} Vsen \frac{2\pi}{\lambda}(x - vt); \frac{\partial^2 \psi}{\partial t^2} = -AV \frac{4\pi^2}{\lambda^2} co \frac{2\pi}{\lambda}(s - vt)$$

O bien $\dfrac{1}{V^2} \cdot \dfrac{\partial^2 \psi}{\partial t^2} = -A \dfrac{4\pi^2}{\lambda^2} \cos \dfrac{2\pi}{\lambda}(x - vt)$, de modo que verifica.

Para una onda en el espacio tridimensional, en coordenadas cartesianas, se tiene:

$$\frac{\partial^2 \psi}{\partial x^2} + \frac{\partial^2 \psi}{\partial y^2} + \frac{\partial^2 \psi}{\partial z^2} - \frac{1}{V^2} \cdot \frac{\partial^2 \psi}{\partial t^2} = 0$$

Se denomina "laplaciano" de ψ a la suma de las tres derivadas espaciales, que lo simbolizamos con Δ o $\nabla^2 = \nabla.\nabla$:

$$\nabla^2 \psi = \frac{\partial^2 \psi}{\partial x^2} + \frac{\partial^2 \psi}{\partial y^2} + \frac{\partial^2 \psi}{\partial z^2}, \text{ de modo que la ec. de d´Alembert se describe}$$

$$\nabla^2 \psi - \frac{1}{V^2} \cdot \frac{\partial^2 \psi}{\partial t^2} = 0$$

También se suele definir otro símbolo: $\square$, denominado d´Alembertiano:

$$\square = \nabla^2 - \frac{1}{V^2} \cdot \frac{\partial^2}{\partial t^2} \text{ y así } \square \psi = 0$$

Las soluciones de esta ec. en 3 dimensiones espaciales ya no son tan sencillas en general como en el caso de la unidimensional salvo el caso de ondas planas armónicas.

La búsqueda de soluciones que respetan "condiciones iniciales" conduce en 3d a las integrales de KIRCHHOFF, en 2d a las integrales de POISSON y en 1d a las del propio D´ALEMBERT. Estos temas, aunque interesantes e importantes no los desarrollaremos.

Arribamos otra vez a la ec. de d´Alembert al estudiar un hilo tenso vibrando.

Se harán las siguientes hipótesis simplificadoras:

1) Hilo muy flexible, el momento necesario para doblarlo despreciable, o también si lo doblamos o lo arrugamos no tiende a enderezarse como lo hace un alambre de acero real.

2) Es homogéneo y de diámetro constante, lo que implica que la densidad lineal es constante en todos sus puntos.

3) Es claro que durante el movimiento se deforma y varia su longitud y por ende la densidad lineal, pero se despreciara dicha variación.

4) No experimenta "roces" internos, de modo que no disipa energía (sistema conservativo).

5) No actúan fuerzas exteriores, salvo la que lo tensa. También se desprecia la gravedad. (vibraciones "libres")

6) El hilo se mantendrá en un plano fijo (p.e. x, y) es decir, la onda será polarizada plana.

7) Las amplitudes suficientemente pequeñas como para aceptar ciertas aproximaciones lineales.

8) Sus puntos no se desplazarán "lateralmente".

En la fig. 6 se muestra al hilo en reposo, tensado por una fuerza de modulo T. Hacemos coincidir con él un eje x.

En la fig. 7 está vibrando (exageramos las amplitudes). $\psi(x, t)$ es el desplazamiento de un puerto respecto a la posición de reposo.

En la fig. 8 representamos un pequeño tramo del hilo ("mentalmente aislado") de masa $dm = \rho dx$.

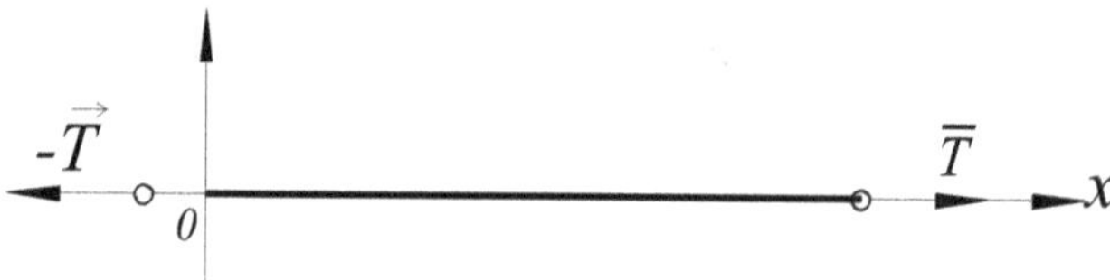

FIGURA 6

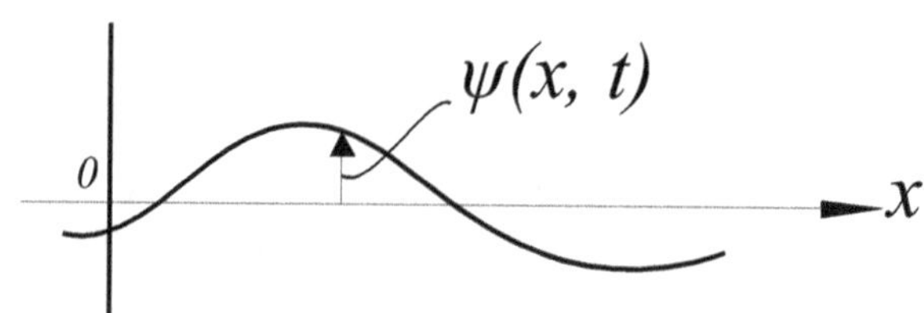

FIGURA 7

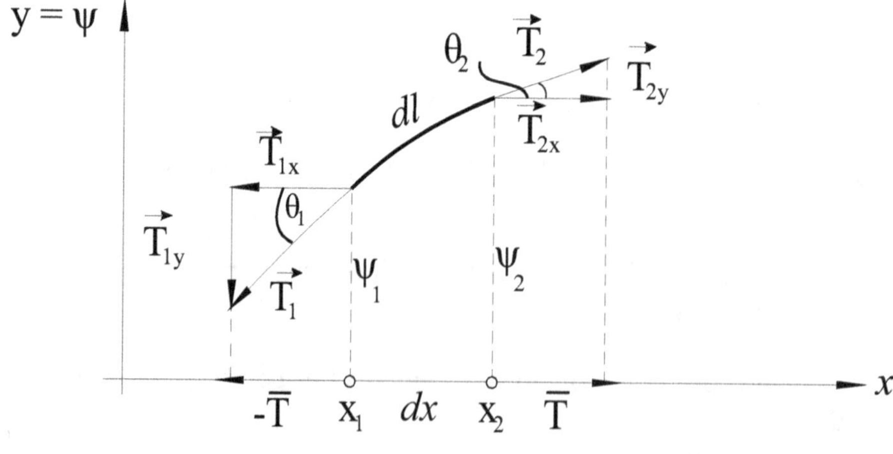

FIGURA 8

Observamos los vectores tensión $\vec{T}_1, \vec{T}_2$ en cada extremo. Por la primera hipótesis resulta que las tensiones son tangentes al hilo. Por la hipótesis octava debemos suponer que $\mid \vec{T}_{1x} \parallel = \parallel \vec{T}_{2x} \parallel$, además, como aproximadamente es $dx \cong d\ell \cos\theta$ (con un θ intermedio a θ_1, θ_2), resulta $\parallel \vec{T}_{1x} \parallel = \parallel \vec{T}_{2x} \parallel \cong \parallel \vec{T} \parallel$, donde $\vec{T}$ es la tensión cuando el hilo estaba en reposo.

Apliquemos la 2da ley de Newton por componentes en el eje y:

(2) $\qquad T_{2y} - \mid T_{1y} \mid = \rho dx \dfrac{\partial^2 \psi}{\partial t^2}$ (donde la aceleración $\dfrac{\partial^2 \psi}{\partial t^2}$ se calcula en un punto medio

entre x_1, x_2, pues debe ser del centro de masa del tramo). Además:

$T_{2y} = Ttg\theta_2, \mid T_{1y} \mid = Ttg\theta_1$, reemplazando en (2):

(3) $\qquad T(tg\theta_2 - tg\theta_1) = \rho dx \dfrac{\partial^2 \psi}{\partial t^2}$.

Como estas tang. son las pendientes del hilo:

$$tg\theta_2 = \left(\dfrac{\partial \psi}{\partial x}\right)_{x_2}, tg\theta_1 = \left(\dfrac{\partial \psi}{\partial x}\right)_{x_1}, \text{ reemplazando en (3)}$$

(4) $\qquad T\left[\left(\dfrac{\partial \psi}{\partial x}\right)_{x_2} - \left(\dfrac{\partial \psi}{\partial x}\right)_{x_1}\right] = \rho dx \dfrac{\partial^2 \psi}{\partial t^2}$

Desarrollemos $\left(\dfrac{\partial \psi}{\partial x}\right)_{x_2}$ por serie de Taylor:

$$\left(\dfrac{\partial \psi}{\partial x}\right)_{x_2} = \left(\dfrac{\partial \psi}{\partial x}\right)_{x_1} + \left(\dfrac{\partial^2 \psi}{\partial x^2}\right)_{x_1} dx + \dfrac{1}{2!}\left(\dfrac{\partial^3 \psi}{\partial x^3}\right) dx^2 + \ldots$$

Ahora efectuamos la aproximación lineal despreciando los términos de la serie que poseen potencias de dx mayores que la unidad:

$$\left(\dfrac{\partial \psi}{\partial x}\right)_{x_2} \cong \left(\dfrac{\partial \psi}{\partial x}\right)_{x_1} + \left(\dfrac{\partial^2 \psi}{\partial x^2}\right)_{x_1} dx, \text{ reemplazando en (4)}$$

(5) $T\dfrac{\partial^2\psi}{\partial x^2} = \rho\dfrac{\partial^2\psi}{\partial t^2}$. Hemos suprimido el subíndice x pues la aproximación que hemos aceptado lo permite: en rigor la derivada espacial debe calcularse, al igual que la temporal, en un mismo punto del hilo.

La (5) es la ec. de d´Alembert: $\dfrac{\partial^2\psi}{\partial x^2} - \dfrac{\rho}{T}\cdot\dfrac{\partial^2\psi}{\partial t^2} = 0$

Si el hilo es muy largo ("infinitamente" largo) podemos interpretar que $V = \sqrt{T/\rho}$ es la velocidad con que se propaga la onda (o pulso) a lo largo del hilo. Luego veremos otra posible interpretación en el caso de un hilo amarrado en sus extremos.

1.5 ONDAS ARMÓNICAS (UNIDIMENSIONALES)

Cuando hablamos de funciones armónicas nos referimos indistintamente al seno o al coseno (también debemos incluir a la exponencial compleja $e^{i\varphi} = \cos\varphi + i\,sen\varphi$). Entonces la función correspondiente a una onda armónica (cosenoidal), es

(6) $\psi(x,t) = A\cos\left[\dfrac{2\pi}{\lambda}(x - vt) + \theta\right]$

En la fig. 9 (a) vemos la grafica en el dominio del tiempo donde hemos supuesto que corresponde al punto x=0 y $\theta > 0$, de modo que

$\psi(0,t) = A\cos\left[-\dfrac{2\pi}{\lambda}vt + \theta\right]$, o bien, teniendo en cuenta que $\cos(-\alpha) = \cos\alpha$:

$\psi(0,t) = A\cos\left[\dfrac{2\pi}{\lambda}vt - \theta\right]$, el corrimiento es hacia la derecha. En el instante

$t_m = \dfrac{\theta\lambda}{2\pi V}$ tenemos el máx. A.

En la fig. 9 (b) vemos la gráfica en el dominio de x, donde hemos supuesto que corresponde al instante t = 0 y también $\theta > 0$, pero ahora el corrimiento es a la izquierda, en efecto, $\psi(x,0) = A\cos\left(\dfrac{2\pi}{\lambda}x + \theta\right)$. El máx. A está en $X_m = -\dfrac{\theta\lambda}{2\pi}$.

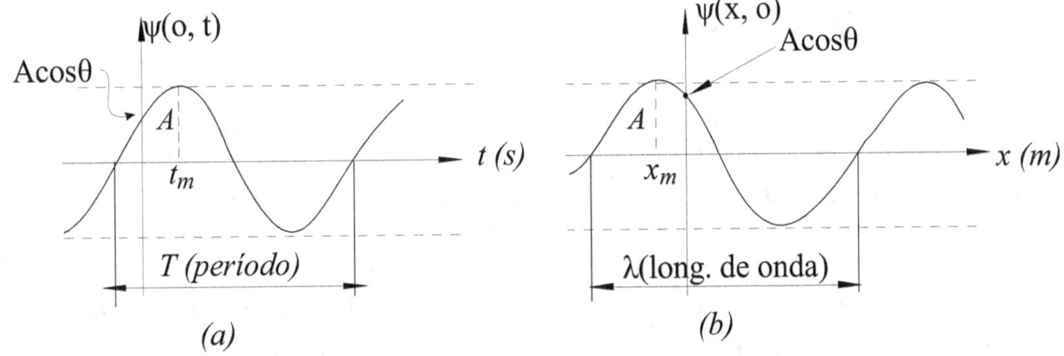

FIGURA 9

El valor máximo de ψ se denomina amplitud o "valor pico", lo indicamos con A (o $\hat{\psi}$)

El intervalo de tiempo que dura un ciclo se denomina período (T).

El largo de un ciclo, es la longitud de onda (λ).

La cantidad de ciclos en 1s es la frecuencia (*f*). es claro que $f = \dfrac{1}{T}\left(s^{-1}\right)$.

La cantidad de ciclos en 1m es el número de onda (*k′*). es claro que $k' = \dfrac{1}{\lambda}\left(m^{-1}\right)$.

Es usual también definir otra frecuencia y numero de onda, a saber:

$$w = \frac{2\pi}{T} = 2\pi f \left(\frac{rad}{s}\right)$$

$$k = \frac{2\pi}{\lambda} = 2\pi k' \left(\frac{rad}{m}\right)$$

Como en rigor el radián es adimensional, w y k se miden en las mismas unidades que f y k′, pero cuando nos referimos a f, la unidad s^{-1} se denomina Hertz (hz).

Al argumento $\left[\dfrac{2\pi}{\lambda}(x - vt) + \theta\right]$ le denominaremos ángulo de fase o simplemente "fase". Al ángulo θ fase inicial o "constante de fase".

1.6 LA IRREALIDAD FÍSICA DE LAS ONDAS ARMÓNICAS

Como las funciones armónicas tienen como dominio de existencia todo el eje x y todo el eje t (de -∞ a +∞), no tienen principio (fuente) ni fin (frente de onda), son "∞ extensas" y "externas". De existir físicamente estaría "invadiendo" todo el espacio y desde siempre.

Otra cosa imposible de lograr en la práctica es la "monocromaticidad" perfecta, es decir, única frecuencia o ancho de banda nulo. En la fig. 10 representamos a ψ en el dominio de la frecuencia. Lo mejor que se puede lograr en la práctica es algo como lo indicado en la fig. 11, con cierto ancho de banda no nula.

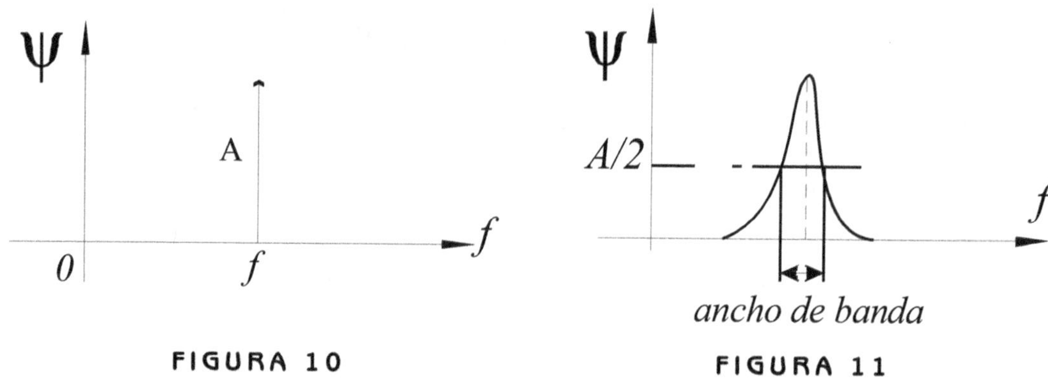

FIGURA 10   **FIGURA 11**

Todo esto trae como consecuencia que las funciones armónicas no pueden transmitir información ni energía, por lo tanto, el uso automático de estas funciones sin el cuidado interpretativo puede conducir a extrañas paradojas, p.e., en la teoría de Fourier un pulso de corta duración y extensión se lo concibe matemáticamente como superposición de ondas armónicas, entonces, cualquier armónica existiría ¡Antes y después del pulso! O habría llegado a cualquier receptor ¡antes que el propio pulso!

1.6.1 Velocidad de fase

Acorde al comentario anterior tendremos cuidado al definir la velocidad de una onda armónica: recordemos que la velocidad fue definida originalmente para partículas o puntos de un cuerpo, ahora estamos considerando algo infinitamente extenso.

En la fig. 12 se ha graficado en el dominio de x a $\psi(x,t)$ en 2 instantes t_1, t_2, tal que $t_2=t_1+dt$. La grafica se ha desplazado dx. Un punto P "marcado" en la grafica se desplaza con velocidad $V = \dfrac{dx}{dt}$. También podemos interpretar que V es la velocidad con que se desplaza un valor constante de ψ (que en la fig. 12 es el máximo A). Pero para que ψ sea constante, la fase debe ser constante:

$\dfrac{2\pi}{\lambda}(x - vt) + \theta = cte.$. Derivado respecto al tiempo: $\dfrac{2\pi}{\lambda}\left(\dfrac{dx}{dt} - V\right) = 0$, luego $V = \dfrac{dx}{dt}$.

De aquí la denominación de "velocidad de fase".

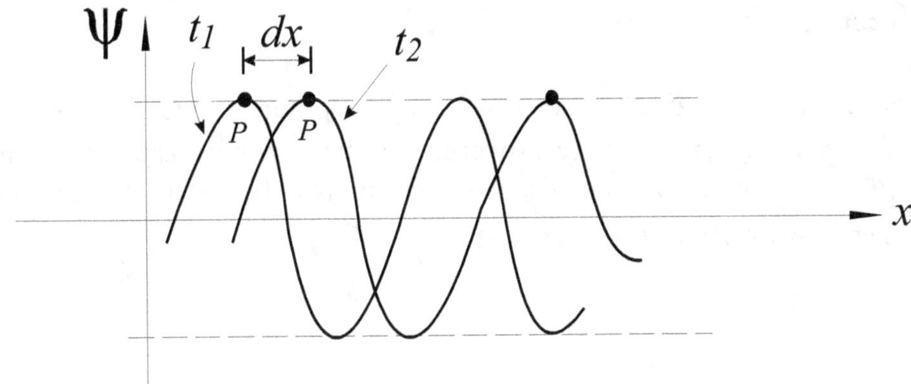

FIGURA 12

Es claro que en un tiempo T (período) un punto marcado se desplaza λ (longitud de onda), de modo que $V = \dfrac{\lambda}{T} = \lambda f = \dfrac{w}{k}$.

Esto permite escribir ψ (x,t) de otro modo:

$$\psi(x,t) = A \cos\left(\dfrac{2\pi}{\lambda}x - \dfrac{2\pi}{\lambda}V + \theta\right) = A \cos\left(kx - wt + \theta\right)$$

<u>La forma exponencial compleja</u>: teniendo en cuenta que $e^{i\varphi} = \cos\varphi + i\,sen\varphi$ es $\cos\varphi =$ parte real de $e^{i\varphi} = Re^{i\varphi}$. Haciendo $\varphi = kx - wt + \theta$, resulta:

$$\varphi(x,t) = A \cos\left(kx - wt + \theta\right) = RA^{i(kx-wt+\theta)} = RAe^{ikx}e^{-iwt}.e^{i\theta}$$

Haciendo $B = Ae^{i\theta}$ (supuesto θ constante): $\psi(x,t) = RBe^{ikx}e^{-iwt}$

Se acostumbra a omitir parte real (R), escribiendo simplemente

$$\psi(x,t) = Be^{ikx}e^{-iwt}$$

1.6.2 Representación "fasorial"

Un "fasor" es un vector rotante $\vec{\psi}$, de modulo igual a la amplitud A, que gira anti horariamente con velocidad angular w y cuya proyección instante por instante da el valor instantáneo de $\psi(x,t)$. En la fig. 13 vemos al fasor $\vec{\psi}$ en distintos instantes, supuesto x $= 0 : \psi(o,t) = A\cos(-wt + \theta) = A\cos(wt - \theta)$

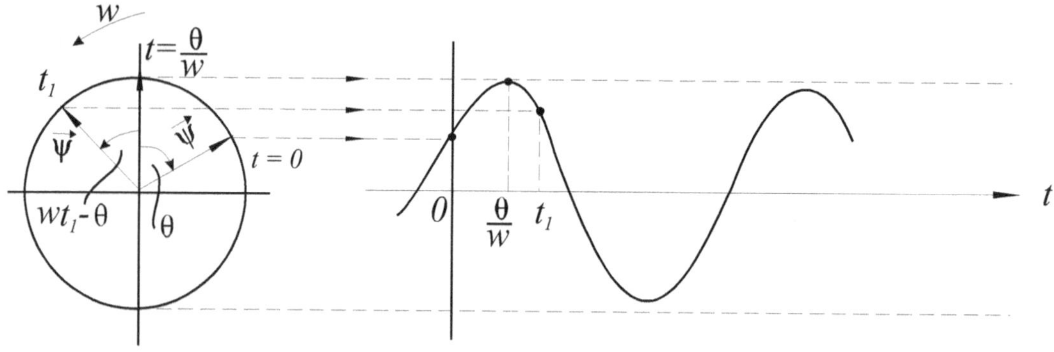

FIGURA 13

1.6.3 Suma de 2 ondas armónicas

Sumaremos $\psi_1 + \psi_2 = A_1\cos(k_1x \pm w_1t + \theta_1) + A_2\cos(k_2x \pm w_2t + \theta_2)$.

Según las constantes, se dan distintos resultados:

Interferencia: supondremos $k_1=k_2=k$, $w_1=w_2=w$, $A_1 \neq A_2$, además tomaremos los mismos signos, es decir, ondas que se propagan en el mismo sentido. Para una deducción más rápida del resultado utilizaremos los fasores $\vec{\psi}_1, \vec{\psi}_2$. Para calcular la amplitud resultante (A_R) y la fase inicial resultante (θ_R) supondremos que los fasores están posicionados como en la fig. 14.: $\theta_1 = 0, \theta_2 = \Delta\theta$ (diferencia de fase entre $\vec{\psi}_2$ y $\vec{\psi}_1$). Ya sabemos que $\| \vec{\psi}_1 \| = A_1, \| \vec{\psi}_2 \| = A_2$ (amplitudes)

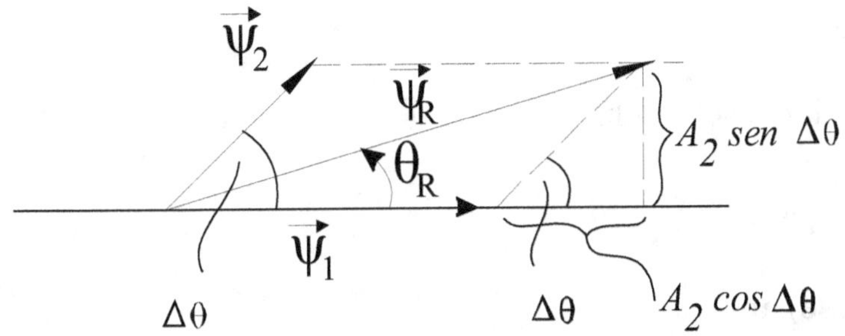

FIGURA 14

Según la fig. 14 tenemos:

$$(7) \qquad A_R = \sqrt{\left(A_1 + A_2 \cos \Delta\theta\right)^2 + \left(A_2 sen\Delta\theta\right)^2}$$

$$(8) \qquad \theta_R = tg^{-1}\left(\frac{A_2 sen\Delta\theta}{A_1 + A_2 \cos \Delta\theta}\right)$$

De modo que $\psi_R(x,t) = A_R \cos\left(kx - wt + \theta_R\right)$.

Supongamos ahora que $A_1=A_2=A$. La (7) resulta:

$$A_R = A\sqrt{2 + 2\cos \Delta\theta} = 2A \cos \frac{\Delta\theta}{2}, \text{ la (8) resulta:}$$

$$\theta_R = tg^{-1}\left(\frac{sen\Delta\theta}{1 + \cos \Delta\theta}\right) = \frac{\Delta\theta}{2}, \text{ de modo que}$$

$$\psi_R = \left(2A \cos \frac{\Delta\theta}{2}\right)\cos\left(kx - wt + \frac{\Delta\theta}{2}\right).$$

Interferencia "destructiva"

Si $\Delta\theta = \pi$ (ondas en contrafase) resulta $\psi_R = 0$, es decir "onda + onda" = "no onda".

Interferencia "constructiva"

Si $\Delta\theta = 0$ (ondas en fase), resulta

$\psi_R = 2A\cos(kx - wt)$, es decir una onda de amplitud doble.

Estos resultados no violan la conservación de la energía (recordemos que las ondas estrictamente armónicas no propagan energía), además, en los casos reales, la interferencia no es globalmente destructiva o constructiva: es destructiva "aquí" pero constructiva "allá", es decir, reacomoda la distribución de la energía sin alterar el valor total. Más adelante, en óptica ondulatoria, volveremos sobre esto.

1.7 ONDAS ESTACIONARIAS

Supondremos ahora que las dos ondas armónicas tienen todo igual, salvo que se propaga en sentidos contrarios.

$\psi_R = A\cos(kx - wt) + A\cos(kx + wt)$, por trigonometría

$$\psi_R = 2A\cos\left(\frac{kx - wt + kx + wt}{2}\right)\cos\left(\frac{kx - wt - kx - wt}{2}\right)$$

$$\psi_R = 2A\cos(kx)\cos\left(wt\right)$$

Interpretamos este resultado así: para cierto punto x, lo que oscila localmente lo hace con amplitud 2Acos (kx) y frecuencia w.

Hay puntos que no oscilan, llamados NODOS, en ellos se tiene

$2A\cos\left(kx\right) = 0, \rightarrow \cos\left(kx\right) = 0 \rightarrow kx = \left(2n + 1\right)\dfrac{\pi}{2}$ con $n = 0, 1, 2, 3...$, es decir son los puntos de abscisas:

$x_m = \dfrac{(2n+1)\pi}{2k}$. Por el contrario, hay puntos que oscilan con máxima amplitud 2ª)

("CRESTAS" O "VIENTRES"), en ellos se cumple $\cos(kx) = 1 \rightarrow kx = n\pi$. Como esta situación permanece en el tiempo, se dice que la onda es armónica estacionaria. Cuando veamos la cuerda fija en sus extremos volveremos sobre este tema, pero por otro "camino".

1.8 BATIMIENTO (O AMPLITUD MODULADA). VELOCIDAD DE GRUPO

Sea ahora $k_1 \neq k_2$, $w_1 \neq w_2$, $A_1 = A_2 = A$, $\theta_1 = \theta_2 = 0$ (para una mayor sencillez):

$$\psi_R = A\cos(k_1 x - w_1 t) + A\cos(k_2 x - w_2 t)$$

$$\psi_R = 2A\cos\left(\frac{k_1 x - w_1 t + k_2 x - w_2 t}{2}\right)\cos\left(\frac{k_1 x - w_1 t + k_2 x - w_2 t}{2}\right)$$

$$\psi_R = 2A\cos\left[\left(\frac{k_1 + k_2}{2}\right)x - \left(\frac{w_1 + w_2}{2}\right)t\right]\cos\left[\left(\frac{k_1 - k_2}{2}\right)x - \left(\frac{w_1 - w_2}{2}\right)t\right]$$

Definimos:

$$\text{N° de onda promedio } k_p \simeq \frac{k_1 + k_2}{2}$$

$$\text{Frecuencia promedio } w_p \simeq \frac{w_1 + w_2}{2}$$

$$\text{N° de onda de batimiento o modulante } k_m \simeq \frac{k_1 - k_2}{2} = \frac{\Delta k}{2}$$

$$\text{Frecuencia de batimiento o modulante } w_m \simeq \frac{w_1 - w_2}{2} = \frac{\Delta w}{2}$$

de modo que:

$$\psi_R = 2A\cos(k_p x - w_p t)\cos(k_m x - w_m t)$$

Resulta así el producto de 2 cosenos: uno de alta frecuencia (w_p) y alto número de onda k_p ("onda corta"), fig. 15 (a), otro de baja frecuencia (w_m) y bajo número de onda (k_m) (onda larga), fig. 15 (b). el producto da la onda modulada en amplitud (AM) de la fig. 15 (c). Todos los gráficos están en el dominio x para cierto instante t.

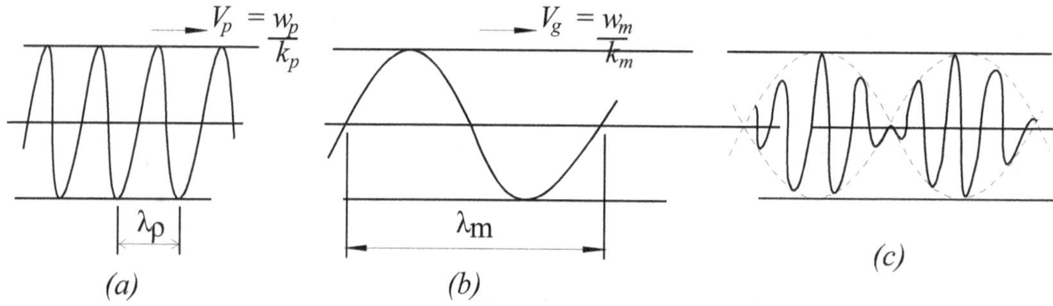

FIGURA 15

La gráfica de la fig. 15 (c) no se debe interpretar como una onda estacionaria, pues si imaginamos un observador "agarrado" a la onda de la fig. 15 (b), este vería que la onda de la fig. 15 *(a)* se mueve con velocidad relativa ($V_p - V_g$), donde $V_p = \dfrac{w_p}{k_p}$ es la velocidad de fase y $V_g = \dfrac{w_m}{k_m}$ es la velocidad de grupo. ¿de qué grupo hablamos?. Del grupo constituido por las dos ondas originales.

La experiencia física muestra que las velocidades de fases (y por ende la de grupo) dependen del medio material en que se propagan. Pero por ahora daremos valores arbitrarios a w_1, k_1, w_2, k_2, mostrando que según estos valores puede ocurrir que $V_p > V_g$ o bien $V_p < V_g$, o inclusive $V_p = V_g$.

Sea $k_1 = 10\,m^{-1}$, $w_1 = 3000\,s^{-1}$, $k_2 = 12\,m^{-1}$, $w_2 = 3900\,s^{-1}$, resulta:

$$\text{velocidad de fase onda n°1: } V_{f1} = \frac{w_1}{k_1} = 300\,{}^{m}\!/\!_{s}$$

$$\text{velocidad de fase onda n°2: } V_{f2} = \frac{w_2}{k_2} = 325\,{}^{m}\!/\!_{s}$$

$$\text{n° de onda promedio: } k_p = \frac{10+12}{2} = 11\,m^{-1}$$

frecuencia promedio: $w_p = \dfrac{3000 + 3900}{2} = 3450\,s^{-1}$, luego de la velocidad de fase promedio es:

$$V_{fp} = \frac{w_p}{k_p} = \frac{3450}{11} \cong 313,636\,{}^{m}\!/_{s}\,,$$

y la velocidad de grupo $V_g = \dfrac{\Delta w}{\Delta k} = \dfrac{3900 - 3000}{12 - 10} = 450\,{}^{m}\!/_{s}$, es decir $V_g > V_{fp}$.

Pero para estos otros valores $\begin{cases} w_1 = 3000\,s^{-1}, k_1 = 3\,m^{-1} \\ w_2 = 3005\,s^{-1}, k_2 = 3,1\,m^{-1} \end{cases}$

Resulta:

$$V_{fp} = 984,43\,{}^{m}\!/_{s}\ ,\quad V_g = 50\,{}^{m}\!/_{s}\ ,\quad V_g < V_{fp}$$

¿Qué ocurre si las velocidades de fase de las dos ondas son iguales? Sea $\dfrac{w_1}{k_1} = \dfrac{w_2}{k_2} = V$, luego $w_1 = vk_1, w_2 = vk_2$

Entonces

$$w_p = \frac{w_1 + w_2}{2} = V\left(\frac{k_1 + k_2}{2}\right) = Vk_p$$

$$w_m = \frac{w_1 - w_2}{2} = V\left(\frac{k_1 - k_2}{2}\right) = Vk_m$$

Luego, la velocidad de fase promedio es $V_{fp} = \dfrac{w_p}{k_p} = V = \dfrac{w_m}{k_m} = $ a la velocidad de grupo

1.9 PULSOS Y DISPERSIÓN

Hasta ahora hemos sumado solo dos ondas armónicas, pero es claro que se pueden sumar más de dos e inclusive se pueden construir series de infinitos sumandos (infinito numerable): son las series de Fourier. Resultan así ondas periódicas pero no armónicas, con ciclos de distintas formas, formas que dependen de las frecuencias, fases iniciales y amplitudes de los sumandos.

En el caso de pulsos no periódicos o "paquetes de ondas" en lugar de series hay que recurrir a integraciones (integrales o transformadas de Fourier), p.e., en la fig. 16 mostramos un pulso en el dominio espacial, de ancho Δx. Éste pulso estaría dado por una integral del tipo $\psi(x,t) = \dfrac{1}{\sqrt{2\pi}} \displaystyle\int_{-\infty}^{\infty} A(k) e^{i(kx-wt)} dk$. En la fig. 17 mostramos la función "amplitud" A en el dominio del numero de onda k, donde k0 es el numero de onda que mas "pesa" en $\psi(x,t)$.

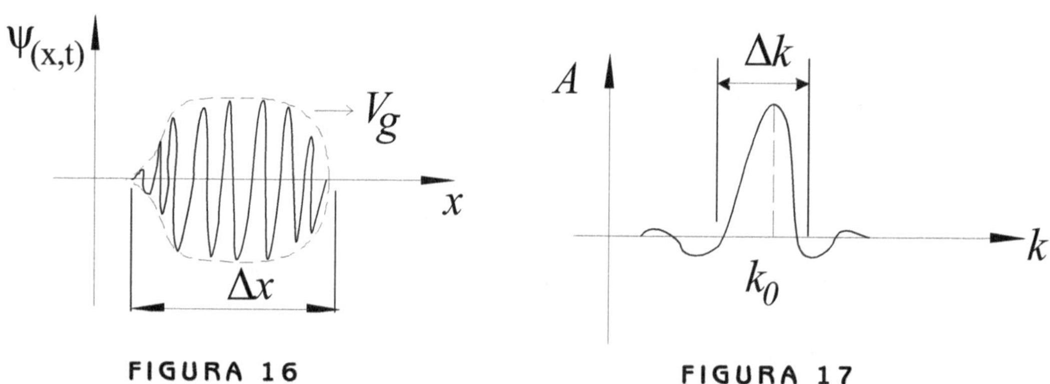

FIGURA 16   FIGURA 17

En estos casos puede ocurrir que la frecuencia w sea una función no lineal del numero de onda k: $w = f(k)$. Esta función se denomina "función dispersión", pues si efectivamente f (k) no es lineal, resulta que las velocidades de fases pasan a ser función no constante de k, es decir, cada armónica componente del pulso tiene distinta velocidad de fase y el pulso se va deformando (dispersión) a medida que se propaga. Este fenómeno está determinado por el medio material , p.e., la luz blanca se dispersa en los distintos colores a medida que se propaga en el vidrio, pues cada color (determinado por la frecuencia) viaja a distinta velocidad de fase $(V_{fROJO} > V_{fVIOLETA})$

Conocida la función dispersión es posible calcular la velocidad de grupo $V_g \triangleq \lim\limits_{\Delta k \to 0} \dfrac{\Delta w}{\Delta k} = \dfrac{dw}{dk} = f'(k)$. Esta derivada se evalúa para el k correspondiente a la amplitud A (k) máxima (k$_0$ en la fig. 17).

Sea $w = kV_f$, derivando respecto de k: $\dfrac{dw}{dk} = V_f + k\dfrac{dV_f}{dk}$.

Si $\dfrac{dV_f}{dk} < 0$ y por ende $V_g < V_f$ se dice que el medio es <u>dispersivo "normal"</u>

Si $\dfrac{dV_f}{dk} > 0$ y por ende $V_g > V_f$ se dice que el medio es <u>dispersivo "anormal"</u>

Si $\dfrac{dV_f}{dk} = 0$ y por ende $V_g = V_f$, no hay dispersión, el pulso mantiene su forma.

Algunos ejemplos de funciones de dispersión:

1) Para la cuerda que se estudiará luego con todas las suposiciones que se harán resultará $V_f = \dfrac{w}{k} = \sqrt{T/p} = cte.$, luego $w = k\sqrt{\dfrac{T}{p}}$, de modo que no hay dispersión, pues

$$V_g = \frac{dw}{dk} = \sqrt{\frac{T}{p}} = V_f.$$

2) Se puede demostrar que para las ondas electromagnéticas propagándose en la ionosfera (o mejor, en una ionosfera simplificada, no disipativa) la función dispersión es:

$w = \sqrt{w_p^2 + c^2 k^2}$, donde w_p es la frecuencia propia del plasma (también es la frecuencia inferior de corte) y c es la velocidad en el vacío. En este caso como la función de k no es lineal, tendremos que la velocidad de fase no es igual a la de grupo, en efecto: $V_f = \dfrac{w}{k} = \sqrt{\left(\dfrac{w_p}{k}\right)^2 + c^2}$, de modo que $Vf > C$ (esto no viola la relatividad de Einstein) la velocidad de grupo es

$$V_g = \frac{dw}{dk} = \frac{1}{2}\left(w_p^2 + c^2 k^2\right)^{-\frac{1}{2}}.2c^2 k = \frac{C^2 k}{\sqrt{w_p^2 + c^2 k^2}} = \frac{c^2}{V_f}, \text{ luego } Vg < C.$$

En ciertos medios poco dispersivos se puede considerar que la velocidad de grupo es la velocidad con que se propaga la energía, pero en medios muy dispersivos hay que considerar otras velocidades no definidas aquí) como ser: <u>velocidad de la energía</u> y <u>velocidad de la señal.</u> Estas dos últimas nunca superan a C.

1.10 LA CUERDA FIJADA EN SUS EXTREMOS

A la cuerda tratada anteriormente ahora la consideramos fijada en sus extremos (fig. 18). En la resolución de la ec. diferencial de D´Alembert surgirán importantes conceptos tales como: frecuencias propias (autovalores), modos de oscilación (autofunciones) y serie de Fourier.

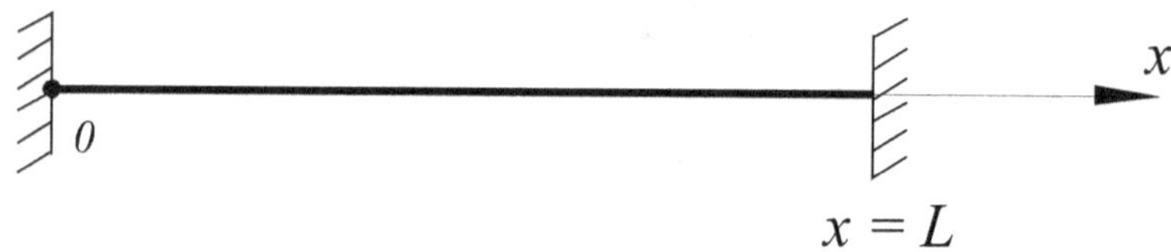

FIGURA 18

Estando la cuerda inicialmente en reposo, para ponerla en movimiento habrá que darle una deformación inicial ("pulsado"), y además, en general, velocidad inicial a cada punto, ambas cosas con continuidad acorde a la estructura física de la cuerda.

1.11 CONDICIONES DE CONTORNO (O DE FRONTERA)

Como para $x = 0$ (extremo izquierdo) y $x=L$ (extremo derecho), no hay movimiento debe ser: 1) $\psi(0,t) = 0$,   2) $\psi(L,t) = 0$.

<u>Condiciones iniciales</u>: debemos dar una forma inicial a la cuerda: 3) $\psi(x,0) = p(x)$, debemos dar velocidad inicial a sus puntos: 4) $\left(\dfrac{\partial \psi}{\partial t}\right)_{t=0} = v(x)$. Las condiciones 1), 2), 3), 4) constituyen lo que en matemáticas se denomina un "problema de Cauchy". Es claro que $v(0) = 0$, $v(L) = 0$.

<u>Separación de variables</u>: Supongamos que $\psi(x,t)$ admite la separación como producto de dos funciones, cada una de una sola variable (esto al menos lo vimos en el caso armónico de ondas estacionarias): $\psi(x,t) = A(x)F(t)$. Por las condiciones de contorno e iniciales, debe ser:

$$\psi(0,t) = A(0)F(t) = 0 \to A(0) = 0$$

$$\psi(L,t) = A(L)F(t) = 0 \to A(L) = 0$$

$$\psi(x,0) = A(x)F(0) = 0 \ = \ p(x)$$

$$\left(\frac{\partial \psi}{\partial t}\right)_{t=0} = A(x)F'(0 \ \models v(x)$$

Reemplazando $\psi(x,t)$ por $A(x)F(t)$ en la ec. dif. de D´Alembert, resulta la ecuación dif. en derivadas ordinarias:

$$F\frac{d^2 A}{dx^2} - \frac{A}{V^2}\frac{d^2 F}{dt^2} = 0, \text{ dividiendo por AF:}$$

$$\frac{1}{A}\frac{d^2 A}{dx^2} - \frac{1}{V^2 F}\frac{d^2 F}{dt^2} = 0, \text{ o bien}$$

$$\frac{1}{A}\frac{d^2 A}{dx^2} = \frac{1}{V^2 F}\cdot\frac{d^2 F}{dt^2}$$

Teniendo en cuenta que $V^2 = \dfrac{w^2}{k^2}$ y juntando k^2 con A y w^2 con F:

$$\frac{1}{K^2 A}\cdot\frac{d^2 A}{dx^2} = \frac{1}{w^2 F}\cdot\frac{d^2 F}{dt^2}\cdot$$

Como estos cocientes han de permanecer iguales para todo x, t ha de ser que son iguales a una constante cualquiera, pero para que tengamos soluciones armónicas, esta constante debe ser negativa, por ejemplo (-1)

$$\frac{1}{K^2 A}\cdot\frac{d^2 A}{dx^2} = -1 \quad , \quad \frac{1}{w^2 F}\cdot\frac{d^2 F}{dt^2} = -1, \text{ resultando así dos ecuaciones dif. or-}$$

dinarias, propias de los fenómenos armónicos:

$$5) \quad \frac{d^2A}{dx^2} + k^2 A = 0$$

$$6) \quad \frac{d^2F}{dt^2} + w^2 F = 0$$

En resumen, la sustitución de ψ por AF a la ec. dif. parcial de 2do orden de D´Alembert dio origen a 2 ec. dif. ordinarias de 2do orden.

La solución general de 5) es:

$$7) \quad A = c\ cos(kx) + d\ sen(kx)$$

La solución general de 6) es:

8) $\quad F = a\ cos(wt) + b\ sen(wt)$, donde a, b, c, d son constantes a determinar por las condiciones de contorno e iniciales.

1.11.1 Aplicación de las condiciones de contorno

La aplicación de las condiciones de contorno a la 5) conduce a lo que suele denominar un "problema de STURM – LIOUVILLE". Como la cuerda tiene los extremos fijos debe ser A(0) = 0, A(L) = = 0, luego por 7):

$A(0) = c\ cos0 + d\ sen0 = 0 \to c = 0$, de modo que resulta $A(x) = d\ sen(kx)$, luego teniendo en cuenta $A(L) = 0$:

$A(L) = dsen(kL) = 0$. Si hacemos d = 0 resultaría $A(x) = 0 \to \psi = AF = 0$ (solución trivial), de modo que para tener una solución no trivial hacemos:

$$sen\ (kL) = 0, \text{ que implica}$$

$$kL = n\pi, \text{ donde } n = 1, 2, 3\ldots$$

Vemos así que hay infinitas k tales que:

$$k_n = \frac{n\pi}{L}.$$

Estos valores k_n se denominan autovalores o valores propios de la 5). Para cada autovalor k_n corresponde la autofunción o función propia:

$sen\left(k_n x\right) = sen\left(\dfrac{n\pi}{L}x\right)$. Así tenemos infinitas soluciones particulares de la 5):

$$A_n(x) = d_n sen(k_n x)$$

Teniendo en cuenta que $k^2 = \dfrac{\rho}{T}w^2$, resulta que los autovalores también se pueden expresar como

9) $\quad w_m = k_n\sqrt{\dfrac{T}{\rho}}$, de modo que la 8) también posee infinitas autofunciones:

$$F_n(t) = a_n\cos(w_m t) + b_n sen(w_n t).$$

Esto nos lleva a pensar que la ec. dif. de D´Alembert admite infinitas soluciones particulares:

$$10) \quad \psi_n(x,t) = A_n F_n = \left[a_n\cos(w_n t) + b_n sen(w_n t)\right] sen(k_n x)$$

Donde para mayor sencillez de la escritura hemos re designado las constantes: $a_n d_n \to a_n, b_n d_n \to b_n$.

Pero la 10), si bien cumple con las condiciones de contorno, en general no cumple con las condiciones iniciales (aun no empleadas), pues para t = 0 es:

$\psi_n\left(x,0\right) = A_n(x)F_n(0) = a_n sen(k_n x)$ que en general no es igual a $p\ (x)$ como exige la 3). Para solucionar este problema aprovechemos que la ec. dif. de D´Alembert es lineal, por lo tanto admite el principio de superposición de soluciones particulares: intentamos como solución la serie.

$$\psi(x,t) = \sum_{n=1}^{\infty} A_n(x)F_n(t) \text{ o bien:}$$

$$11) \quad \psi(x,t) = \sum_{n=1}^{\infty}\left[a_n\cos\left(w_n t\right) + b_n sen\left(w_n t\right)\right] sen\left(k_n x\right)$$

Tenemos así infinitas constantes a_n, b_n a determinar por las condiciones iniciales.

<u>Determinación de las constantes an, bn por las condiciones iniciales. Serie de Fourier</u>

Hagamos cumplir las condiciones 3) y 4) a la 11):

12) $\quad \psi(x,0) = p(x) = \displaystyle\sum_{n=1}^{\infty} a_n sen\left(k_n x\right)$

13) $\quad \left(\dfrac{\partial \psi}{\partial t}\right)_{t=0} = v(x) = \displaystyle\sum_{n=1}^{\infty} w_n b_n sen\left(k_n x\right)$

Las 12) y 13) permiten hallar a_n, b_n en función de $p\ (x)$, $v(x)$, para ello recordaremos que las integrales

$\displaystyle\int_0^L sen\left(k_m x\right) sen\left(k_n x\right) dx$ dan CERO para $n \neq m$ y dan $\dfrac{L}{2}$ para $n = m$, por lo tanto, multipliquemos la 12) e integremos entre 0 y L:

$$\int_0^L p(x)\, sen\,(k_m x)dx = \sum_{1}^{\infty} a_n \int_0^L sen\left(k_n x\right) sen\left(k_m x\right) dx$$

$\displaystyle\int_0^L p(x)\, sen\,(k_m x)dx = a_m \dfrac{L}{2}$, despejando a_m:

$$14) \quad a_m = \frac{2}{L}\int_0^L p(x)\, sen\,(k_m x)dx, \quad m = 1,2,3...$$

Haciendo lo mismo con 13)

$$15) \quad b_m = \frac{2}{w_m L}\int_0^L v(x)\, sen\,(k_m x)dx$$

En síntesis: para que la solución $\psi(x,t)$ de la ec. de D´Alembert cumpla con las condiciones de contorno $\psi(0,t) = 0$, $\psi(L,t) = 0$ y las condiciones iniciales $\psi(x,0) = p(x), \dfrac{\partial \psi}{\partial t}\bigg)_{t=0} = v(x)$ debemos construir la serie de Fourier:

$$\psi(x,t) = \sum_{n=1}^{\infty}\left[a_n \cos(w_m t) + b_n sen(w_n t)\right] sen(k_n x)$$ con los coeficientes a_n, b_n dados por

14) y 15) (da lo mismo n o m), donde $w_n = k_n \sqrt{\dfrac{T}{\rho}}$, $k_n = \dfrac{n\pi}{L}$.

Resaltemos que $\dfrac{w_n}{k_m} = \sqrt{\dfrac{T}{\rho}} = cte.$, es decir, las velocidades de fase de las armónicas son todas iguales (no hay dispersión)

1.12 MODOS "PUROS" DE OSCILACIÓN

Supongamos para mayor sencillez que deformamos la cuerda sin darle velocidad inicial: $v(x) = 0$, luego por 15) es $b_m = 0$, de modo que $\psi(x,t) = \sum_{1}^{\infty} a_n \cos(w_n t) sen(k_n x)$.
Supongamos además que la deformación inicial es

$p(x) = Asen(k_1) = Asen(\dfrac{\pi x}{L})$, fig. 19 (esta exagerada la amplitud A), luego por 14):

$$a_n = \frac{2A}{L}\int_0^L sen\left(\frac{\pi x}{L}\right) sen(k_n x)\, dx$$, para todo n $\neq$ 1, es decir para todo $k_n \neq \dfrac{\pi}{L}$ es $a_n =$ 0, luego resulta

$$a_1 = \frac{2A}{L}\int_0^L sen^2\left(\frac{\pi x}{L}\right) dx = \frac{2A}{L}\cdot\frac{L}{2} = A$$, la solución es

$$\psi(x,t) = a_1 \cos(w_1 t)\,sen(k_1 x) = A\cos\left(\frac{\pi}{L}\sqrt{\frac{T}{\rho}}\,t\right) sen\left(\frac{\pi}{L}x\right)$$ que corresponde a una "onda estacionaria" en el primer modo (fig. 20). Si queremos que la cuerda oscile en el 2do modo debemos hacer $p\ (x) = A sen(k_2 x)$ con $k_2 = \dfrac{2\pi}{L}$, $w_2 = 2w_1$, etc.

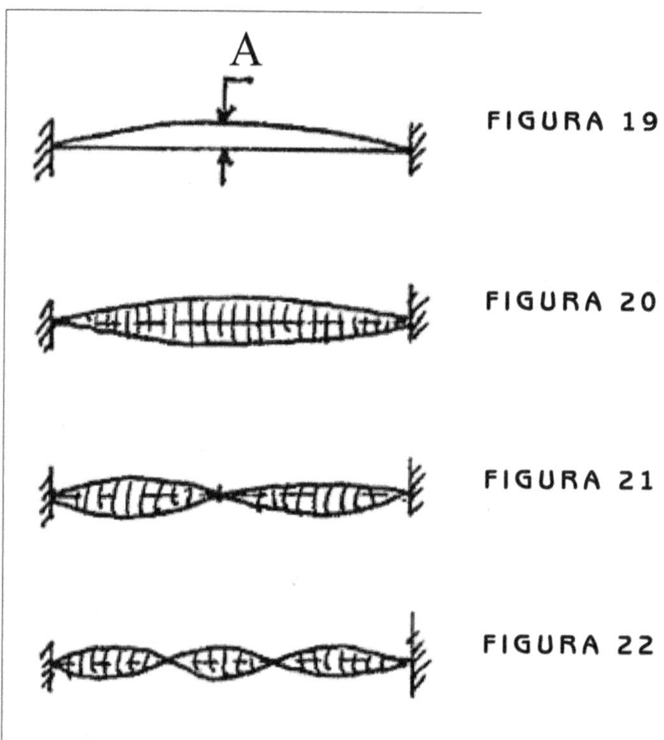

FIGURA 19

FIGURA 20

FIGURA 21

FIGURA 22

En las figs. 21 y 22 se muestran los modos 2 y 3.

Podemos interpretar físicamente que la oscilación arbitraria de la cuerda es la superposición de estos infinitos modos. Para una cuerda real, de acero, como la de un piano, los modos son iguales, pero la diferencia está en que las frecuencias sucesivas w_2, w_3,… no son múltiplos enteros de w_1, es decir, la función $w = f(k)$ no es lineal, aproximadamente es:

$$w = \sqrt{k^2 \frac{T}{\rho} + \alpha k^4}$$, donde α es su cte., que para la cuerda ideal es $\alpha = 0$.

Ejemplo:

Se propone resolver el siguiente caso (fig. 23): se toma la cuerda del medio, se la

La potencia instantánea P(t) que pasa a través de E, es el producto de la fuerza transversal $Ttg\theta$ con la velocidad transversal $\dfrac{\partial\psi}{\partial t}$: $P(t) = Ttg\theta\dfrac{\partial\psi}{\partial t}$, pero $Ttg\theta = -T\dfrac{\partial\psi}{\partial x}$, donde el signo menos se debe a que $Ttg\theta$ es positiva y la pendiente $\dfrac{\partial\psi}{\partial x}$ es negativa como puede observarse en la fig. 24, así que:

$$P(t) = -T\frac{\partial\psi}{\partial x}\cdot\frac{\partial\psi}{\partial t}$$

De modo que P(t) depende de la tensión T y del tipo de función de onda $\psi(x,t)$. Veamos el caso armónico $\psi = A\cos(kx - wt)$, pero debemos aclarar que en algún punto de la cuerda debe existir una fuente de energía, pues de lo contrario ya sabemos que las ondas estrictamente armónicas ("infinitas" no transmiten energía, o más generalmente, ninguna onda estrictamente periódica infinita lo puede hacer.

$$\frac{\partial\psi}{\partial x} = -Aksen(kx - wt),\frac{\partial\psi}{\partial t} = Awsen(kx - wt),\ \text{luego}$$

$$P(t) = TA^2kw\,sen^2(kx - wt),\ \text{de modo que P(t)} \geqq 0.$$

Teniendo en cuenta que $w = k\sqrt{\dfrac{T}{\rho}} \rightarrow k = w\sqrt{\dfrac{\rho}{T}}$ resulta:

$$P(t) = TA^2w^2\sqrt{\rho/T}\;sen^2(kx - wt)\ \text{entrando T en la raíz:}$$

$$P(t) = TA^2w^2\sqrt{T\rho}\;sen^2(kx - wt)$$

A $z = \sqrt{T\rho}$ se le denomina impedancia, así:

$$P(t) = TA^2w^2z\,sen^2(kx - wt)$$

En la fig. 25 esta graficada esta función. Podemos calcular la potencia media P_m, resultando $P_m = \dfrac{A^2w^2z}{2}$. Si esta potencia media es multiplicada por su intervalo Δt de tiempo da la energía que pasa a través de E en ese intervalo.

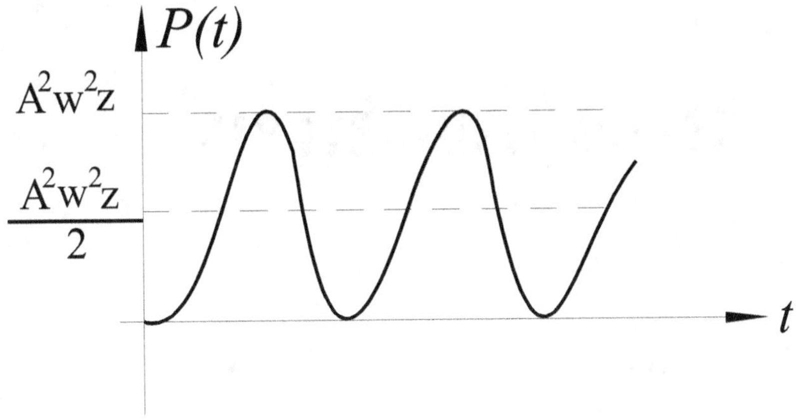

FIGURA 25

CAPÍTULO 2

ÓPTICA ONDULATORIA

2.1. INTRODUCCIÓN

El alumno ya ha estudiado la óptica geométrica, suponiendo que la luz se propaga por RAYOS, que en un medio ópticamente homogéneo (por ej. el vacío) son rectilíneos. Ahora bien, la óptica geométrica tiene un alcance predictivo limitado, inclusive en ciertas situaciones conduce a resultados erróneos respecto de los hechos experimentales. Por ejemplo en la fig.1-1, se tiene una fuente puntual S de luz, de la cual parten infinitos rayos, una pantalla con un orificio O y una pantalla receptora P.

Según la óptica geométrica en la pantalla P debe producirse una "mancha" luminosa semejante al orificio, con el perímetro que separa la zona iluminada de la sombra bien definido. En la fig.1-2 se ha agregado una lente convergente con el foco sobre S, de modo que los rayos sales paralelos y así la mancha luminosa debería ser de igual diámetro que el orificio. Se ha agregado a las figuras los diagramas de iluminación I a lo largo de la pantalla.

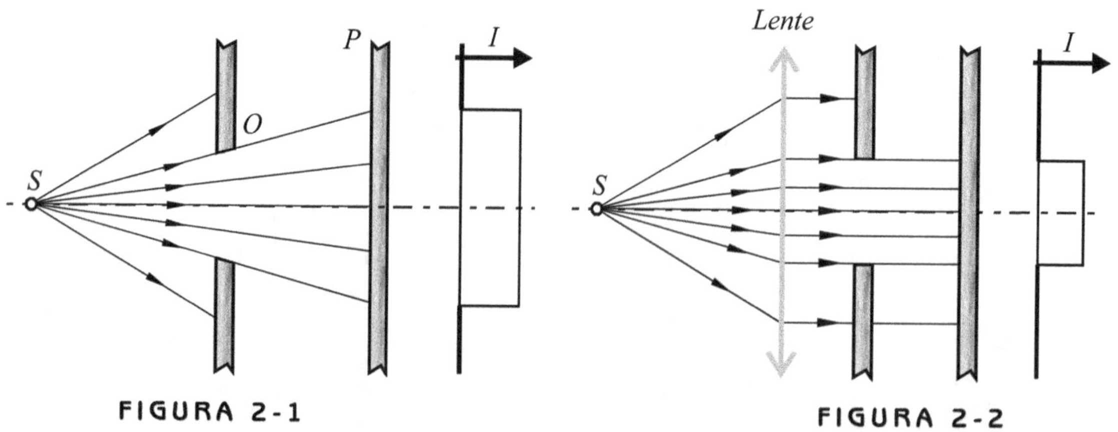

FIGURA 2-1   FIGURA 2-2

Pero en la realidad no es así, la distribución de la iluminación I es mas complicada: la mancha luminosa es mas compleja, hay una mancha central que se va debilitando a medida que nos alejamos del centro, hasta la oscuridad, pero más lejos aún del centro aparecen "halos" de luz, aunque más débiles. La intensidad I tiene la forma que se indica en la fig.2-3. Adelantamos que éste fenómeno se denomina DIFRACCIÓN de la luz y no puede ser predicho por la óptica geométrica.

Precisamente es tarea de la óptica ondulatoria hacer plausible tales fenómenos.

A los fines de la óptica ondulatoria basta considerar que la luz es una onda TRANSVERSAL (desde MAXWELL sabemos que es una onda electromagnética). El carácter también corpuscular no nos hará falta en ésta ocasión.

Suponemos que el alumno conoce los parámetros que caracterizan a una onda, como ser velocidad de propagación, longitud de onda (λ), frecuencia (f ó v), período $T = \dfrac{1}{f}$, fase, amplitud, intensidad.

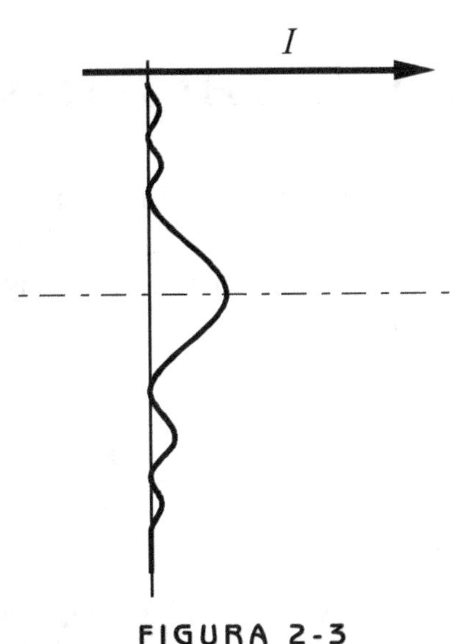

FIGURA 2-3

Respecto a esta última noción, recordemos que la intensidad de una onda es proporcional al cuadrado de la amplitud y que para una dada frecuencia de intensidad está directamente relacionada con la potencia que la onda transporta por unidad de área transversal a la velocidad.

Recordemos además que se denomina **frente de onda** a una superficie formada por todos los puntos del espacio que poseen igual fase. Es claro que dada la periodicidad de las ondas hay múltiples frentes de ondas que pueden estar separados por una longitud de onda λ entre sí.

La onda mas sencilla es la que tiene una variación del campo eléctrico **armónica** tanto en el tiempo como en el espacio.

Desde un punto de vista riguroso los problemas que se plantean en óptica ondulatoria son arduos: consisten en resolver la ecuación diferencial a derivadas parciales de la propagación de ondas (derivada de las ecuaciones de Maxwell del electromagnetismo), con las **condiciones de contornos** que imponen los obstáculos que se le presentan a la onda. Es decir, dada la fuente de ondas y los obstáculos (p.ej. una pantalla con un orificio) se trata de hallar la "estructura" del campo u onda electromagnética del "otro lado" del orificio.

Esta tarea requiere un amplio dominio de las ecuaciones del electromagnetismo y de los recursos matemáticos inherentes a ecuaciones en derivadas parciales.

Esta tarea será evitada aquí; en cambio, y como es normal en la bibliografía elemental, recurriremos a métodos sencillos y provenientes de una época en la cual no se conocían los elaborados recursos del análisis. El método que emplearemos es el debido a Huyghens y Fresnel.

2.2. MÉTODO DE HUYGHENS - FRESNEL

Sea (fig.1-4) un frente de **onda "primario"** *S*, parcialmente obturado por una pantalla con orificio de forma cualquiera. La amplitud y fase de la onda en un punto *P* se puede obtener superponiendo convenientemente las **ondas secundarias** que parten de distintos elementos *dS* del frente principal *S* y llegan a *P*.

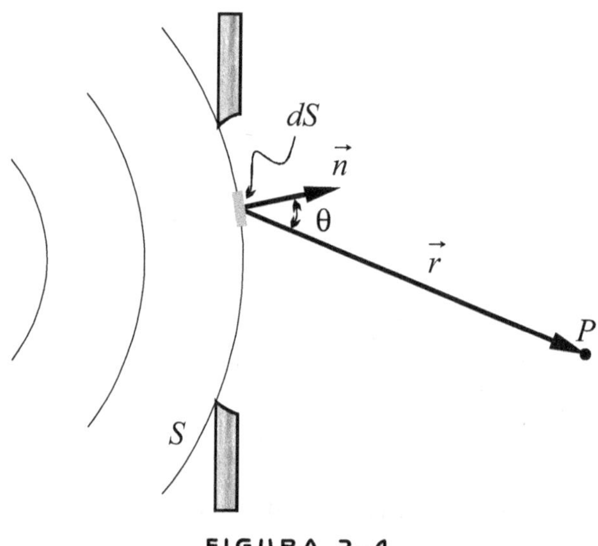

FIGURA 2-4

La superposición es vectorial. Los vectores tiene por módulo la amplitud y por argumento la fase de las ondas secundarias (algunos autores denominan **"fasores"** a estos vectores, son los mismos que se utilizan en corriente alterna, en vibraciones, etc.)

La amplitud en *P* de las ondas secundarias es $\left|\Delta\vec{E}\right| = \dfrac{A}{r} \times f(\theta) \times dS$, es decir, depende de la amplitud *A* de la onda primaria, del área elemental *dS*, de la distancia r y cierta función del ángulo ϑ entre la normal $\vec{n}$ y $\vec{r}$. Esta función es máxima para θ =0 y nula para $\theta \geq \dfrac{\pi}{2}$.

Para hallar la fase en P hay que considerar la distancia r y que la onda secundaria parte con fase $\pi/2$ desde dS.

Generalmente las fases interesan en valor relativo, no absoluto. Las partes de la onda primaria obturada por la pantalla no contribuyen a la onda en P.

Ondas (o luz) COHERENTES

Si dos o más **fuentes puntuales** de ondas (ó luz) emiten de forma tal que los "trenes" de ondas mantienen entre sí una relación de fase constante en el tiempo (sea cual sea el valor de tal relación) diremos que las ondas son **COHERENTES**. De lo contrario diremos que son **INCOHERENTES**. Sólo las ondas coherentes producen patrones de interferencia y difracción definidos.

Una **fuente extensa LASER**, por ejemplo, es coherente, en cambio la luz proveniente de fuentes extensas **"naturales"**, como ser el sol, estrellas, el filamento de una lámpara, etc., es incoherente pues sus distintos puntos emisores emiten en forma incoherente, es decir, no mantienen una relación de fase constante, por el contrario, esta relación puede suponerse cambia bruscamente en un orden de 10^{-8}seg. Esto es así por el **"azar"** que impera a nivel atómico. Como luego veremos, es posible a partir de luz incoherente, producir coherencia (con orificios muy pequeños, espejos, espejos "semiplateados", etc.). Aquí trabajaremos siempre con ondas coherentes, luego se comparará el resultado con el caso que fueran incoherentes.

2.3. DIFRACCIÓN

Hay **dos formas o situaciones distintas** en el estudio de la difracción: la de **FRESNEL** (fig.2-5) y la de **FRAUNHOFER** (fig.2-6(a) y 2-6(b)). En la situación de Fresnel la fuente y la pantalla receptora están a distancia finita del obstáculo. En la situación de Fraunhofer estas distancias se han hecho infinitamente grandes (paralelizándose las direcciones de avance de los frentes secundarios), fig.2-6(a) ó bien se han interpuesto lentes, fig.2-6(b) produciendo el mismo efecto en las direcciones de avance. Esta situación es más sencilla de estudiar que la de Fresnel.

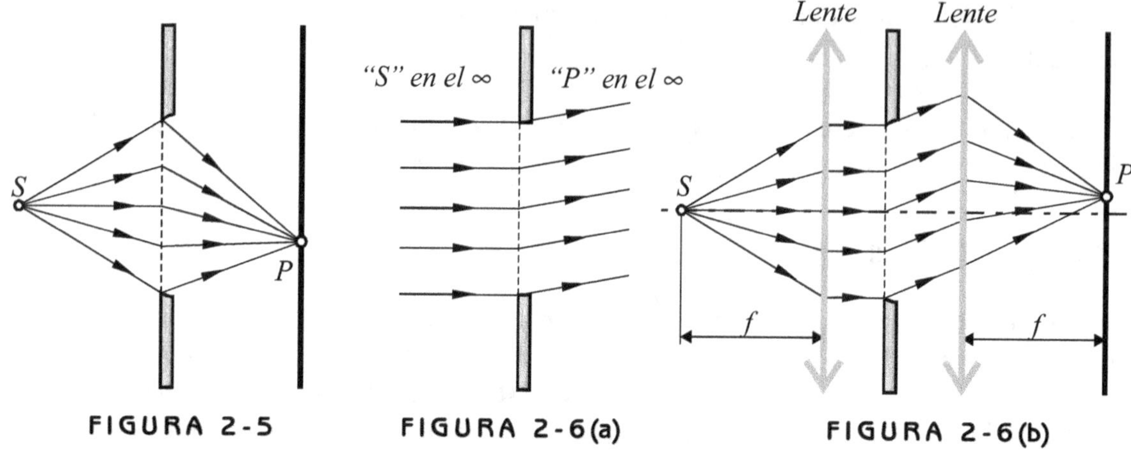

FIGURA 2-5   FIGURA 2-6(a)   FIGURA 2-6(b)

2.3.1. Difracción de Fresnel producida por un orificio

Presentaremos este tema en forma muy resumida, resaltando los principales aspectos, (para mayores detalles demostrativos consultar Frish-Timoreva, tomo III).

En la fig.2-7(a) se han representado una pantalla con un orificio obturador, una fuente puntual S y un punto P en el eje de simetría. En la fig. 2-7(b) se observa lo mismo pero de perfil. Para aplicar el método debido a Fresnel, el frente primario, aquí esférico, se divide en ZONAS, llamadas **ZONAS_DE FRESNEL**, de modo que las diferencias de distancias r entre los bordes circulares de las zonas contiguas y el punto P sea de $\lambda/2$ (fig.2-7b).

Para los valores de R (radio de orificio), d_s (distancia de la fuente a la pantalla), d_p (distancia del punto P a la pantalla) y λ (longitud de onda de la luz) que se han supuesto en la fig.,han entrado 3 ZONAS de Fresnel en el orificio. Variando cualquier valor variará el número de zonas en el orificio. Es fácil cambiar la distancia d_p o d_s, pero también con un diafragma (tipo cámara fotográfica) se puede cambiar R.

Ahora bien, la amplitud de la onda en P se obtiene aplicando el método de Huyghens-Fresnel: dividimos CADA zona de Fresnel en elementos dS que aquí conviene también sean **anulares**. Cada elemento dS produce una onda secundaria cuya amplitud y fase está dada por vectores (ó "fasores" $\Delta\vec{E_1}$).

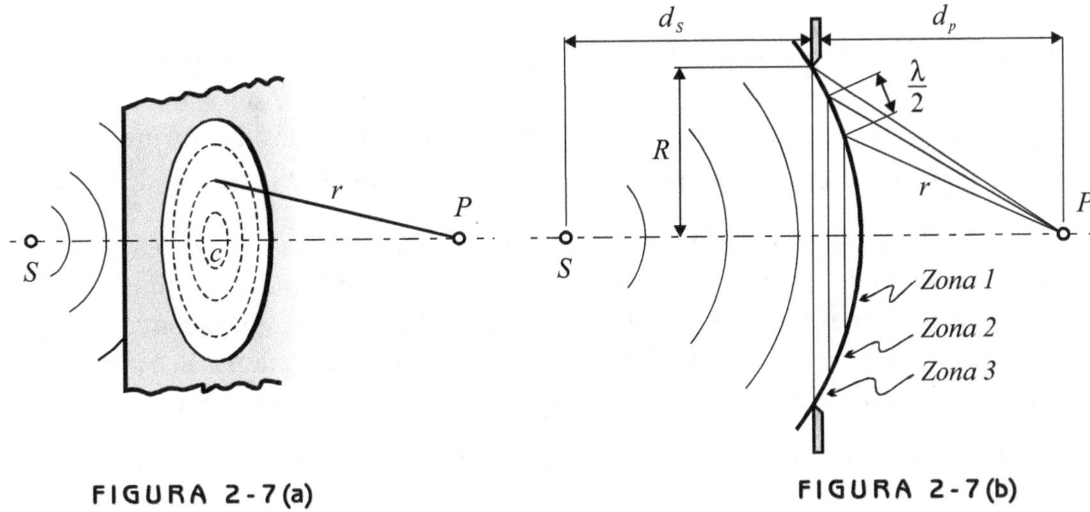

FIGURA 2-7(a)   FIGURA 2-7(b)

Los vectores $\Delta \vec{E_1}$ correspondientes a elementos anulares más alejados del centro son cada vez de menor amplitud y distinto argumento o fase. Recordemos que en la introducción dijimos que:

$$\left|\Delta \vec{E_i}\right| = \frac{A}{r_i} \times f\left(\theta_i\right) \times dS$$

En la fig. 8(a) se representa una posible suma de vectores $\Delta \vec{E_i}$ correspondientes a la **PRIMERA ZONA** de Fresnel, suponiendo que se ha dividido en 6 elementos anulares dS. El último vector $\Delta \vec{E_6}$ debe estar en oposición de fase respecto del primero $\Delta \vec{E_1}$, correspondiente al elemento dS central. Esto es así por la forma o definición de zonas de Fresnel (diferencias de fase entre límites de zonas contiguas de $\lambda/2$). Resulta así que el $\left|\vec{E_1}\right|$ es la amplitud de la onda en P si sólo cabría en el orificio la zona 1.

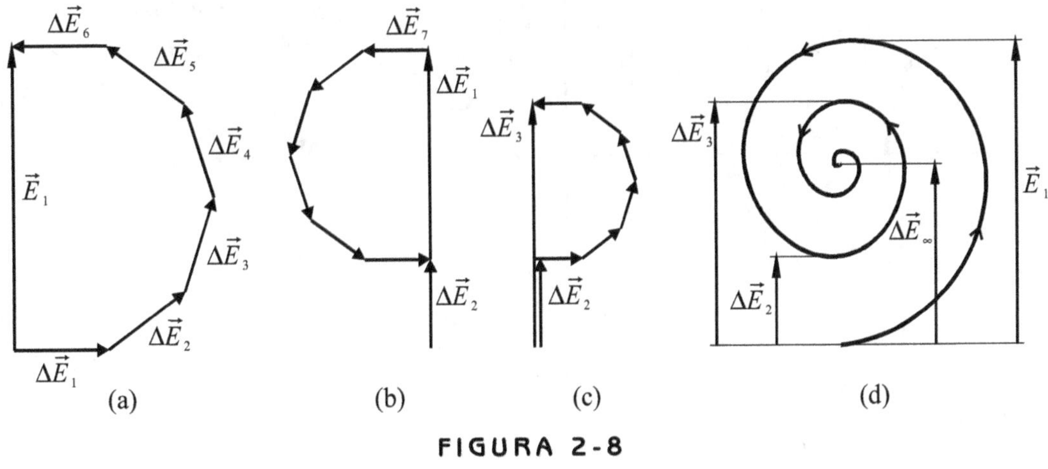

(a)   (b)   (c)   (d)

FIGURA 2-8

En la fig.2-8 (b) y (c) se completa la suma para las 3 zonas. Recordemos que la intensidad de la iluminación es proporcional al cuadrado de la amplitud. ¿Qué significa entonces estos resultados? Lo siguiente: si, por ej. el radio del orificio puede ser variado (o la distancia d_p) cuando el radio R sea tal que entra sólo una zona 1 la intensidad de luz en P estará dada por el cuadrado de $\vec{E_1}$, pero si se aumenta el radio de modo que entran 2 zonas (la 1 y 2) la intensidad de luz está dada por el cuadrado de $\vec{E_2} < \vec{E_1}$ y así sucesivamente. Al variar el radio del orificio la intensidad de luz en P fluctúa hacia el límite. En la fig.2-8(d) se muestra el espiral que resulta en el límite $ds \to 0$. El espiral converge a un punto, cuando $R \to \infty$. Es decir, el número de zonas de Fresnel que pasan también tiende a ∞, este límite equivale a quitar la pantalla obstáculo. La amplitud tiende al valor $\vec{E_\infty}$. Vemos que $\left|\vec{E_\infty}\right| \approx \dfrac{1}{2}\left|\vec{E_1}\right|$, de modo que la intensidad de luz en P cuando el orificio tiene un radio tal que entra sólo la 1ra zona es 4 veces superior que cuando no hay pantalla, en efecto:

$$E_1^2 \propto I_1 \qquad\qquad E_\infty^2 = \frac{E_1^2}{4} \propto \frac{I_1}{4}$$

Pero si el radio es tal que entran las dos primeras zonas (o un N° par cualquiera) la intensidad es menor que si no hubiese pantalla.

Para puntos fuera del eje de simetría el cálculo se complica.

En la fig.2-9 se tiene un gráfico (no preciso) de la intensidad de luz para un orificio con sólo la 1ra zona de Fresnel.

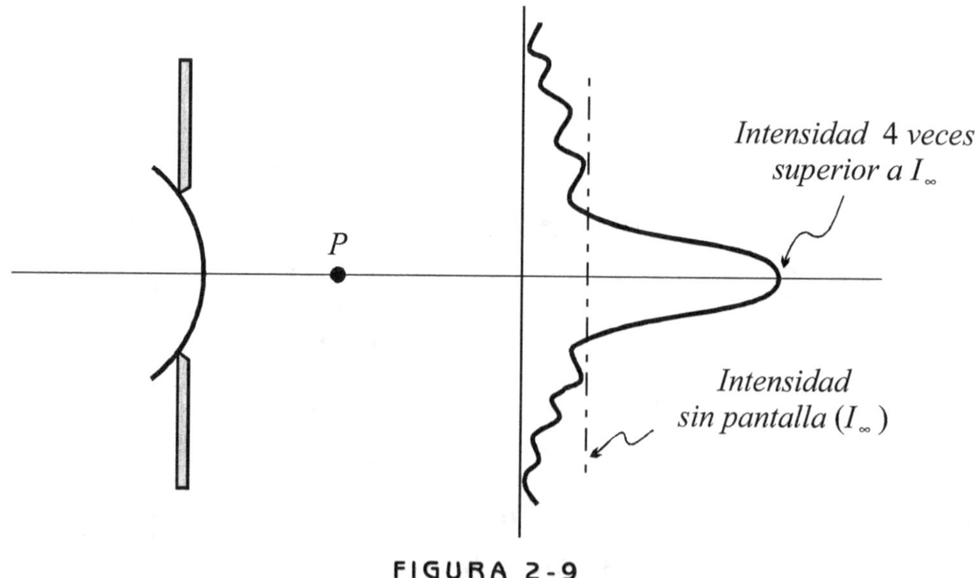

FIGURA 2-9

2.3.2. Difracción de Fresnel producida por un obstáculo en forma de disco opaco

Sólo diremos aquí que la aplicación del mismo método anterior permite arribar a una interesante conclusión: el disco, independientemente de su radio, produce una zona circular iluminada en el centro de lo que sería su sombra, según la óptica geométrica (fig.2-10). Esta zona iluminada está rodeada de halos oscuros e iluminados. Si el disco cubre una pequeña parte de la 1ra zona de Fresnel **no produce** sombra.

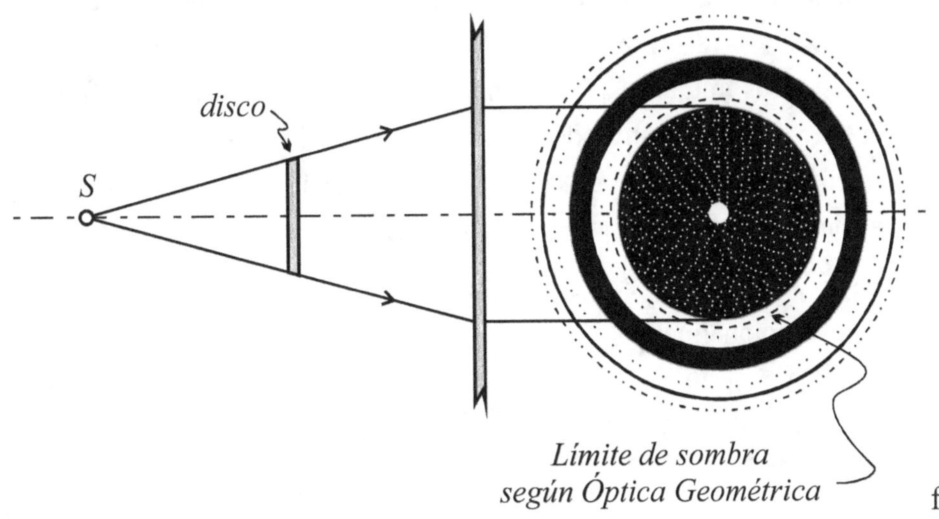

FIGURA 2-10

2.3.3. Difracción Producida por una Pantalla plana Semi-Infinita

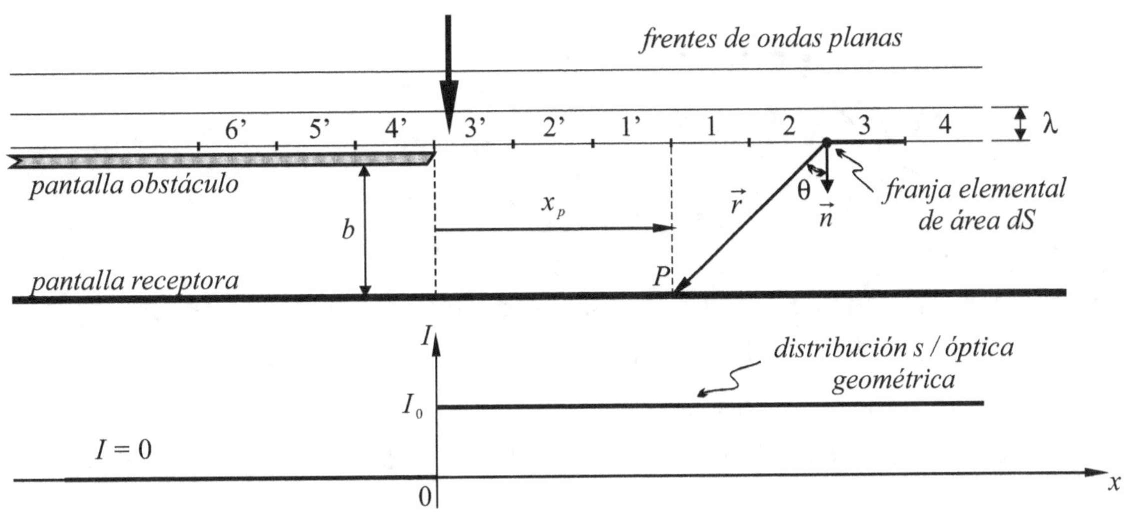

FIGURA 2-11

Sea una pantalla obstáculo plana que teóricamente se extiende infinitamente hacia la izquierda (fig.2-11). Sobre la pantalla inciden frentes de ondas primarios planos paralelos a ella, es decir rayos $\perp$ a ella. Según la óptica geométrica tendríamos una sombra bien definida con su límite en O. La distribución de la iluminación sería como se indica en el gráfico (x, I). Pero la experiencia muestra que no es así.

Aplicando el método Fresnel-Huyghens, pensamos que el frente de onda primario que incide, está dividido en franjas elementales dS (numeradas...3′, 2′, 1′, 1, 2, 3...). Estos generan frentes de ondas secundarios coherentes. La amplitud en un punto P cualquiera, a distancia x del borde O de lo que sería la sombra geométrica, se obtiene con la suma de vectores $\Delta\vec{E}_1$, como siempre. En la fig.2-11 hemos supuesto tres franjas (1′, 2′, 3′) hacia la izquierda y se tienen infinitas (1, 2, 3, 4...) hacia la derecha. Las amplitudes de los vectores $\Delta\vec{E}_i$ **decrecen** tanto a izquierda como a derecha por el aumento de las distancias r y el ángulo ϑ (fig.2-11). En la fig.2-12 se tiene la suma de vectores. El vector resultante $\vec{E}_p(x)$ da la amplitud en P. La intensidad de luz es $I(x) \propto E_p^2$. En la fig.2-12 se han tomado los fasores $\Delta\vec{E}_1′$ y $\Delta\vec{E}_1$ como de **fase cero** convencionalmente.

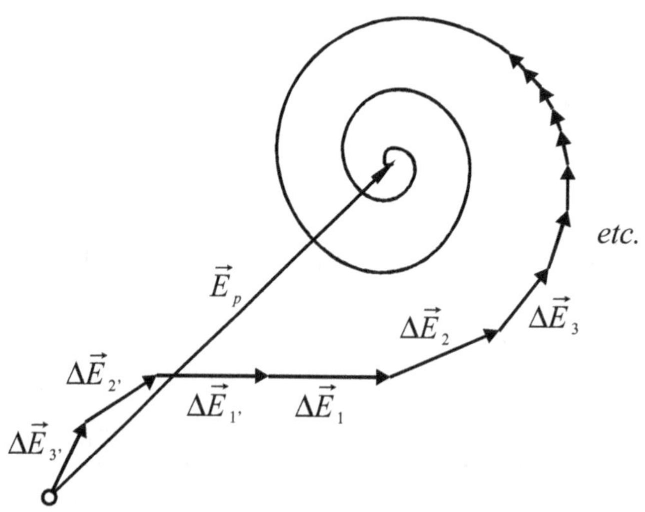

FIGURA 2-12

Si ahora pensamos que el borde de la pantalla se corre hacia la izquierda se descubrirán nuevas franjas dS (4′, 5′, 6′,...) y se agregarán nuevos fasores $\Delta\vec{E}_4′$, $\Delta\vec{E}_5′$, etc.. En la fig.2-13 se ha supuesto que las franjas son infinitésimas $(ds \to 0)$ y que se contempla el caso límite en que la pantalla desaparece (borde ∞ a la izquierda). Este doble espiral se denomina de **CORNU**.

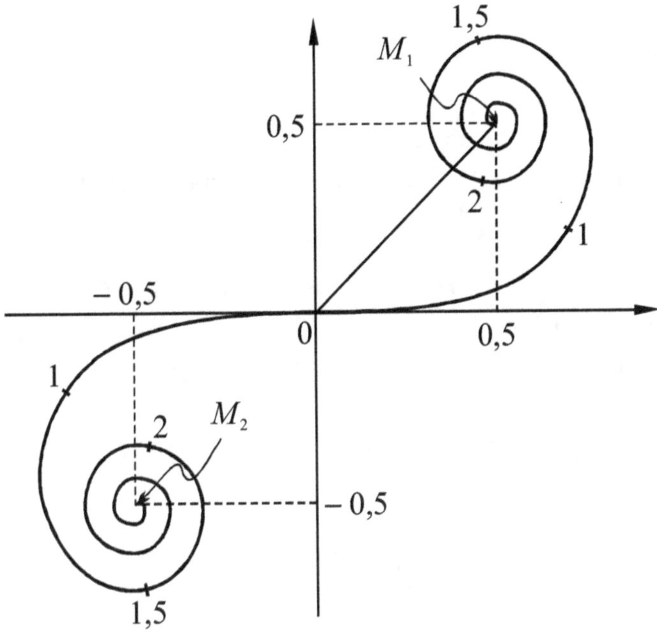

FIGURA 2-13

Las cifras sobre la curva indican los valores de una coordenada intrínseca $v = x\sqrt{\dfrac{2}{b\lambda}}$ (ver fig.2-11).

¿Cómo se utiliza la espiral de Cornu? Sea x_p la coordenada del punto P dónde queremos averiguar la amplitud, x_1 la coordenada de cierta franja elemental dS y x_2 la de otra franja. La amplitud en P debida a las franjas entre x_1 y x_2 está dada por la longitud del segmento $\overline{B_1 B_2}$, donde B_1 y B_2 son puntos del espiral determinados por las coordenadas intrínsecas:

$$v_1 = \left(x_1 - x_p\right)\sqrt{\frac{2}{b\lambda}}\, , \quad v_2 = \left(x_2 - x_p\right)\sqrt{\frac{2}{b\lambda}}$$

La amplitud en P es relativa a la que se tendría sin la pantalla obstáculo. Llamando a esta como E_0 se tiene que:

$$E_p = \frac{\overline{B_1 B_2}}{\overline{M_1 M_2}}\, E_0$$

y la intensidad de la iluminación:

deforma un poco y se suelta sin velocidad inicial, de modo que

$$p(x)\begin{cases} \dfrac{2Ax}{L} & \text{para } 0 \le x \le \dfrac{L}{2} \\[2em] -\dfrac{2Ax}{L} + 2A & \text{para } \dfrac{L}{2} \le x \le L, \ v(x) = 0 \end{cases}$$

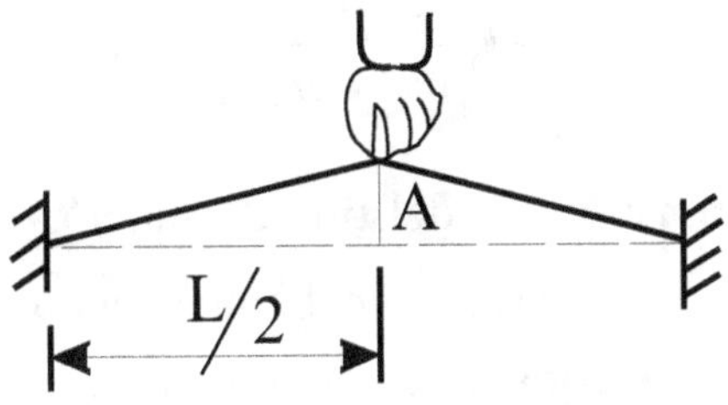

FIGURA 23

Haciendo $L = 1$, $A = 0,01$ se llega a

$$\psi(x,t) = \frac{2}{25\pi^2} \sum_1^\infty \frac{(-1)^{n-1}}{(2n-1)} \cos\left[50(2n-1)\pi t\right] sen\left[(2n-1)\pi x\right]$$

Trate el alumno de comprobarlo.-

1.13 POTENCIA TRANSMITIDA POR UNA ONDA EN UN HILO

Sea una cuerda vibrante y E un punto cualquiera de la misma (fig. 24).

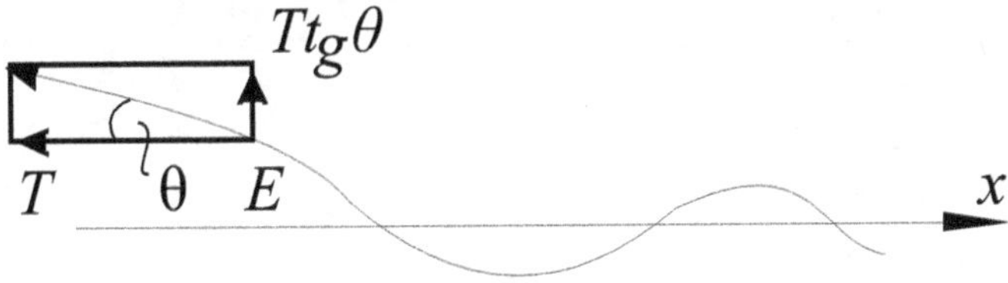

FIGURA 24

$$I_p = \left[\frac{B_1 B_2}{M_1 M_2}\right]^2 I_0$$

por ejemplo, si P está justo en frente del borde ($x_p = 0$) y consideramos todas las franjas desde

$x_1 = 0$ hasta $x_2 = \infty$ se tiene:

$$E_{(p)} = \frac{\overline{OM_1}}{M_1 M_2} E_0 = \frac{E_0}{2}$$

luego

$$I_{(p)} = \frac{I_0}{4}$$

En la fig.2-14 se tiene la gráfica de $I = f(x)$. Discrepa respecto a la predicha por la óptica geométrica.

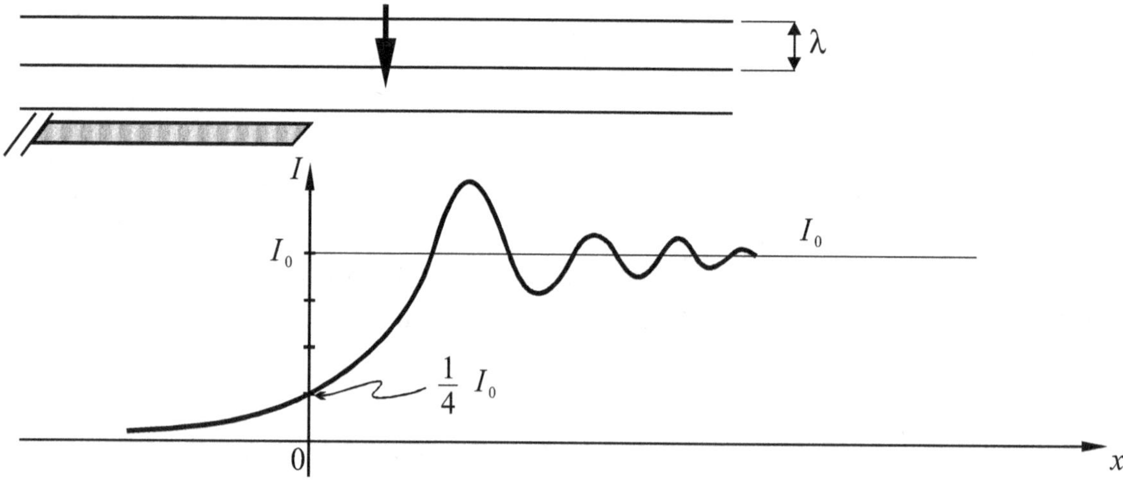

FIGURA 2-14

2.3.4. Difracción de Fresnel para una ranura.

Presentaremos sólo los resultados de aplicar un método análogo al anterior. Estos resultados dependen de la relación $\dfrac{\sqrt{b\lambda}}{a}$, donde b es la distancia ranura-pantalla receptora (fig.2-15) y a el ancho de la ranura.

Si $\dfrac{\sqrt{b\lambda}}{a} \ll 1$ (ranura "ancha") se tiene la distribución de intensidad de la fig.2-16.

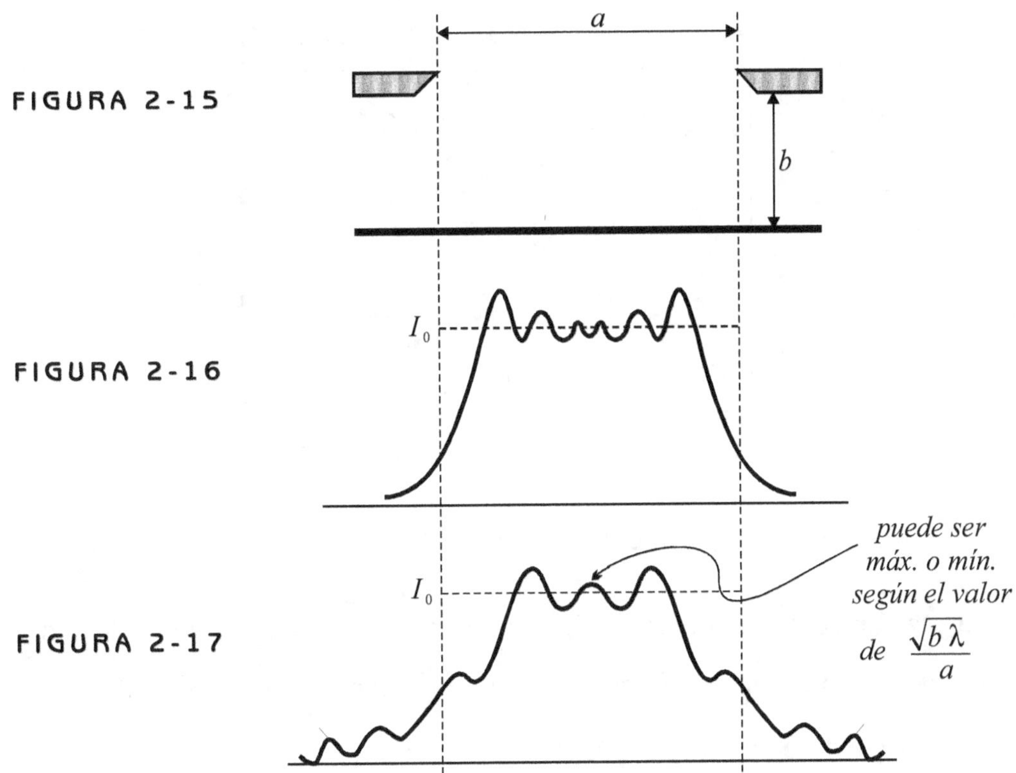

Si $\dfrac{\sqrt{b\lambda}}{a} \propto 1$ (ranura "media") se pueden tener fluctuaciones de la intensidad en la zona de la sombra geométrica. (fig.2-17).

Si $\dfrac{\sqrt{b\lambda}}{a} \gg 1$ (ranura muy fina) se tienen los resultados análogos a la difracción de Fraunhofer que luego veremos.

Con esto damos por terminado la difracción al "estilo" de Fresnel. Veamos ahora la de Fraunhofer que es relativamente mas sencilla.

2.4. Difracción de Fraunhofer para una Ranura

Para que se cumplan las condiciones de Fraunhofer se colocan lentes convergentes L_1, L_2 de modo que L_1 tenga su foco objeto sobre la fuente puntual S de luz y el L_2 su foco imagen sobre la pantalla receptora, así el frente de onda que recibe la ranura es plano (fig.2-18).

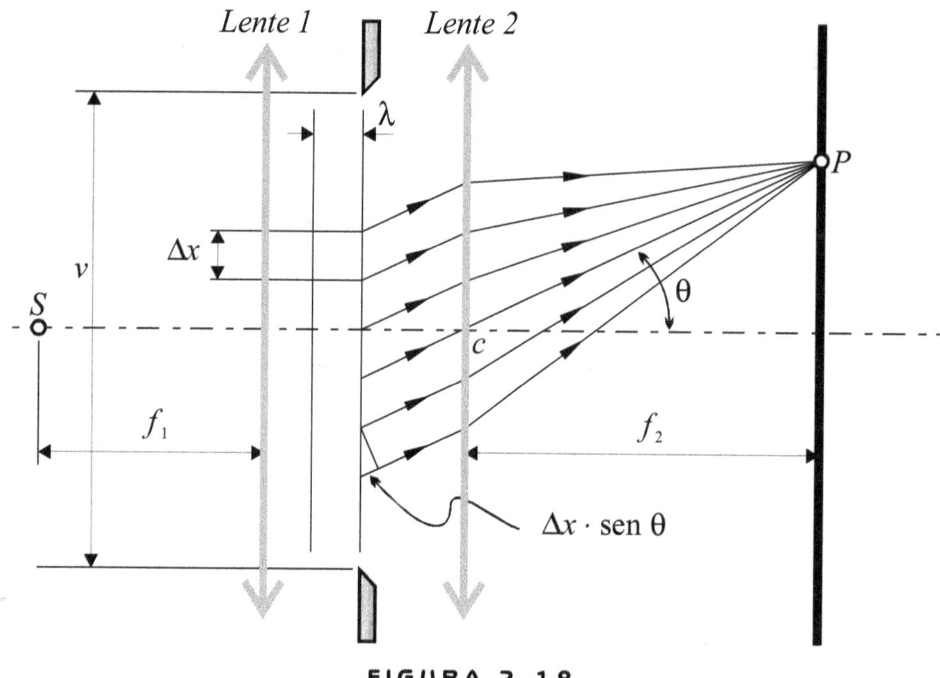

FIGURA 2-18

Aplicamos otra vez el método de Huyghens-Fresnel. Para ello se divide el frente de onda que incide en la ranura en elementos dS de ancho $\Delta x = \dfrac{a}{N}$ dónde a es el ancho de la ranura y N un número que debe ser elevado (en el límite $N\rightarrow\infty$).

Si el ángulo θ entre el eje de simetría y la recta formada por el punto P de la pantalla y el centro óptico C no supera, digamos, los 3° ó 4°, podemos suponer que las amplitudes $\left|\Delta\overrightarrow{E_i}\right|$ de las ondas secundarias que parten de los elementos dS y llegan a P son todas iguales. La amplitud resultante en el punto P la obtenemos, como siempre, sumando los $N\ \Delta\overrightarrow{E_1}$. En la fig 2-19 se observa una suma para cierto número N, (aquí N no es muy elevado). La suma da el vector $\overrightarrow{E}(\theta)$. Entre dos $\Delta\overrightarrow{E_i}$ consecutivos, hay una diferencia de fase $\Delta\varphi$ debido a la diferencia de recorrido Δx sen θ entre dos ondas secundarias de elementos dS vecinos. Es claro que la diferencia de fase entre el primer $\Delta\overrightarrow{E_i}$ y el último es $\varphi = N\Delta\varphi$. A su vez $\Delta\varphi$ guarda la siguiente relación con la diferencia de recorrido Δx sen θ:

$$\frac{\Delta\varphi}{2\pi} = \frac{\Delta x \ \text{sen}\ \theta}{\lambda}$$

reemplazando $\Delta x = \dfrac{a}{N}$

$$\frac{\Delta\varphi}{2\pi} = \frac{a}{N}\frac{\operatorname{sen}\theta}{\lambda},$$

es decir, al ser $N\Delta\varphi = \varphi$

$$\varphi = \frac{2\pi}{\lambda}a\ \operatorname{sen}\theta,$$

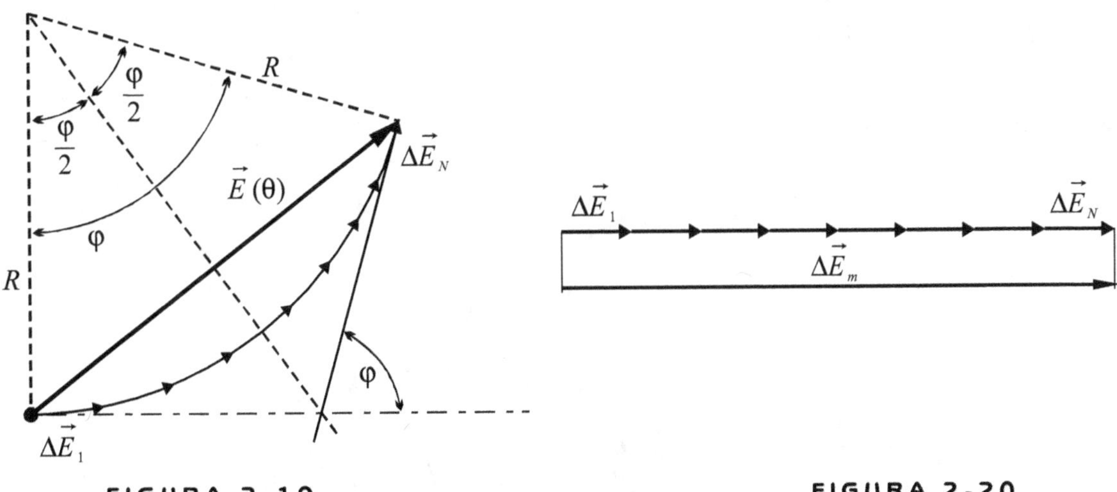

FIGURA 2-19   FIGURA 2-20

de modo que el desfasaje φ es función de la inclinación θ y así resulta que el valor $\left|\vec{E}(\theta)\right|$ es función de θ. No así la longitud del arco formado por los $\Delta\vec{E}_1$. Esta longitud no depende de θ, es la misma que para $\theta = 0$ (fig.2-20) y la denominaremos E_m (amplitud máxima, se tiene en el eje de simetría).

De la fig.2-19 obtenemos:

$E_m = R\ \theta$, además

$$E(\theta) = 2R\ \operatorname{sen}\left(\frac{\varphi}{2}\right),$$

reemplazando $R = \dfrac{E_m}{\varphi}$

$$E(\theta) = 2\frac{E_m}{\varphi}\ \operatorname{sen}\frac{\varphi}{2}$$

ó bien

$$E(\theta) = E_m \cdot \left[\dfrac{\operatorname{sen}\dfrac{\varphi}{2}}{\dfrac{\varphi}{2}}\right]$$

y para las intensidades

$$I(\theta) = I_m \cdot \left[\dfrac{\operatorname{sen}\dfrac{\varphi}{2}}{\dfrac{\varphi}{2}}\right]^2$$

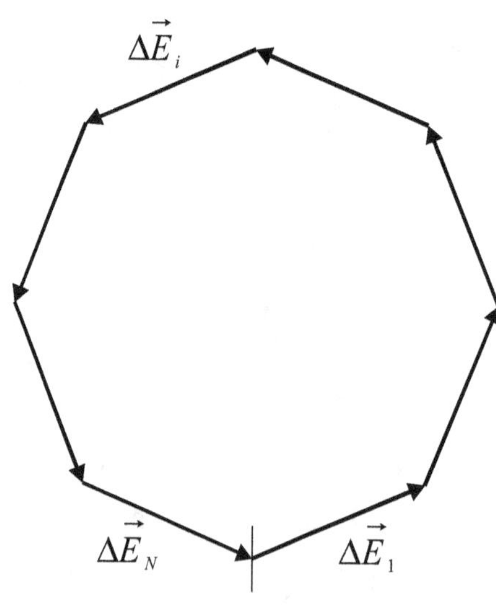

FIGURA 2-21

Primer mínimo: Cuando el polígono de vectores $\Delta\vec{E_i}$ se cierre "por primera vez" (fig. 21) se tiene $\vec{E}(\theta_1) = 0$. Esto ocurre para $\varphi = 2\pi$., es decir,

$$\varphi = 2\pi = \frac{2\pi}{\lambda} a \ \operatorname{sen}\theta_1$$

de modo que el primer mínimo se produce en un punto P de la pantalla que forma un ángulo $\theta_1 = arc \ \operatorname{sen}\left(\dfrac{\lambda}{a}\right)$

$$1^{\text{er}} \textbf{ mínimo}: \ \theta_1 = arc \ sen \left(\dfrac{\lambda}{a} \right)$$

Segundo mínimo: El segundo cierre del polígono se produce para $\varphi = 4\pi$. Resultando:

$$2^{\text{do}} \textbf{ mínimo}: \ \theta_2 = arc \ sen \left(\dfrac{2\lambda}{a} \right)$$

En general, para un mínimo de orden m se tiene

$$\theta_m = arc \ sen \left(\dfrac{m\lambda}{a} \right)$$

En las figuras 2-22 (a, b, c) se muestran los polígonos de vectores $\Delta\overrightarrow{E_1}$ como círculos, correspondientes a los mínimos sucesivos. Sus diámetros deben disminuir porque la longitud debe conservarse en el valor E_m.

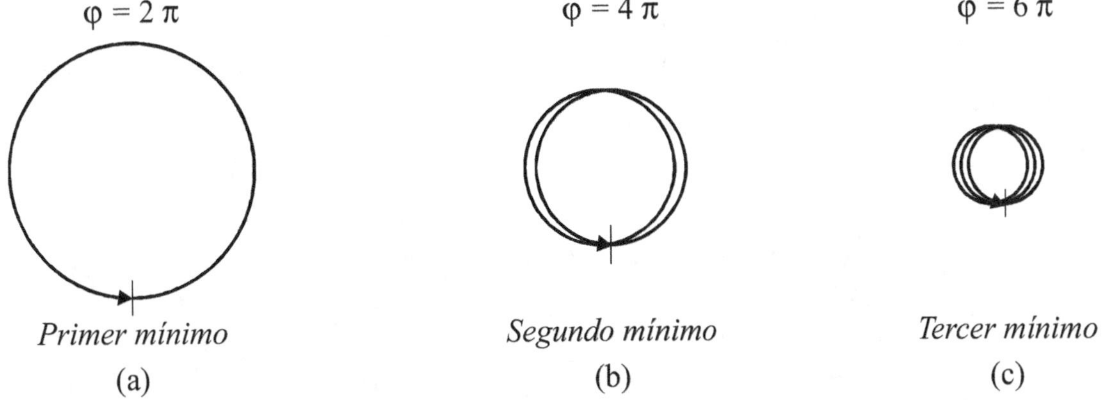

FIGURA 2-22. En realidad los círculos están superpuestos, aquí se los dibuja separados para que el lector los observe

Intensidad de los máximos sucesivos:

Los máximos se encuentran entre los mínimos y cómo en estos se cumple:

$$\textbf{mínimos} \ \varphi = m2\pi \qquad (m = 1, 2,\ldots)$$

para los máximos es:

$$\textbf{máximos } \varphi = (m + 1/2)\, 2\pi,$$

reemplazando en:

$$I(\theta) = I_m \cdot \left[\frac{\operatorname{sen} \dfrac{\varphi}{2}}{\dfrac{\varphi}{2}} \right]^2$$

resulta:

$$I_{\max}(\theta) = I_{m,0} \cdot \left[\frac{\operatorname{sen}\left(m+\dfrac{1}{2}\right)\pi}{\left(m+\dfrac{1}{2}\right)\pi} \right]^2$$

pero sen $(m+1/2)\,\pi = 1$, luego:

$$I_{\max}(\theta) = I_{m,0} \cdot \frac{1}{\left(\left(m+\dfrac{1}{2}\right)\pi\right)^2}$$

para $m=1$:

$$I_{\max 1}(\theta) = \frac{I_{m,0}}{\dfrac{9}{4}\pi^2} \approx 0{,}045\, I_{m,0}\ , \qquad \text{etc.,}$$

($I_{m,0}$ = máx central)

Es importante resaltar que cuando el **ancho de la ranura a es igual a λ,** el 1er mínimo se va a infinito, lo que significa que la pantalla queda totalmente iluminada, aunque débilmente (fig.2-23). En las figuras siguientes (2-24 y 2-25) se ha tomado por convención $I_{m,0} = 1$.

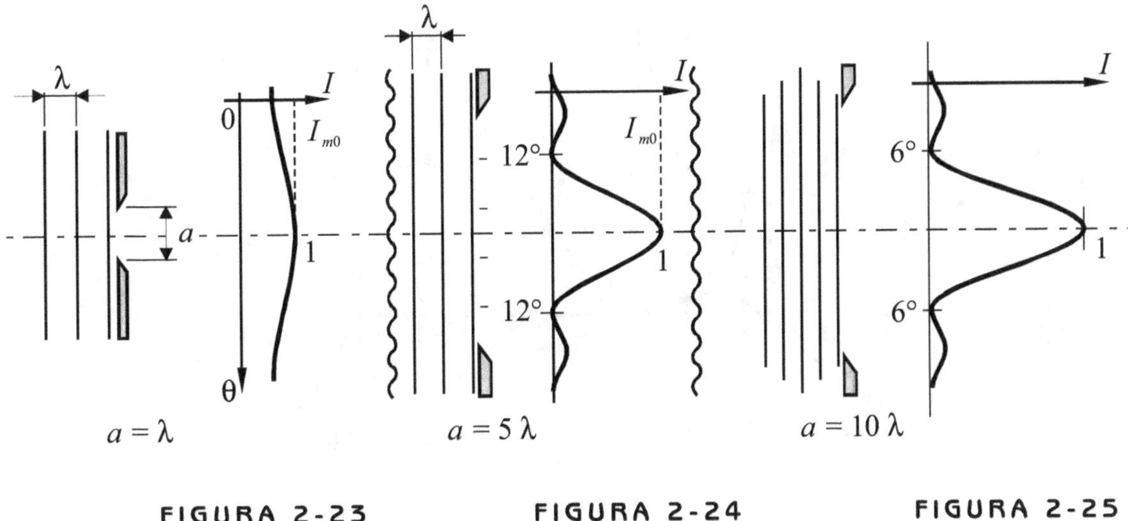

FIGURA 2-23　　　　**FIGURA 2-24**　　　　**FIGURA 2-25**

Note el alumno las diferencias entre la difracción de Fresnel con Fraunhofer.

Suspendemos momentáneamente el tema difracción para ocuparnos ahora de otro fenómeno: la **INTERFERENCIA** de ondas. Se trabaja en forma parecida a la difracción, es más, podemos decir que la **Difracción ocurre por INTERFERENCIA entre las ondas secundarias coherentes**, en cambio **la interferencia propiamente dicha resulta de superponer las propias ondas primarias provenientes de fuentes coherentes**. Por ello es que seguiremos utilizando los vectores (o fasores).

Insistamos en que para tener un "patrón" definido en la pantalla receptora las ondas (primarias y/o secundarias) deben provenir de fuentes coherentes entre sí. Pero normalmente las fuentes comunes son incoherentes… entonces ¿cómo obtener fuentes coherentes? Hay varios métodos tradicionales (dejando de lado por ahora el moderno LASER).

2.4.1. Método De Los Espejos De Fresnel

Se produce una doble imagen S_1 y S_2 de la fuente de luz S, con 2 espejos e_1, e_2 que forman un ángulo α entre sí. Es claro que para un punto (un observador) en P las ondas primarias que parten virtualmente de S_1 y S_2 son coherentes entre sí (pues en realidad son producidas por una única fuente S).

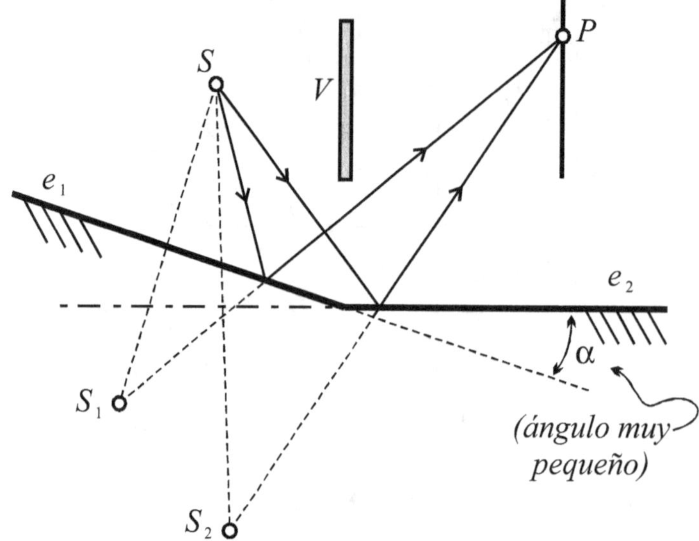

FIGURA 2-26

De modo que la superposición en P será bien definida, es decir, perdurable: si llegan en fase se tendrá un máximo, si llega en contrafase un mínimo. En general deberán sumarse los vectores ya conocidos. Las posibles diferencias de fase surgen de la diferencia de recorridos entre $S_1 P$ y $S_2 P$. La pantalla V impide que lleguen ondas incoherentes directas de S a P.

2.4.2. Biprismas De Fresnel

Algo análogo a lo anterior se puede lograr con dos prismas opuestos por la base (fig.2-27).

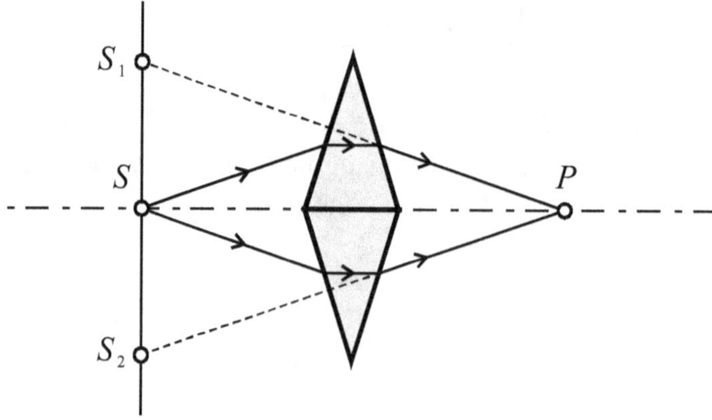

FIGURA 2-27

2.4.3. Espejo De Lloyd

Para los rayos "razantes" $S\,I\,P$ hay interferencia con el directo $S\,P$ (fig.2-28)

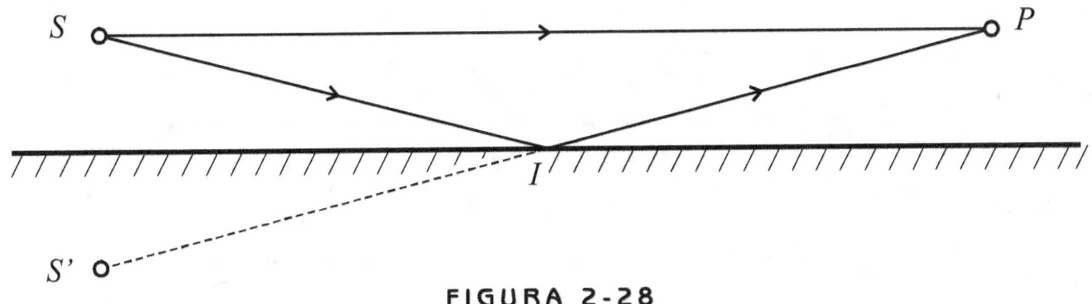

FIGURA 2-28

2.4.4. Método de LINNIK

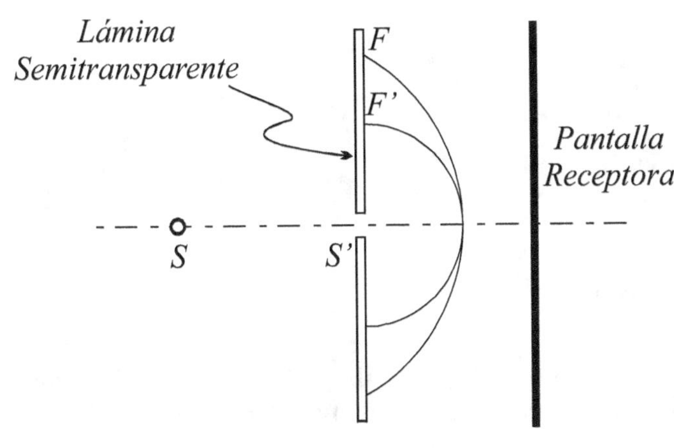

FIGURA 2-29

Entre una pantalla receptora y una fuente de luz S se interpone una lámina plana semi-transparente, con un pequeñísimo orificio S'. El frente F proveniente directamente de la fuente S es coherente con el frente F' proveniente del orificio S' y por lo tanto interfieren produciendo franjas circulares de máximos y mínimos.

2.4.5. Interferencia en láminas transparentes

Es muy frecuente que se produzca el fenómeno de interferencia entre la onda que se refleja en la primer superficie que encuentra (fig.2-30) con la que se refleja en la segunda superficie. Es decir, y si el espesor e no es muy superior a λ, los rayos 1 y 2 son coherentes. Esto es observable en películas de aceite en el agua.

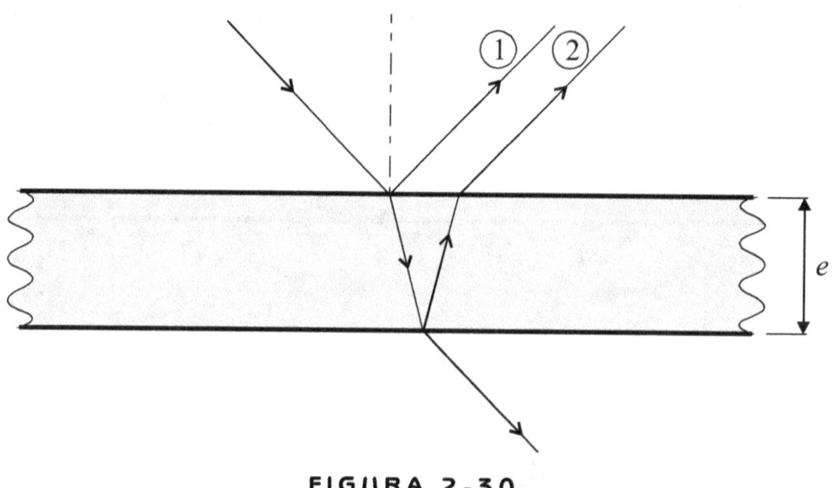

FIGURA 2-30

2.4.6. Cambio de fase por reflexión

Admitiremos sin demostrar (aunque la demostración es factible) que cuando una onda incide en un medio donde su velocidad de propagación V es menor (o sea el índice de refracción $n = \dfrac{c}{V}$ es mayor) la onda reflejada sufre un cambio de fase de π (ó $\lambda/2$), fig.2-31.

La onda refractada no sufre ningún cambio de fase. Si la onda encuentra un medio de velocidad mayor (menor índice) tampoco cambia de fase. Todo esto hay que tenerlo presente cuando se analizan cuantitativamente los máximos y mínimos por interferencia.

El cambio de fase también se produce en los espejos.

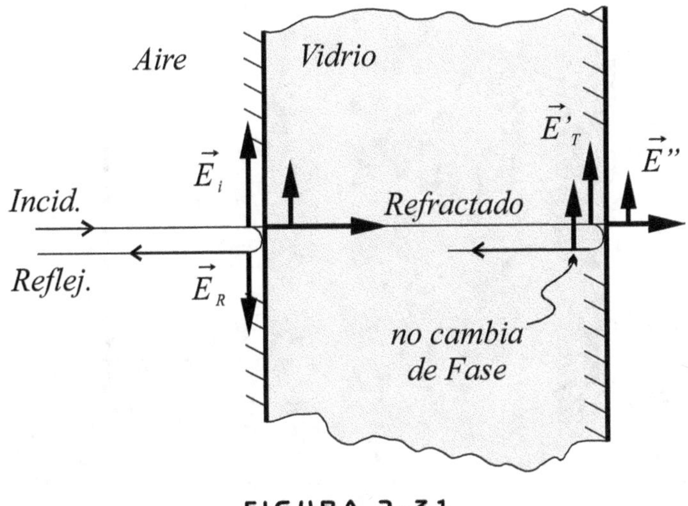

FIGURA 2-31

Nota:

Aunque las fuentes sean coherentes si son EXTENSAS, por ejemplo, de largo *h* fig.2-32, puede ocurrir que las ondas provenientes de algunas partes de las fuentes produzcan máximos sobre los mínimos de las ondas provenientes de otras partes y desaparezca así el patrón de interferencia constituido por franjas de máximos y mínimos, o al menos pierda nitidez. Es fácil comprobar que para evitar tal cosa debe cumplirse:

$$h \leq \frac{1}{2} \lambda \frac{L}{d},$$

por ejemplo si:

$$\lambda = 5000 \ \overset{0}{A} \ \text{(luz verde amarillenta)}, \qquad L = 1 \ m \qquad y \qquad d = 5 \ mm$$

$$h \leq 0,05 \ mm$$

Para conseguir esto se suele interponer ante las fuentes pantallas con pequeñísimos orificios o ranuras.

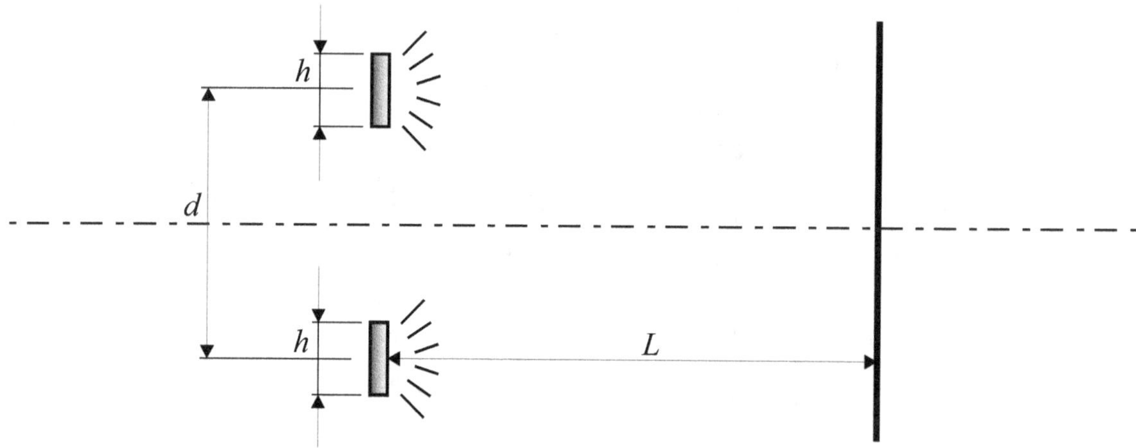

FIGURA 2-32

Con estas nociones previas sobre interferencias abordemos el estudio algo más cuantitativamente.

2.5. INTERFERENCIA EN DOBLE RANURA. EXPERIENCIA DE YOUNG-FRESNEL

Sea una fuente puntual S (fig.2-33) y una pantalla con ranuras R_1, R_2, paralelas. Por ahora supondremos que el ancho de las ranuras $a \approx \lambda$ para que se produzca difracción total, es decir el 1er mínimo en el ∞. De este modo estando tapada una ranura, la otra iluminará toda la pantalla receptora. Estando las dos destapadas se producirá interferencia entre las ondas que provienen de cada ranura. L_1 y L_2 son lentes convergentes para tener la situación de Fraunhofer. Para un punto P cualquiera, tal que $\overline{PC}$ forma con el eje de simetría un ángulo θ, se tendrá una amplitud y fase dadas por la suma de los vectores $\vec{E_1}$ y $\vec{E_2}$ de las ondas que provienen de las ranuras R_1 y R_2 respectivamente (fig.2-34).

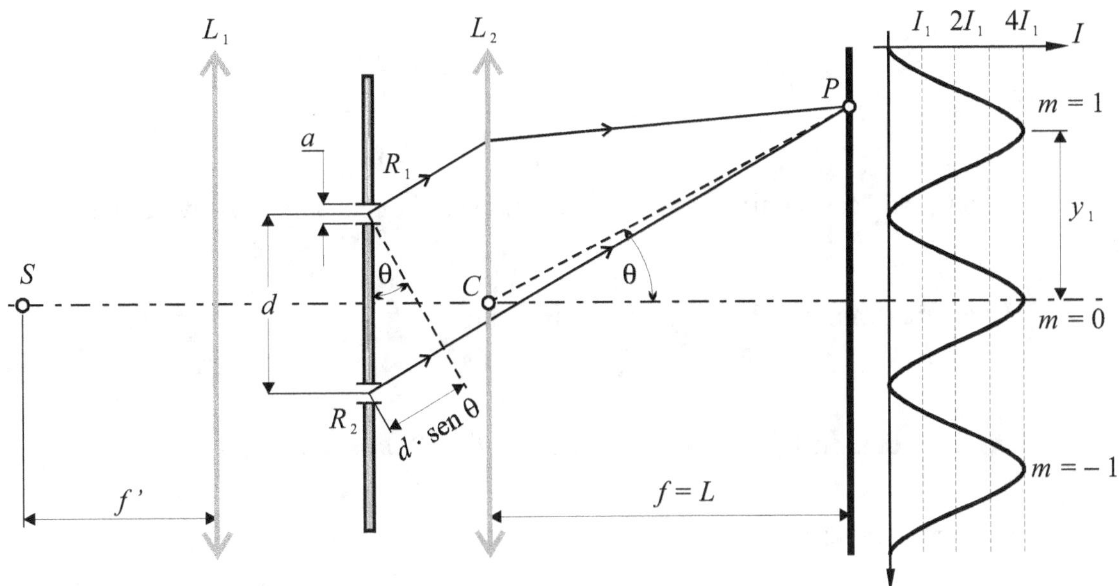

FIGURA 2-33

Si los ángulos θ no son muy grandes (solo 3° ó 4°) podemos suponer, al igual que en la difracción, que $\left|\vec{E_1}\right| = \left|\vec{E_2}\right|$. El desfasaje φ depende de la diferencia de recorridos entre las ondas, es decir, depende de $\Delta = d\,\mathrm{sen}\,\theta$. Ya sabemos que se cumple la relación:

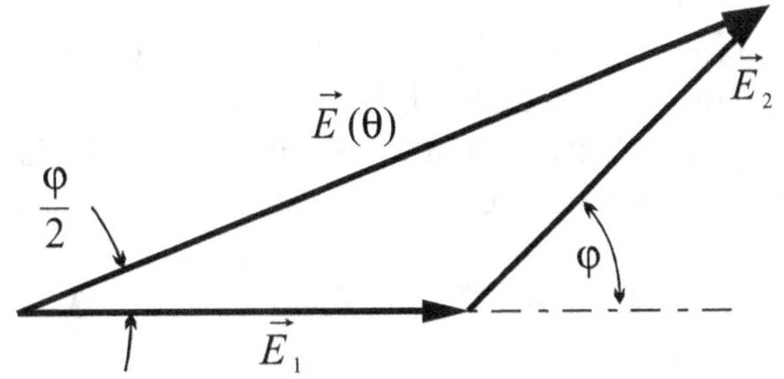

FIGURA 2-34

$$\frac{\varphi}{2\pi} = \frac{d\,\mathrm{sen}\,\theta}{\lambda}$$

o sea:

$$\varphi = \frac{2\pi d\,\mathrm{sen}\,\theta}{\lambda}$$

Para tener **máximos** es claro que debe cumplirse:

$$(\text{máx}) : d\,\mathrm{sen}\,\theta = m\lambda \quad (m = 0, \pm 1, \pm 2, \ldots)$$

máximo central: $m=0$; $\qquad \theta = 0$; $\qquad \varphi=0$; $\qquad E_{(0)} = 2E_1,$

luego

$$I_{(o)} = 4I_1$$

donde I_1 es la intensidad "casi" uniforme que se tendría si *solo una* ranura estuviese destapada.

Primer máximo: $m = 1$ (ó -1); $\theta_1 = $ arc sen (λ/d) ; $\varphi_1 = 2\pi$; $I(\theta_1) = 4\,I_1$.

máximo orden m: $\theta_m = $ arc sen $(m\,\lambda/a)$; $\varphi_m = 2\,m\pi$; $I(\theta_m) = 4\,I_1$

Los **mínimos** ocurren para d sen $\theta = (m+1/2)\,\lambda$.

Comentario importante:

Hemos dicho que si sólo una ranura está destapada la iluminación es I_1. Siendo COHERENTES las ondas de R_1 y R_2 tenemos "picos" de iluminación de valor $4I_1$, pero en contraparte zonas de mínimo cero. Si la luz proveniente de R_1 y R_2 **fuese INCOHERENTE** estando las 2 ranuras destapadas se tendría una iluminación "casi" uniforme de valor $2I_1$. He aquí otra importante propiedad asociada a la coherencia.

Con **coherencia** la suma debe ser **primero vectorial**, luego se puede tomar módulo y elevar al cuadrado.

Con **incoherencia**: se puede sumar directamente los cuadrados de los vectores (ó módulos):

$$I \propto E_1^2 + E_2^2 = 2E_1^2 = 2I_1$$

Distancia entre máximos (ó mín). Para pequeños ángulos θ se tiene:

$$tg\,\vartheta_m \simeq \text{sen } \theta_m \simeq \frac{y_m}{L} \qquad \text{(ver fig. 33)}$$

y_m es la "altura" del máx. de orden m. De modo que podemos escribir:

$$(\text{máx.}): d\,\frac{y_m}{L} = m\lambda$$

para el máx. de orden $(m+1)$:

$$d\,\frac{y_{m+1}}{L} = m\lambda + \lambda\,,$$

restando *m.a.m.* y llamando Δy la distancia entre máximos consecutivos:

$$\Delta y = \frac{L}{d}\lambda$$

Esta sencilla expresión tiene **gran importancia histórica**, pues midiendo Δy, d, L permitió a Young y Fresnel calcular λ de la luz (monocromática).

Como la distancia entre máximos Δy es función directa de la longitud de onda λ se tiene que si se ilumina con luz blanca (mezcla de longitudes) los máximos de los distintos colores tendrán distintas distancias, es decir, la interferencia producirá una descomposición de la luz blanca, **salvo en el máx. central**. En la fig.2-35 se tiene el patrón de interferencia supuesto dos longitudes, por ej. rojo y violeta ($\lambda_R > \lambda_V$).

En este principio se basa la descomposición de la luz por REDES de difracción (que debería llamarse a mi criterio redes de **interferencia**).

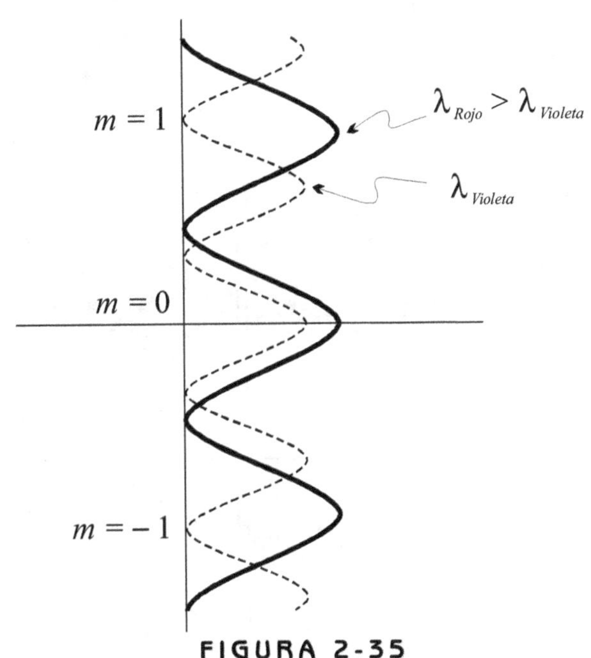

FIGURA 2-35

Veremos, en efecto, que una **red de difracción** puede ser concebida como un **conjunto muy numeroso de ranuras** muy finas ($a \approx \lambda$).

2.6. INTERFERENCIA EN N RANURAS

Como generalización del caso de 2 ranuras sea un conjunto de N ranuras paralelas, de ancho $a \simeq \lambda$, igualmente espaciadas por una distancia d (fig.2-36). Aquí suponemos $N = 5$. Si θ no es muy grande podemos suponer otra vez que los vectores $\Delta \vec{E_i}$ correspondientes a cada onda que parte de cada ranura tienen igual módulo (amplitud). Como siempre, en un punto P de la pantalla receptora, la amplitud y fase estarán dada por la suma vectorial de los $\Delta \vec{E_i}$ ($i = 1, \ldots, N$). La diferencia de fase $\Delta\varphi$ entre los $\Delta \vec{E_i}$ consecutivos está igualmente dada por la diferencia de recorridos d sen θ entre dos ondas de ranuras consecutivas (fig.1-36), de modo que otra vez se tiene:

$$\frac{\Delta\varphi}{2\pi} = \frac{d \text{ sen } \theta}{\lambda}, \qquad \text{ó} \qquad \Delta\varphi = \frac{2\pi}{\lambda} d \text{ sen } \theta$$

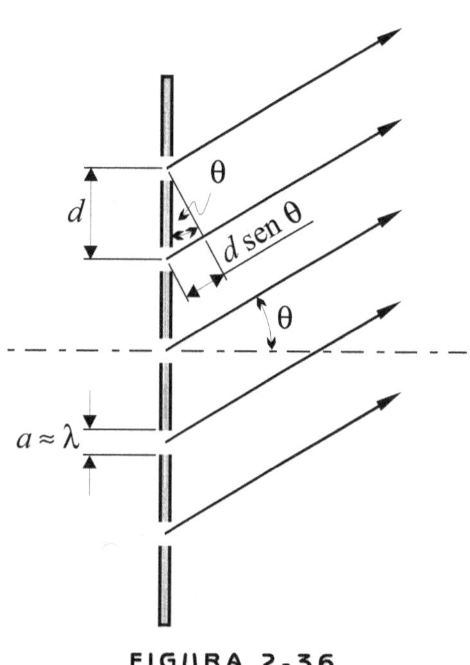

FIGURA 2-36

Máximos principales:

Ya sabemos que si d sen $\theta = m\lambda$ ($\pm m = 0, 1, 2,\ldots$) se tienen máximos que, por algo que luego se entenderá, llamaremos **principales.**

Que d sen $\theta = m\lambda$ implica que $\Delta\lambda = m \times 2\pi$, de modo que la suma de los $\Delta\overrightarrow{E_i}$ da $\overrightarrow{E_m} = N\Delta\overrightarrow{E_i}$. En nuestro caso $\overrightarrow{E_m} = 5\Delta\overrightarrow{E_i}$ (fig.1-37). De modo que la intensidad de estos máx. principales es $I_m \propto E_m^2$, o sea $I_m \propto N^2\Delta\overrightarrow{E_1^2}$. Entonces, cuanto mayor es N mayor es la intensidad de los máximos.

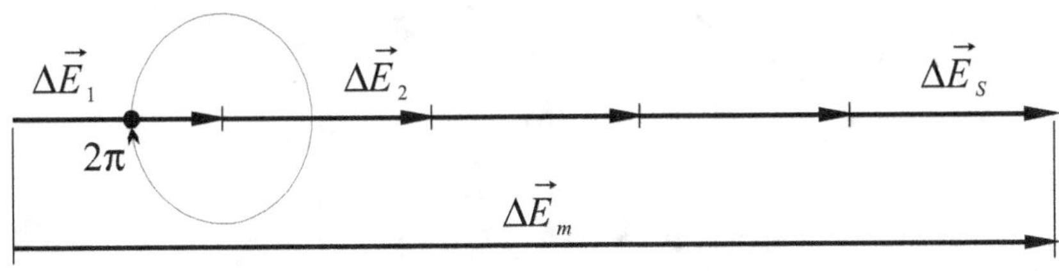

FIGURA 2-37

Mínimos:

Cuando se cumple $N\,\Delta\varphi = m \times 2\pi$ el polígono de los $\Delta\overrightarrow{E_i}$ se cierra ($\overrightarrow{E}_{\text{Result.}} = 0$), fig.1-38 y se tienen mínimos ($I = 0$). Pero hay excepciones pues al ser: $\Delta\varphi = (m \times 2\pi\,/\,N)$, cuando $m = 0, N, 2N, 3N$, otra vez es $\Delta\varphi$ un $N°$ entero de 2π y se tienen máximos en lugar de mínimos. (En nuestro caso para $m = 0, 5, 10, 15$, etc.).

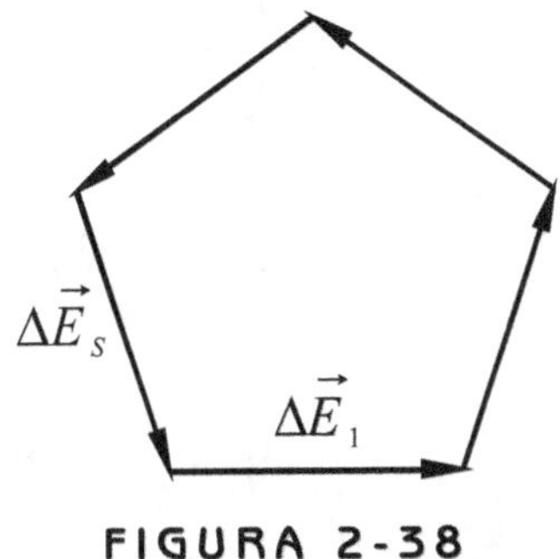

FIGURA 2-38

Máximos secundarios:

Si "partimos" de un máximo principal, p.ej. del central ($\theta = 0°$), y recorremos la pantalla hacia arriba o hacia abajo del máximo principal pasaremos gradualmente a un mínimo (el primer mín. es el de la fig.2-38), mas luego el polígono de los $\Delta\overrightarrow{E_i}$ no se cierra, aumentando nuevamente la amplitud resultante hasta llegar a un **máx. secundario**, el primero ocurre para $\Delta\varphi = 110°$ (fig.2-39), luego prosiguiendo el polígono se cierra nuevamente y así sucesivamente hasta llegar a otro máximo principal. (Para mayores detalles gráficos, consultar Resnick-Halliday en el tema Redes y Espectros). En la fig.2-40 se tiene la distribución de intensidad $I(\theta)$. En general entre 2 máx. principales hay $(N-1)$ mínimos y $(N-2)$ máx. secundarios. (Esta conclusión sale de un estudio detallado de los $\Delta\vec{E}_i$).

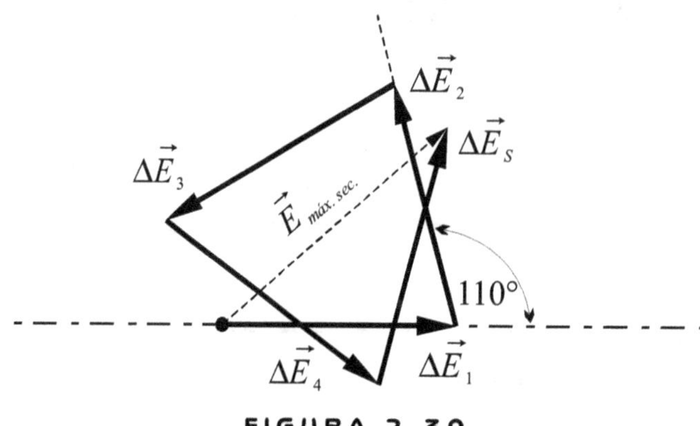

FIGURA 2-39

La distancia Δy entre máx. principales prácticamente no depende de N y vale, como en el caso

$N = 2$: $\Delta y = (L\lambda / d)$. En la fig.2-40 se compara $I(\theta)$ para $N = 5$ y $N = 2$.

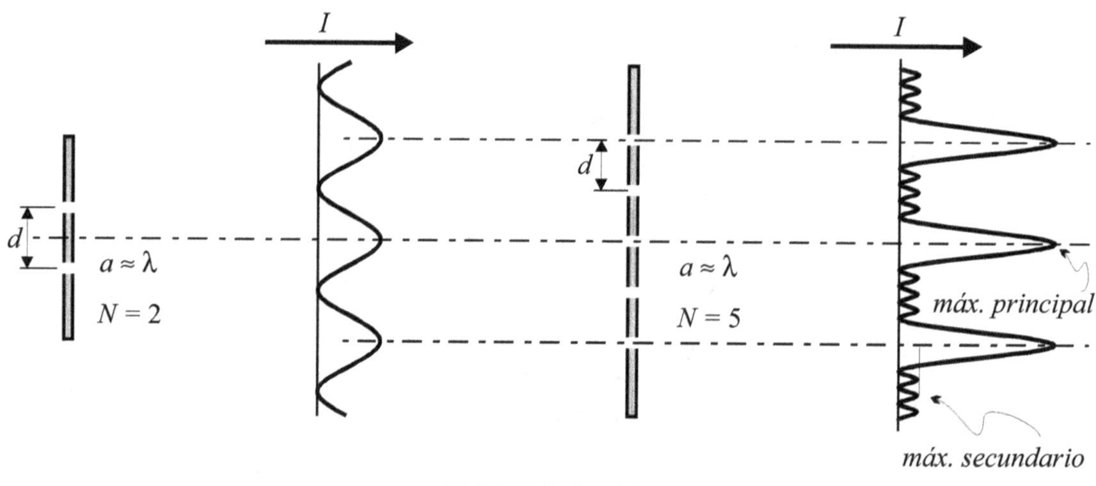

FIGURA 2-40

Cuánto mayor es N más "agudos" son los máx. principales. Esto es esencial para luego comprender las REDES.

Veamos antes que ocurre cuando a > λ.

Simplemente diremos que cuando $a > \lambda$ el "patrón" de intensidad $I(\theta)$ de **interferencia** queda "modulado" por el patrón de **difracción** de una ranura. En la fig.2-41 se **resume** el resultado.

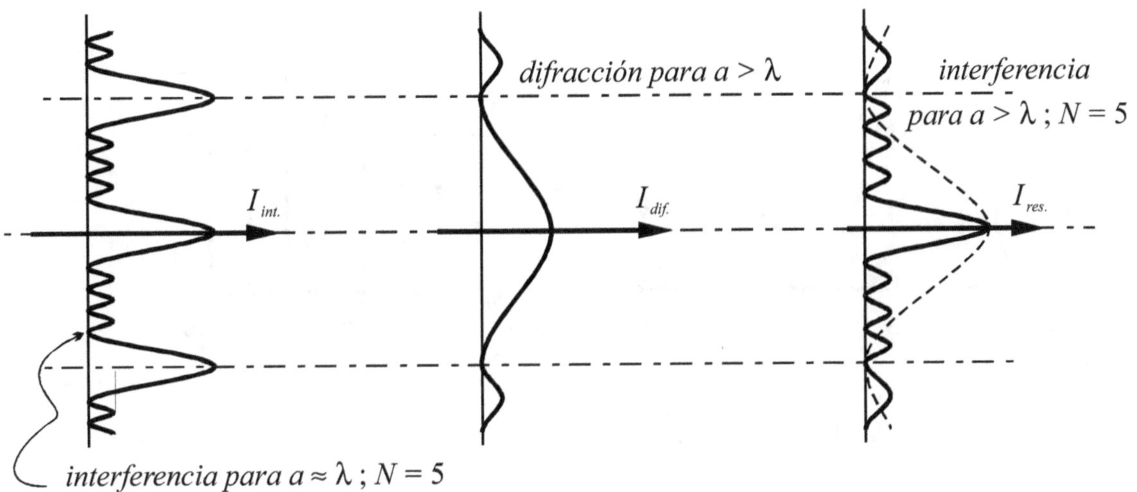

FIGURA 2-41

Note que la difracción puede hacer desaparecer o atenuar máximos. Podemos decir que:

$$I_{Res.} = I_{difr} \times I_{Int.(a=\lambda)} \qquad int.(a > \lambda)$$

2.6.1. Redes de Difracción

Una placa transparente tal que en una de sus caras se han practicado un número N elevado de rayas paralelas, equidistantes una distancia d, fig.2-42, constituye una red. El número de rayas por centímetro es de MILES.

El comportamiento es análogo a un conjunto de N ranuras, pero el desfasaje se produce aquí por ser diferente el recorrido en material de los rayos 1 y 2 (fig.2-42). Esta es una red transparente o de "fase". También hay redes que actúan por reflexión (fig.2-43) y redes de escalones (fig.2-44).

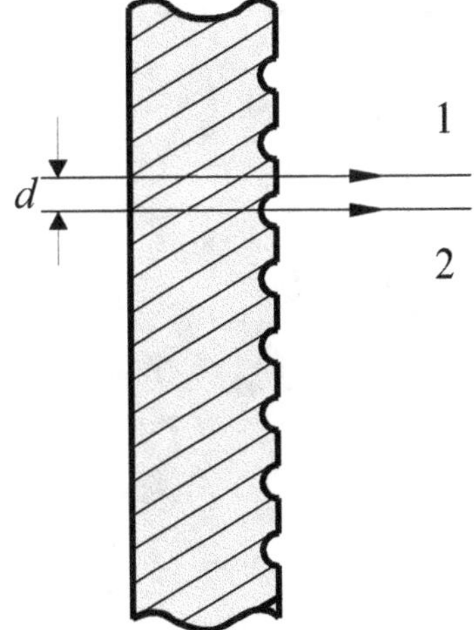

FIGURA 2-42

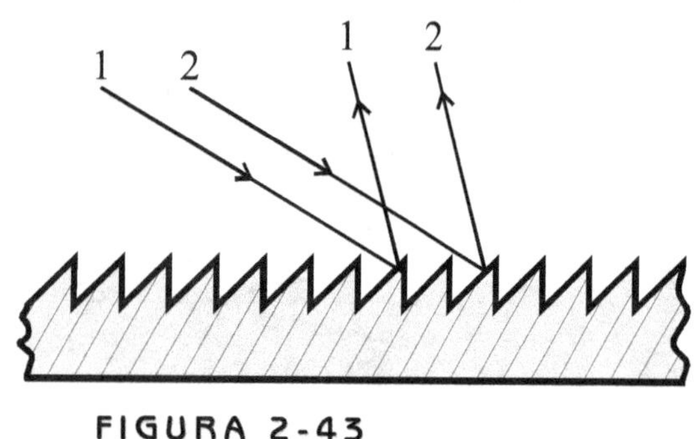

FIGURA 2-43

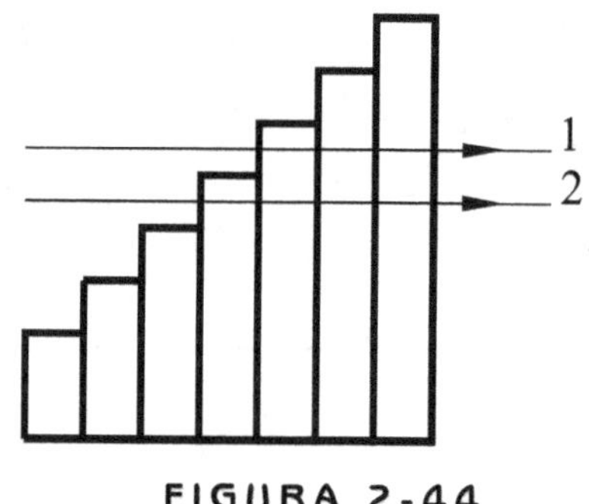

FIGURA 2-44

Principio de funcionamiento

Ya hemos visto que N ranuras producen máximos principales más intensos y "delgados" cuánto mayor es el número N, pero cada máximo corresponde a cada longitud de onda λ (la distancia entre ellos es función inversa de d), de modo que cuando se ilumina con luz blanca, ésta, al pasar por las ranuras, se descompone dando un **espectro** coloreado.

Poder Dispersivo de una red

Es el cociente $D = \dfrac{d\theta}{d\lambda}$, donde $d\theta$ (fig.1-45) es la diferencia angular sustendida por dos máximos principales correspondientes a dos ondas componentes de longitud λ y $(\lambda + d\lambda)$.

Siendo $d \operatorname{sen} \theta = m\lambda$, es decir,

$$\operatorname{sen} \theta = \frac{m\lambda}{d},$$

resulta diferenciando *m.a.m.*:

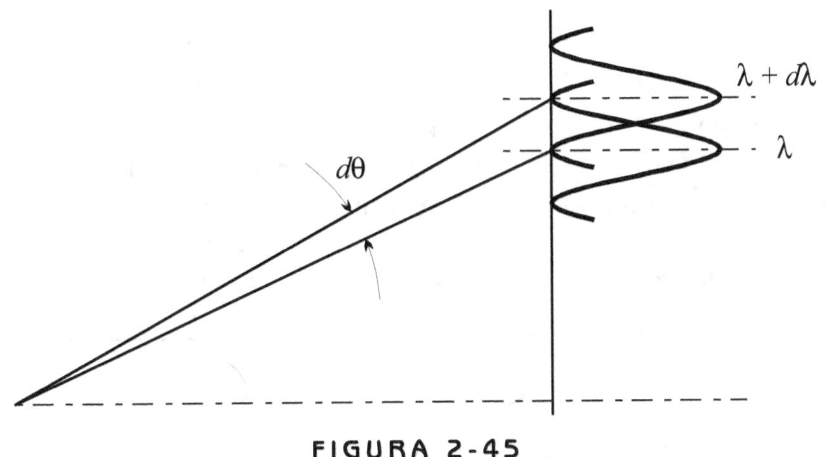

FIGURA 2-45

$$\cos\theta \; d\theta = m \; \frac{d\lambda}{d}$$

luego:

$$D = \frac{d\theta}{d\lambda} = \frac{m}{d\cos\theta}$$

Para **m = 0** no hay dispersión.

Vemos que el **poder dispersivo** NO DEPENDE del número de ranuras o rayas N.

Poder resolutivo o separador de una red.

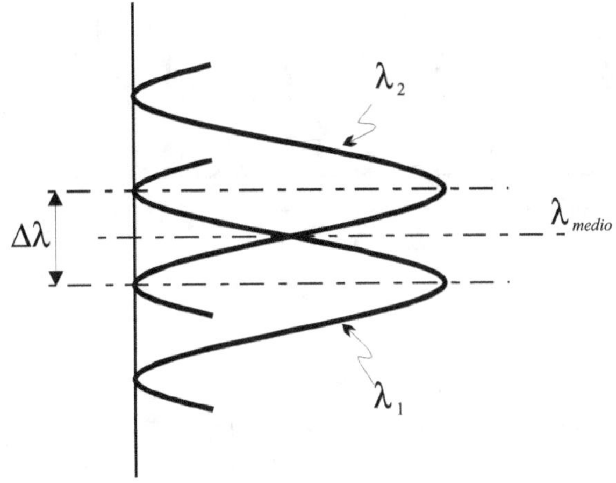

FIGURA 2-46

Sean dos máximos principales correspondientes a dos componentes de longitud λ_1, λ_2 (fig.2-46), por ejemplo los máximos correspondientes al "doblete" del sodio ($\lambda_1 = 5890,0$ $\overset{0}{A}$; $\lambda_2 = 5895,9$ $\overset{0}{A}$), y supongamos que estos dos máximos "APENAS" se distinguen como efectivamente máximos distintos, es decir, que están en el límite de visión diferenciada. Con un criterio "algo exagerado" podemos afirmar que resulta así si el máximo correspondiente a una longitud "cae" sobre el mínimo de la otra longitud (criterio de Lord Rayleigh). Ahora bien, definimos como Poder Resolutivo o Separador a:

$$R = \frac{\dfrac{\lambda_2 + \lambda_1}{2}}{\lambda_2 - \lambda_1} = \frac{\lambda_{medio}}{\Delta\lambda}$$

Es posible demostrar (basándose en las expresiones de máximos y mínimos y el criterio de Rayleigh) que el poder resolutivo es igual al producto del número de orden m por el número de rayas N y no depende de la distancia d entre rayas:

$$R = \frac{\lambda_m}{\Delta\lambda} = mN$$

Vemos que para $m = 0$, al igual que el poder dispersivo, no hay poder resolutivo, de modo que la red no puede separar entre si los máximos centrales, es decir, para $m = 0$ la red no descompone la luz blanca (fig.2-47).

Para cada valor de $m \neq 0$ la red produce un espectro completo (fig.2-47).

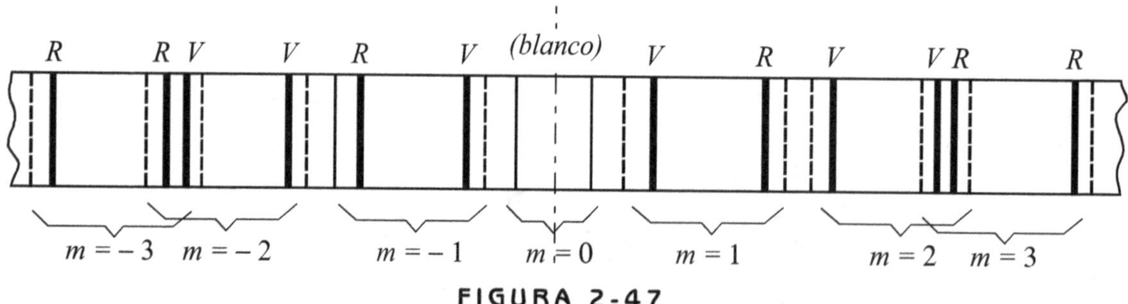

FIGURA 2-47

Se tiene el inconveniente que los espectros para $m = 2, 3, \dots$ se solapan y por otro lado esta multiplicidad de espectros implica una repartición de la energía luminosa entre ellos, de modo que hay pérdida de luminosidad. De todos modos las redes modernas aventajan a los prismas por su gran poder dispersivo y resolutivo.

2.7. Difracción producida por sustancias cristalinas (O Redes Espaciales) Difracción De Rayos X

Sabemos que muchas sustancias en **estado sólido** poseen sus átomos o moléculas ordenados según un "patrón" geométrico definido, es decir, forman **cristales.** Los átomos o moléculas así ordenados pueden servir de **centros de difracción** (como los orificios o ranuras). Algunos dicen, algo impropiamente, "centros de DISPERSION", en lugar de difracción, pero nosotros reservamos el término DISPERSIÓN para otro fenómeno ondulatorio. Este tema, muy desarrollado, dada su importancia en el estudio de las estructuras cristalinas, será aquí expuesto en forma sintética, conservando los aspectos cualitativos y cuantitativos mas esenciales (se sigue aproximadamente a FRISH-TIMOREVA, Tomo III).

Supongamos primero una "fila de átomos" igualmente espaciados por una distancia d (fig.2-49). Un frente de **onda primario** S incide sobre la fila de átomos. Cada uno de ellos será un centro de emisión de **ondas.**

En la fig.2-49 se han tomado los rayos primarios formando un ángulo α con la fila y se han tomado los rayos secundarios formando un ángulo cualquiera α'. La diferencia de recorrido entre dos rayos contiguos es aquí:

$$d \cos\alpha' - d \cos\alpha = d\,(\cos\alpha' - \cos\alpha)$$

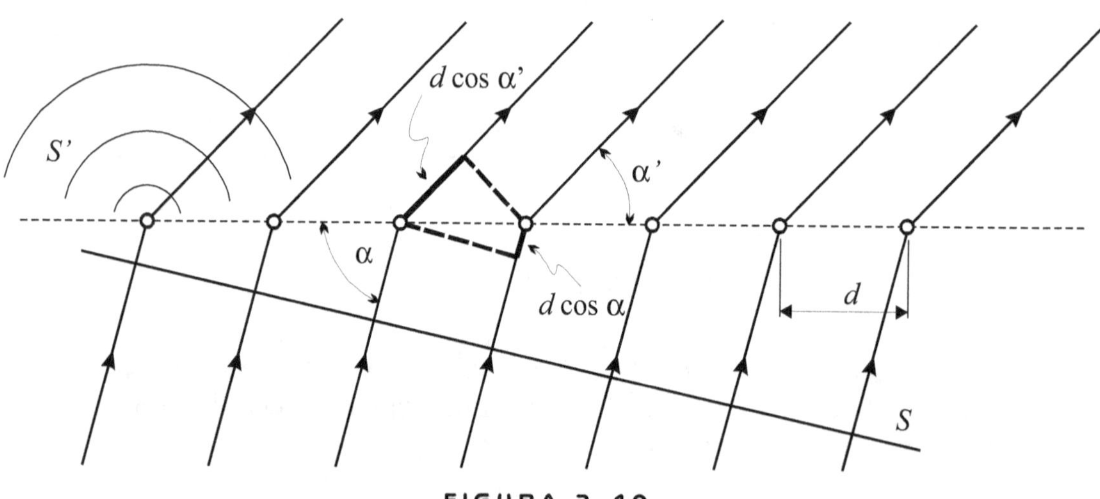

FIGURA 2-49

Conceptualmente tenemos lo mismo que en el tema de las ranuras solo que aquí hay dos detalles diferentes: la forma en que se definen los ángulos α y α' (respecto de la fila y no de su normal) lo que hace aparecer el **coseno** en lugar de **seno** y el supuesto general que el frente primario S incide oblicuamente, de modo que los frentes secundarios **no parten simultáneamente** de los centros, de aquí que hay que considerar en las diferencias de recorridos el término $\boldsymbol{d} \cos \boldsymbol{\alpha}$ (que claro está se anula para el caso particular $\alpha = 90$).

Se producirán **máximos principales** si se cumple como siempre que:

$$d\,(\cos\alpha' - \cos\alpha) = m\lambda \quad (\pm\, m = 0, 1, 2, \ldots)$$

Los rayos secundarios serán recibidos por una lente convergente y sobre una pantalla receptora se producirán franjas de máximos y mínimos. ¿Qué forma pueden tener estas franjas? Como los frentes secundarios son esféricos no sólo los rayos dibujados en 2-49 cumplen la condición mencionada sino todos aquéllos que formen un ángulo α' con la fila, pues bien, estos conforman CONOS (fig.2-50).

Estos conos de rayos interceptan la pantalla plana formando franjas hiperbólicas (sabemos que la hipérbola es la intersección entre un cono y un plano paralelo a su eje). La presencia de la lente no altera esta conclusión. En la fig.2-50 se ha supuesto $\alpha = 90°$ para mayor sencillez.

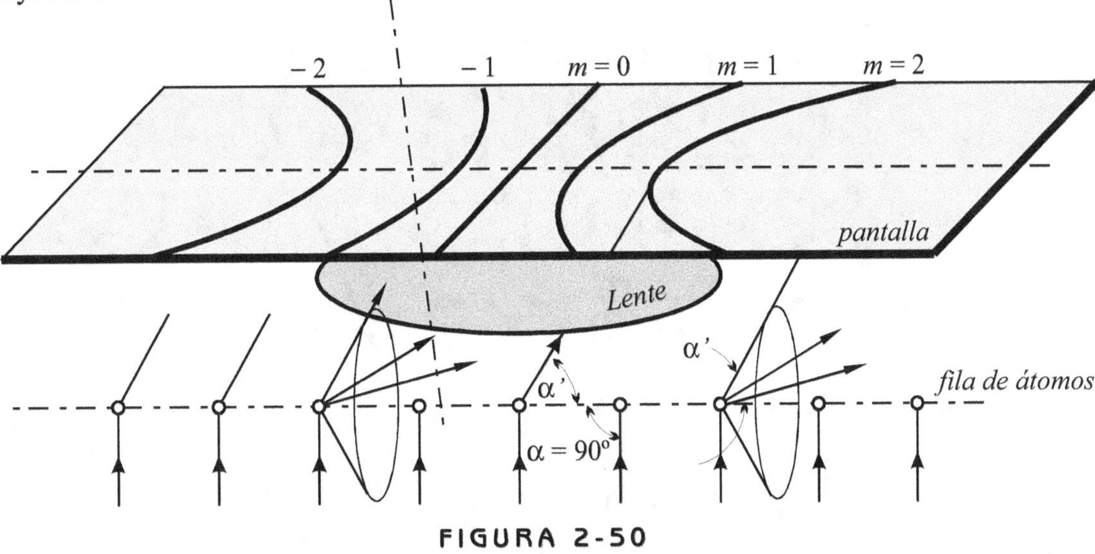

FIGURA 2-50

2.7.1. Red Bidimensional de Átomos

La diferencia resultante puede ser concebida como superposición según x e y del caso anterior (fig.2-51). Las condiciones para máximos a cumplir ahora son **dos**:

$$\begin{cases} d\left(\cos\alpha' - \cos\alpha\right) = m\lambda \\ d\left(\cos\beta' - \cos\beta\right) = n\lambda \end{cases}$$

$$con \begin{cases} \pm m = 0,\ 1,..... \\ \pm n = 0,\ 1,..... \end{cases}$$

Resultan así "puntos" luminosos como máximos, en las intersecciones de las hipérbolas, pues en esos puntos se cumplen simultáneamente las dos condiciones de máximos.

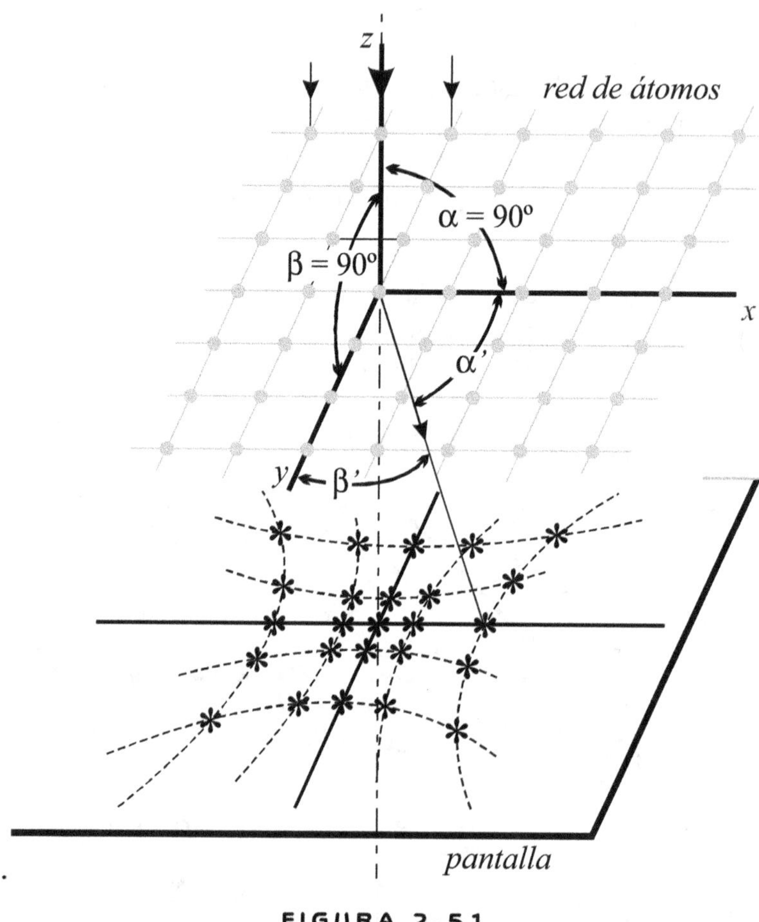

FIGURA 2-51

En la fig.2-51 se ha supuesto que la onda primaria viene de arriba y su frente es paralelo al plano x, y, es decir $\alpha = 90°$, $\beta = 90°$, de modo que en este caso las condiciones a cumplir para los máximos son:

$$\begin{cases} d\left(\cos\alpha'\right) = m\lambda \\ d\left(\cos\beta'\right) = n\lambda \end{cases}$$

Red Tridimensional

Conceptualmente es lo mismo que los casos anteriores, pero las condiciones a cumplir para tener máximos son más numerosas, en efecto, si α, β, γ son los ángulos que forman los rayos paralelos primarios con los ejes x, y ,z respectivamente (fig.2-52), debe cumplirse:

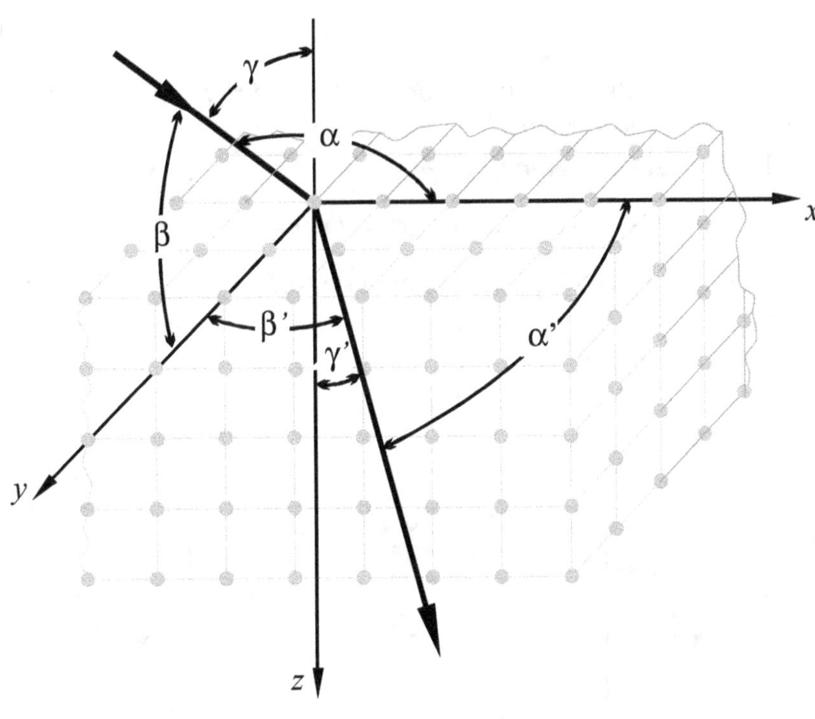

FIGURA 2-52

$$\begin{cases} d\left(\cos\alpha'-\cos\alpha\right)=l\lambda \\ d\left(\cos\beta'-\cos\beta\right)=m\lambda \\ d\left(\cos\gamma'-\cos\gamma\right)=n\lambda \end{cases} \quad \text{con} \quad \begin{cases} \pm l = 0,\ 1,... \\ \pm m = 0,\ 1,... \\ \pm n = 0,\ 1,... \end{cases}$$

pero además sabemos por geometría analítica que la suma de los cuadrados de los cosenos debe ser 1:

$$\cos^2\alpha+\cos^2\beta+\cos^2\gamma=1$$
$$\cos^2\alpha'+\cos^2\beta'+\cos^2\gamma'=1$$

de modo que ahora hay que cumplir con 5 condiciones. Despejando λ (habida cuenta de la suma unitaria) resulta:

$$\lambda = -2d\,\frac{l\cos\alpha + m\cos\beta + n\cos\gamma}{l^2 + m^2 + n^2}$$

de modo que para ciertos valores de α, β, γ, l, m, n, λ debe tener el valor preciso dado por la última ecuación, de lo contrario no habrá máximo.

Rayos X

Mas adelante estudiaremos con algún detalle la producción de rayos X (descubiertos por RÖENTGEN en 1895), aquí solo diremos que se pueden considerar como ondas electromagnéticas (como la luz) pero cuyas longitudes de onda λ son del orden del amstrong (1 Å $=10^{-10}$m). Entonces, para los rayos X la distancia d capaz de producir efectos de interferencia y difracción discernibles, debe ser también del orden del Å. Ahora bien, justamente la distancia d típica entre los átomos es de este orden, de modo que los cristales producen difracción de los rayos X notables.

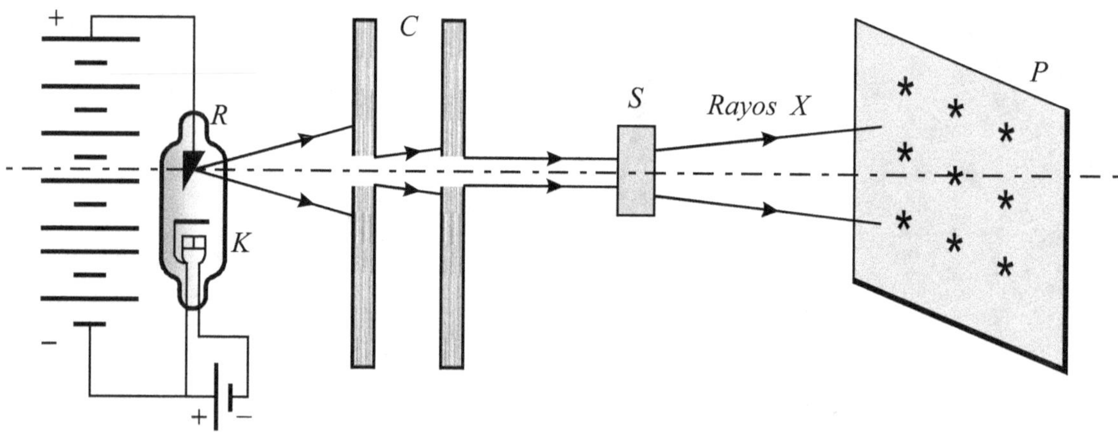

FIGURA 2-53

En la fig.2-53 se ha esquematizado un dispositivo para constatar la difracción de los rayos X, (experimento realizado por Friedrich y Knitting en base a una sugerencia del físico Max Von Laue en 1912).

R es un tubo de Röentgen, productor de rayos X (emergen del "anticátodo A al incidir sobre él electrones rápidos provenientes del cátodo K). Estos rayos X son colimados por pantallas de plano C, e inciden sobre una sustancia cristalina S, difractándose, produciendo las imágenes típicas en una pantalla receptora P (dónde puede colocarse una placa fotográfica ó una pintura fluorescente).

El valor histórico de este experimento estriba en por un lado confirma el carácter ondulatorio de los rayos X y por otro, es un índice más de la organización geométrica de los átomos en muchas sustancias en estado sólido. Por otro lado, estos tipos de experiencias permitieron (y permiten) un gran conocimiento de las estructuras cristalinas, dándose así un gran avance en la metalografía, mineralogía, etc.

Nota:

A la frecuencia de los rayos X las sustancias (como el vidrio) exhiben un índice de refracción casi unitario, de modo que la refracción es casi nula, fracasando así la posibilidades de las lentes.

2.8. Difracción de Rayos X Según W.H. y W.L. Bragg

Los cristales poseen planos que contienen átomos correspondientes a las distintas celdas elementales. En la fig.2-54 se muestra un conjunto de planos (O), a distancia d entre sí, pero es claro que se pueden imaginar, en el mismo cristal otros planos a otras distancias (por ej., el conjunto V a distancia d').

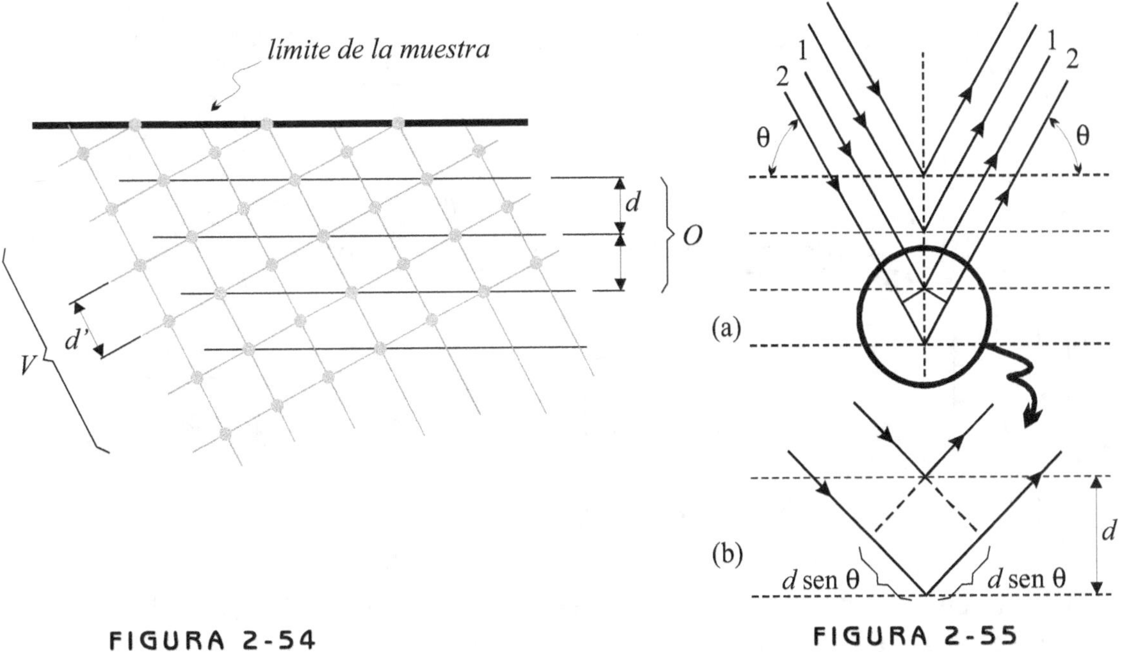

FIGURA 2-54

FIGURA 2-55

Ahora bien, si sobre el cristal inciden rayos X, estos, al penetrar entre los espacios interatómicos y "chocar" con los átomos se difractan, esto ya lo sabemos, pero como caso particular de difracción se tiene que cualquiera sea el ángulo θ de incidencia (medida respecto de los planos) los rayos "parecen reflejarse" en dichos planos. En las fig.2-55 (a) y (b) se han dibujado algunos rayos "reflejados" en distintos planos paralelos del conjunto O. El encomillado es para hacer énfasis que en realidad estamos frente a un fenómeno de difracción y no de reflexión.

Hemos dicho que cualquiera sea el valor de θ hay reflexión, pero para ciertos valores de θ los rayos reflejados podrán producir máximos. En la fig.2-55 (b) se tiene el detalle del recorrido de dos rayos 1 y 2 que se reflejan en planos atómicos consecutivos. Llamando λ a la longitud de onda de los rayos X se tendrán máximos si se cumple que la diferencia de recorrido es $2\,d\,\mathrm{sen}\,\theta$, de modo que se cumple la llamada condición de Bragg para los máximos de difracción:

$$2\,d\,\mathrm{sen}\,\theta = m\lambda \qquad\qquad (m = \pm 0, \pm 1,\ldots)$$

En la fig.2-56 se tiene un esquema de un espectrógrafo de rayos X de cristal giratorio. En la pantalla P cilíndrica (de eje coincidente con el eje de giro del cristal) se tienen distintos máximos en el supuesto que los rayos X que inciden están constituidos por distintas longitudes λ.

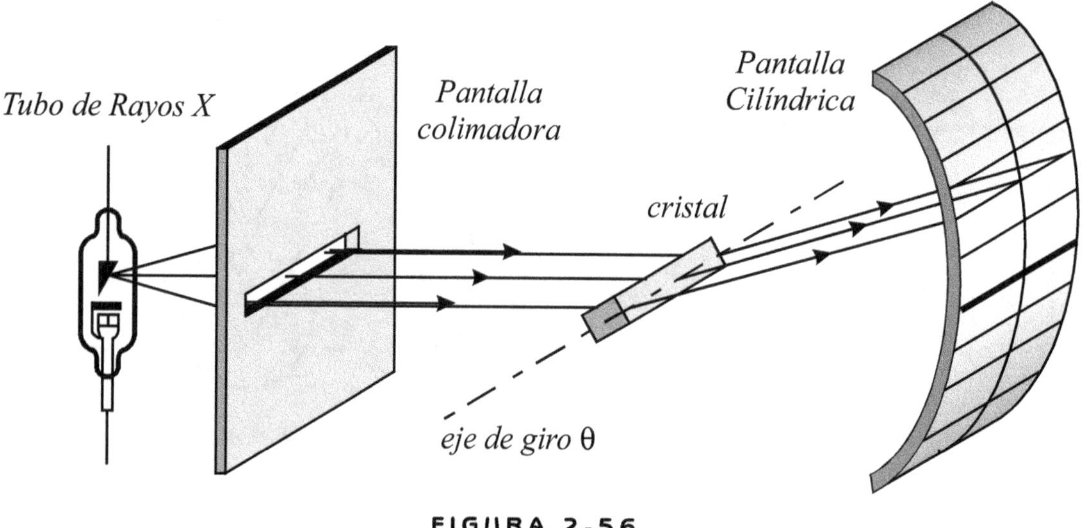

FIGURA 2-56

Si en lugar de un monocristal se tiene **polvo cristalino** prensado en bloque las diversas orientaciones de los gránulos cristalinos producen figuras de máximos como en la fig.2-57. Es el método más usado porque la obtención de monocristales de tamaño suficientemente grande es muy difícil.

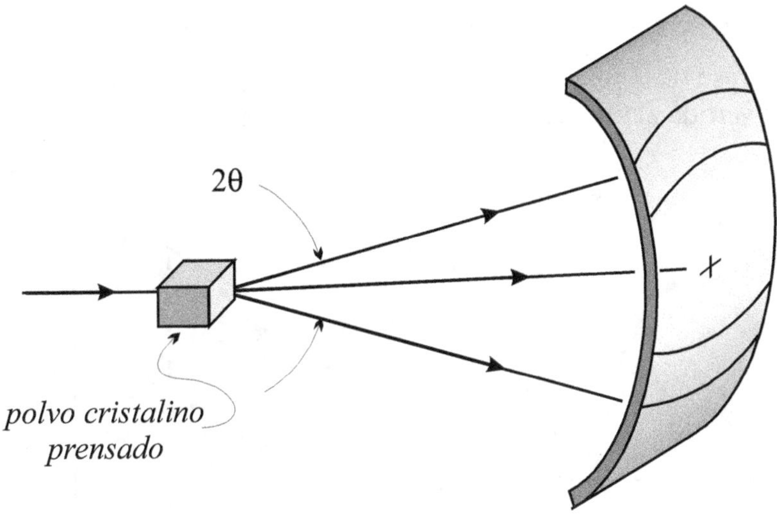

FIGURA 2-57

Nota:

En este trabajo se han aclarado los conceptos más importantes. El alumno estudiará por su cuenta, sea de las clases o de la bibliografía los siguientes temas:

- Interferómetros de Michelson

- Aplicaciones técnicas de la Interferometría (puede ser en Frish-Timoreva, Tomo III)

- Espectroscopio de red.

- Interferencia en películas delgadas (películas antireflectantes).

2.9. POLARIZACIÓN

La radiación electromagnética y por ende la LUZ es del tipo **transversal**, es decir, el campo eléctrico $\vec{E}$ y el magnético $\vec{B}$ son perpendiculares a la velocidad $\vec{V}$ de la onda (fig.1-58). Pero puede ocurrir que en el plano perpendicular a $\vec{V}$ existan oscilando diversos campos $\vec{E}_j$ (y $\vec{B}_j$) que cambian en dirección, sentido y módulo al azar (fig.2-59). Estos diversos campos, en un instante cualquiera tendrán una resultante:

$$\vec{E} = \sum_j \vec{E}_j$$

que a su vez se puede descomponer en 2 componentes $\vec{E}_x, \vec{E}_y$ (fig.1-60). Pero para "seguir" la variación azarosa de $\vec{E}$ estas 2 componentes son INCOHERENTES entre sí (recordar este concepto vertido al comienzo del estudio de óptica ondulatoria)

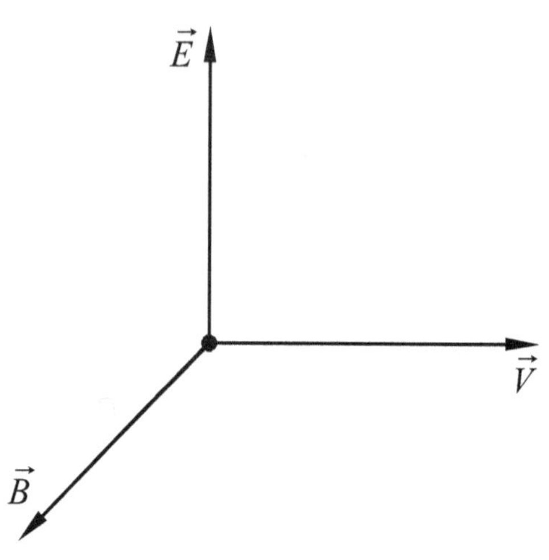

FIGURA 2-58

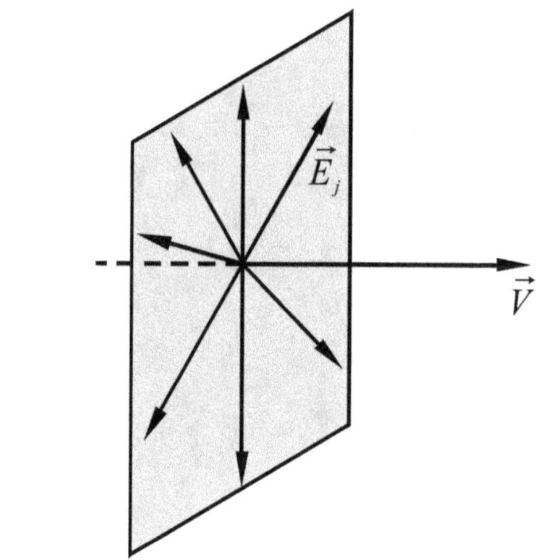

FIGURA 2-59

Cuando esto es así se dice que la radiación es NO POLARIZADA. La radiación luminosa de la mayoría de los focos naturales (sol, estrellas, fuego) y muchos artificiales (lámparas de filamento, de vapor...) es así.

En cambio, si los campos $\vec{E}_j$ guardan entre sí cierto orden, cierta COHERENCIA, decimos que la radiación es POLARIZADA.

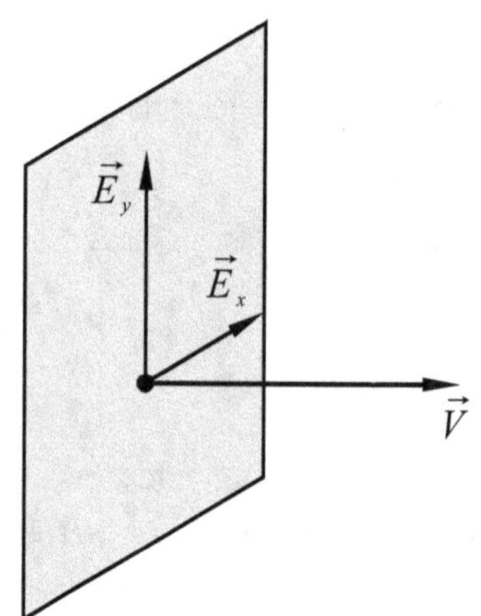

FIGURA 2-60

La forma polarizada más simple es la POLARIZACIÓN PLANA de una onda monocromática (una sola longitud de onda λ), fig.2-61.

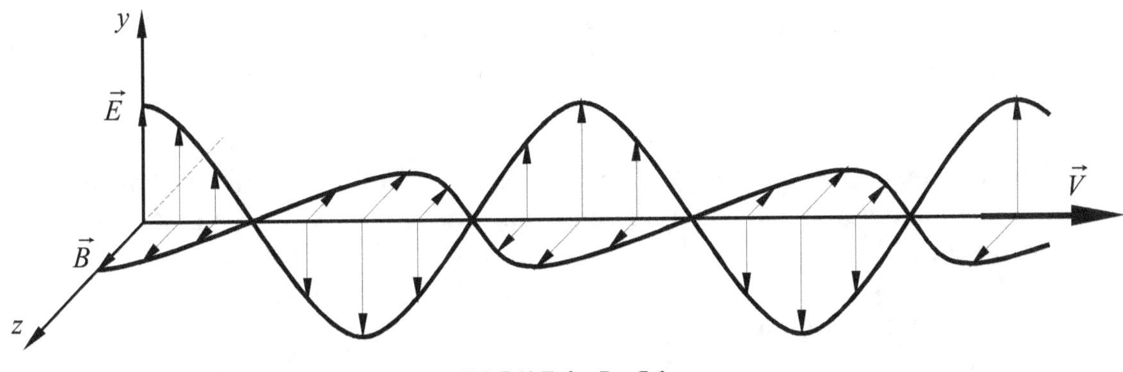

FIGURA 2-61

Existen otras formas simples, como la **circular** (fig.2-62).

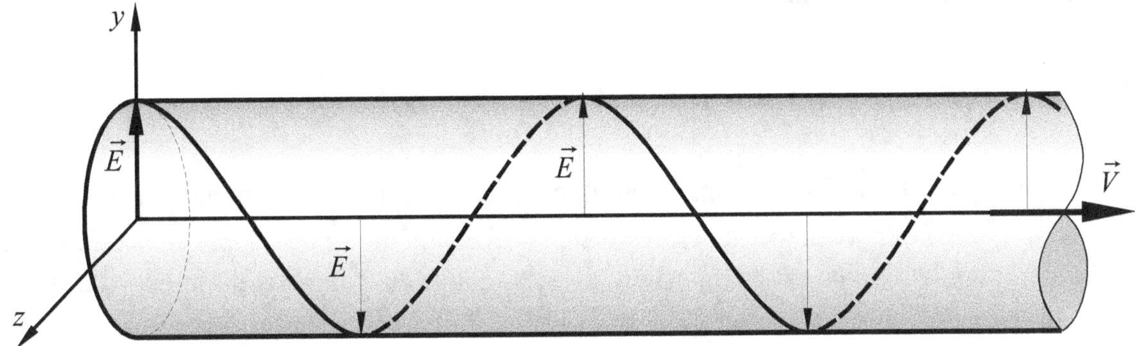

FIGURA 2-62

Esta forma circular puede ser concebida como la superposición de 2 componentes $\vec{E}_x, \vec{E}_y$, de igual amplitud, que varían armónicamente desfasadas en $\pi/2$ ó $\lambda/4$ (fig.2-63).

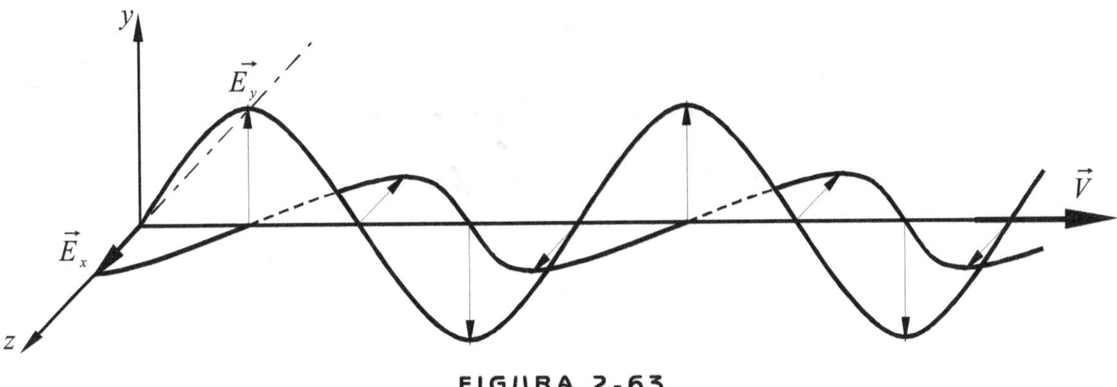

FIGURA 2-63

Si las amplitudes son distintas se tiene la POLARIZACIÓN ELIPTICA. Estas polarizaciones a su vez pueden ser **dextrógiras** ó **levógiras** según sea el sentido de giro del vector $\vec{E}$.

Algunos radiadores emiten radiación polarizada (por ej. el LASER, MASER, transmisores de radio…) pero también la radiación no polarizada puede convertirse en polarizada en diversos fenómenos:

- Reflexión y refracción
- Dicroísmo (absorción selectiva de ciertas sustancias).
- Bi-refringencia (doble refracción)
- Dispersión (o difusión) por partículas pequeñas o moléculas de un gas.

Veamos brevemente cada uno de ellos.

2.10. POR REFLEXIÓN - ÁNGULOS DE BREWSTER

Cuando un rayo no polarizado, que imaginamos compuesto por 2 componentes no coherentes, una $\vec{E}_{\parallel}$ en el plano de incidencia y otra $\vec{E}_{\perp}$ perpendicular a él (representada en la fig.1-64 con puntos), incide en la superficie de separación de 2 medios de índices de refracción n_1 y n_2 distintos, con un ángulo θ_B tal que el rayo reflejado forme ángulo recto con el refractado, el <u>reflejado</u> resulta totalmente polarizado, planamente, con el grupo $\vec{E}$ normal al plano de incidencia (fig.2-64).

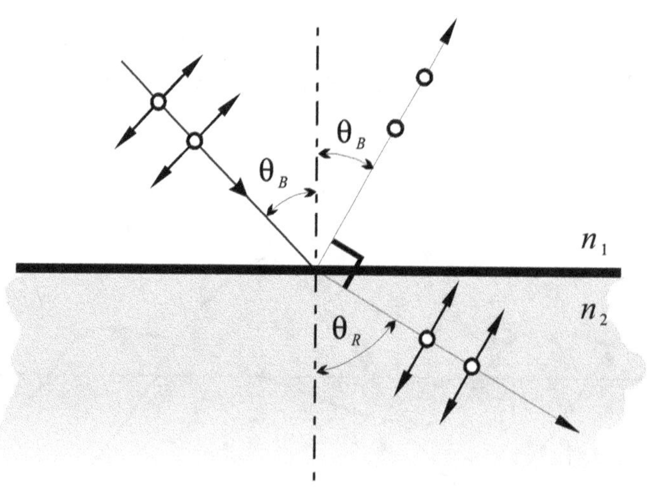

FIGURA 2-64

Aunque puede ser demostrado con las ecuaciones del electromagnetismo, de MAX-WELL, admitiremos como un hecho que el rayo reflejado está polarizado en la forma indicada. El rayo refractado está "parcialmente" polarizado queriendo significar esto que la componente $\vec{E}_\perp$ en él está atenuada, claro está, pues parte de la energía que "traía" el campo $\vec{E}_\perp$ incidente se "va" con el rayo reflejado y el resto pasa al medio de índice n_2. La componente $\vec{E}_\parallel$ no se atenúa (salvo por absorción inevitable). Como esto ocurre cuando el reflejado forma $\pi/2$ con el refractado (note que así el campo $\vec{E}_\parallel$ es paralelo el reflejado) es posible hallar qué ángulo θ_B debe formar el incidente ("ley" de BREWS-TER); en efecto, por ley de SNELL:

$$\frac{\operatorname{sen}\theta_B}{\operatorname{sen}\theta_R} = \frac{n_2}{n_1}$$

pero

$$\theta_R = \pi - \frac{\pi}{2} - \theta_B = \frac{\pi}{2} - \theta_{B'}$$

reemplazando queda:

$$\operatorname{tg}\theta_B = \frac{n_2}{n_1}$$

luego:

$$\theta_B = arc\operatorname{tg}\left(\frac{n_2}{n_1}\right)$$

El inconveniente es que el rayo reflejado es débil. Se puede lograr una mayor polarización del refractado (que es de mayor potencia) con varias láminas o placas transparentes paralelas: en cada una de ellas se produce lo anterior con la consecuente pérdida de la componente $\vec{E}_\perp$ en los refractados (fig.2-65).

Para familiarizarnos con el concepto de poder dispersivo (D) y poder resolutivo (R) comparemos 3 redes A, B, C. Para todas ellas suponemos

$Red\ a$: $= 10.000$, $\qquad d = 25400\ \overset{0}{\text{A}}$, $\qquad R = N = 10.000$, $\qquad D \qquad =$

$2{,}32 \times 10^{-3}.°/\ \overset{0}{\text{A}}$

$Red\ b$: $= 20.000$, $\qquad d = 25400\ \overset{0}{\text{A}}$, $\qquad R = N = 20.000$, $\qquad D \qquad =$

$2{,}32 \times 10^{-3}.°/\ \overset{0}{\text{A}}$

$Red\ a$: $= 10.000$, $\qquad d = 13700\ \overset{0}{\text{A}}$, $\qquad R = N = 10.000$, $\qquad D \qquad =$

$4{,}64 \times 10^{-3}.°/\ \overset{0}{\text{A}}$

En la fig.2-48 se muestra el efecto de estas tres redes sobre el doblete del SODIO:

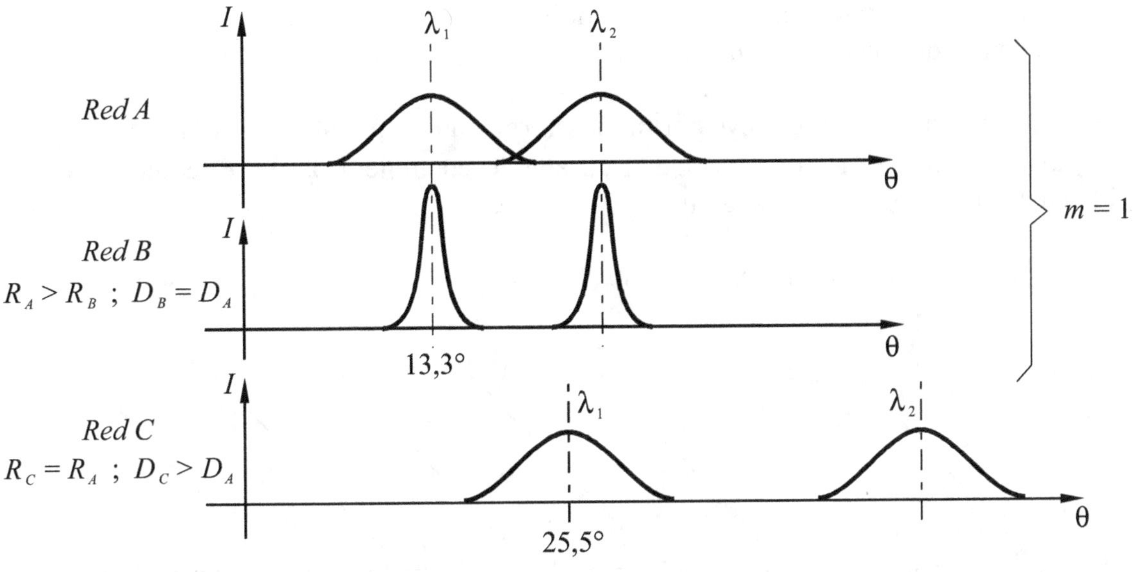

FIGURA 2-48

En resumidas cuentas podemos decir que el PODER DISPERSIVO (D) tiene que ver con las separación angular de los "ejes" de los máximos principales y el PODER RESOLUTIVO con la "delgadez" de dichos máximos.

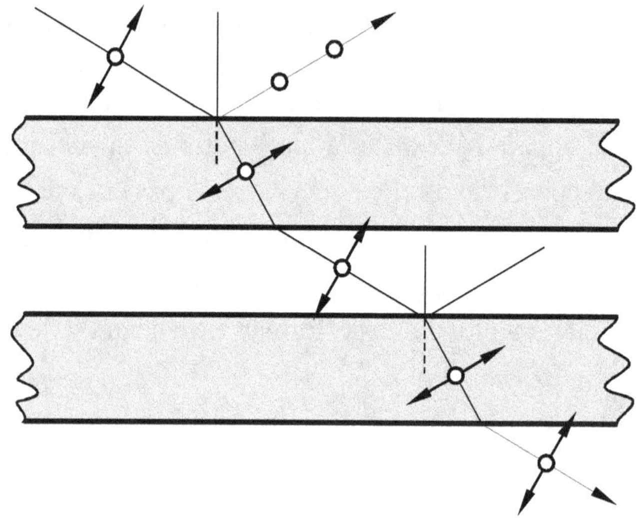

FIGURA 2-65

Para lograr esto prácticamente se colocan las placas dentro de un tubo con superficie interna absorbente (ennegrecida), formando el ángulo apropiado θ_B, de modo que los rayos no polarizados paralelos al eje del tubo emergen del otro lado polarizados (fig.2-66).

Es interesante señalar que si el rayo que incide ya está polarizado planamente con $\vec{E}_\parallel$ **¡la reflexión estará ausente!**

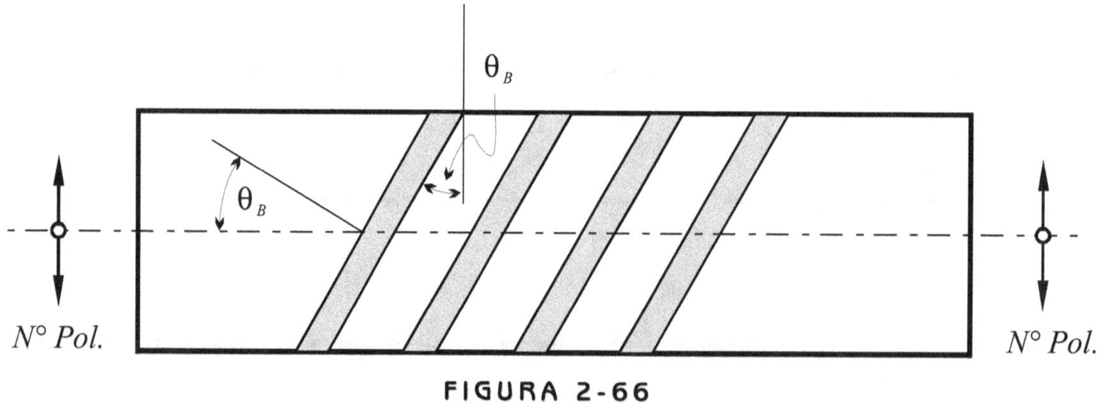

FIGURA 2-66

2.11. POR DICROISMO

Ciertas sustancias transparentes absorben los campos eléctricos en determinadas direcciones en el seno del material y dejan pasar sin mayor atenuación los campos eléctricos perpendiculares a esas direcciones. En la fig.2-67 otra vez suponemos que incide luz no polarizada consistente en 2 componentes $\vec{E}_x$, $\vec{E}_y$ no coherentes, en una placa de material "DICROICO". Si el espesor es suficiente puede que una componente se haya atenuado hasta hacerse despreciable.

Así se ha supuesto en la fig.2-67, dónde se ha atenuado la componente $\vec{E}_x$ y ha pasado la $\vec{E}_y$. Este fenómeno se denomina DICROISMO.

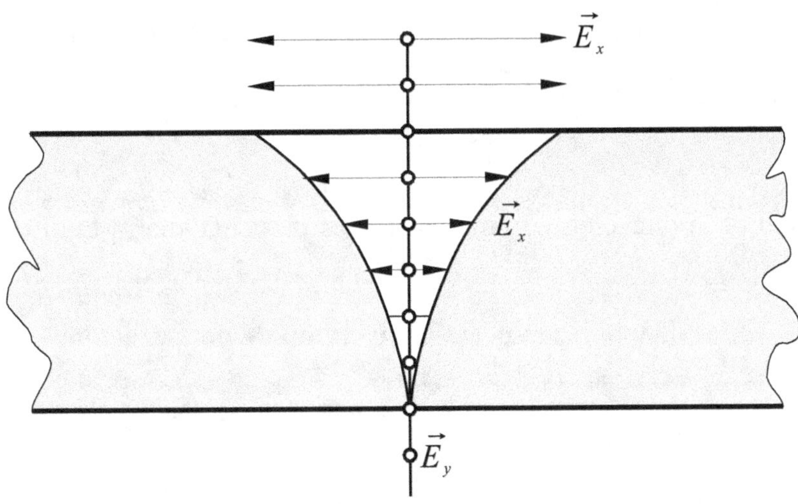

FIGURA 2-67

De modo que se ha producido luz polarizada planamente por dicroísmo.

La casa industrial y comercial POLAROID fabricó casi monopólicamente estas láminas, de ahí que hoy se las denomina "polaroides".

Que las sustancias dicroicas absorban en determinadas direcciones y transmitan sin atenuación en otras, se debe a la "textura" molecular. Son sustancias con cadenas moleculares largas que por laminado y estiramiento se logra ordenarlas en cierta dirección, fig.2-68. Además se trata con YODO de modo que las cadenas se tornen conductoras, así el campo eléctrico paralelo a ellas induce corriente y su energía se disipa por efecto Joule, no así el campo perpendicular a ellas, que entonces pasa a través de ella.

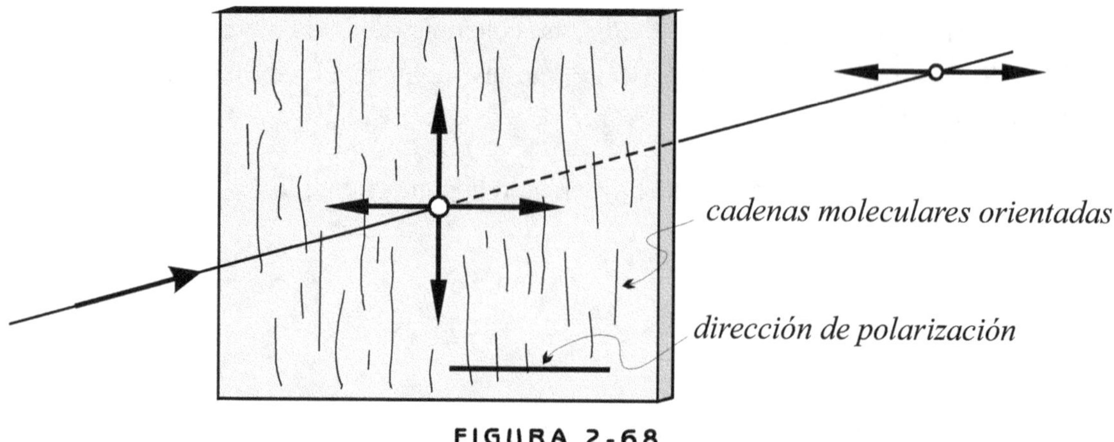

FIGURA 2-68

De modo que **¡cuidado!** la dirección de polarización es perpendicular a la dirección de las cadenas.

Pero de aquí en más, en los dibujos, se indicará la **dirección de polarización**.

Para ondas de longitud λ suficientemente grande la polarización puede ser lograda con un "enrejado" de alambres conductores.

Polaroides cruzados

Es claro que si la lámina polaroide P (fig.2-69) polariza en una dirección, por ej. "vertical" y otro polaroide A (llamado por su función circunstancial "analizador") está con su dirección a 90° respecto de la de P la luz no pasa por A (en realidad como las polarizaciones no son 100% algo de luz pasará).

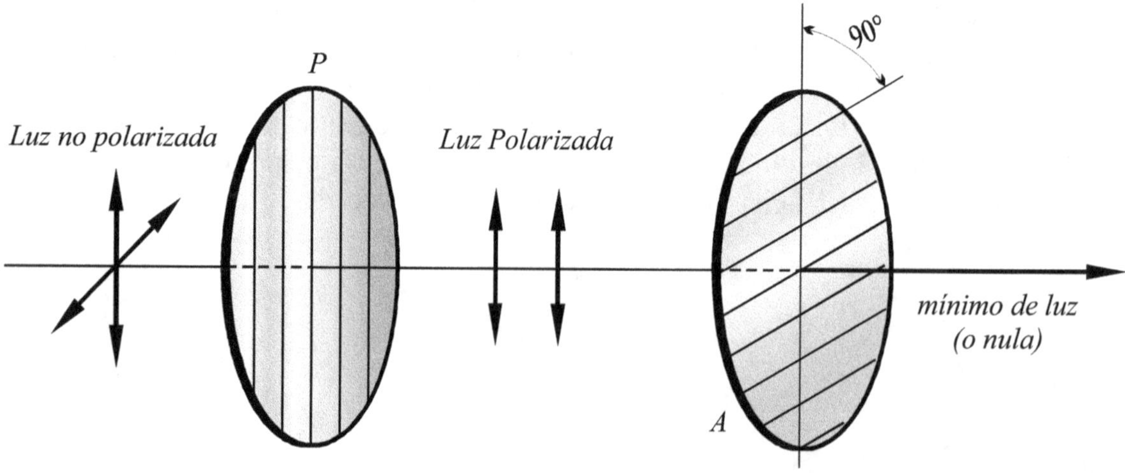

FIGURA 2-69

Es claro que si las direcciones de polarización de P y de A son paralelas pasará un máximo de luz.

¿Qué ocurre cuando forman un ángulo cualquiera θ? (fig.2-70(a))

Sospechamos pasará una intensidad de luz intermedia entre el mínimo y el máximo. En efecto, en la fig.2-70(b) vemos al polarizador A de frente, recibiendo por detrás al campo eléctrico $\vec{E_0}$ vertical, formando ángulo θ con la dirección de polarización de A.

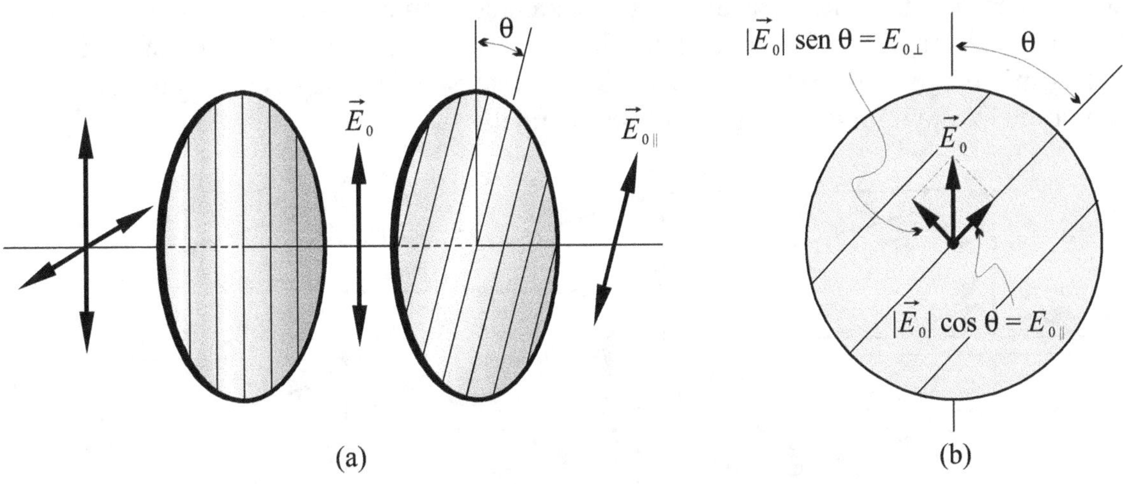

FIGURA 2-70

Podemos descomponer $\vec{E_0}$ en 2 componentes (ahora son coherentes, en fase), una paralela a la dirección de polarización ($\vec{E_\parallel}$) y otra perpendicular ($\vec{E_\perp}$):

$$E_{0\parallel} = E_0 \cos\theta$$

$$E_{0\perp} = E_0 \,\mathrm{sen}\,\vartheta$$

La componente $E_{0\parallel}$ pasa por el analizador, pero la $E_{0\perp}$ no. Como la intensidad de luz es proporcional al CUADRADO del campo eléctrico, llamando con $I(\theta)$ la intensidad de luz que pasa y con I_0 la que incide en A, se tiene, elevando al cuadrado a $E_{0\parallel}$:

$$\boxed{I(\theta) = I_0 \cos^2\theta}$$

Así vemos que la intensidad de luz pasante varía desde un máximo I_0 para $\theta = 0$ (polaroides paralelos) hasta un mínimo (aquí nulo) para $\theta = 90°$ (polaroides cruzados), pasando por valores intermedios según la ley $\cos^2\theta$.

Esto fue propuesto por el físico MALUS.

2.12. Bi-Refrigencia ó Doble Refracción

Existen bloques de materiales cristalinos transparentes, como el carbonato de calcio (CO_3Ca), conocido como espato de Islandia (fig.2-71), que al recibir un haz de luz, en el seno del mismo en general se desdobla en 2 haces. Inclusive si el espesor es suficiente emergen desde la cara opuesta algo separados (y paralelos).

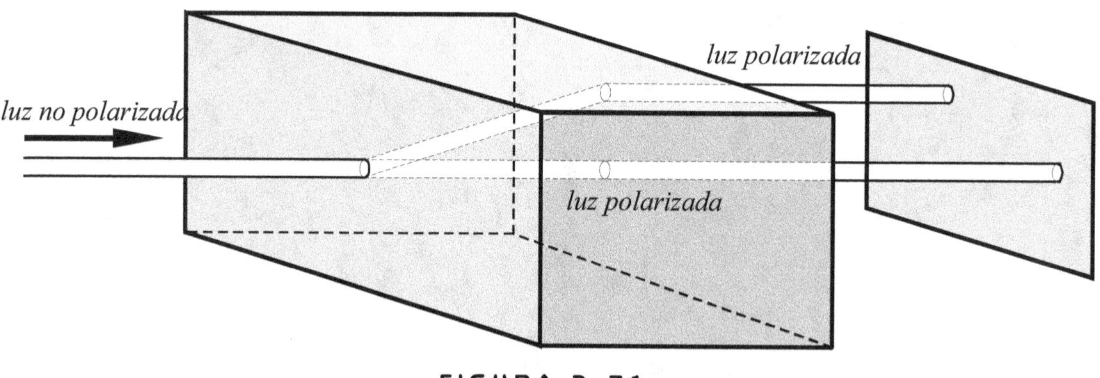

FIGURA 2-71

En la fig.2-71 se ha supuesto que el haz incidente lo hace perpendicularmente a la cara del cristal y que no está polarizado. Uno de los haces que se produce en el desdoblamiento, llamado ORDINARIO (O) "respeta" la ley de Snell, de modo que si el ángulo de incidencia es nulo, también es nulo el de refracción, por ello lo hemos dibujado sin desviación; en cambio el otro, llamado EXTRAORDINARIO (E) no respeta la ley de Snell, se desvía e inclusive se sale del plano de incidencia. Estos 2 haces **están polarizados planamente** "casi" perpendicularmente entre sí. Pero hay que aclarar que si la luz incidente es no polarizada, los haces e y o son incoherentes entre sí, de modo que si se juntan nuevamente la luz torna no polarizada. Lo contrario violaría el Segundo Principio de la Termodinámica pues la *entropía* de la luz incidente disminuiría en el cristal sin un gasto compensador de energía (la luz polarizada es más ORDENADA que la no polarizada).

Si giramos el cristal alrededor del haz incidente, el haz e gira alrededor del haz o.

Si leemos a través del cristal las letras aparecen desdobladas.

Sin embargo existen direcciones dentro del cristal donde el desdoblamiento no se produce, una de estas direcciones (luego quedará más claro) se denomina EJE OPTICO del cristal. El eje óptico posee ángulos definidos respecto de las aristas del cristal.

Se denomina PLANO PRINCIPAL al plano formado por un rayo cualquiera y el eje óptico. Los planos principales de los ejes e y o no son coincidentes (fig.2-72)

En rigor: el campo eléctrico $\vec{E_0}$ **del rayo ordinario es normal a su plano principal**, y por ende al eje óptico, en cambio el campo eléctrico $\vec{E_e}$ del extraordinario está contenido en su respectivo plano principal (fig.2-72), de modo que $\vec{E_e}$ puede formar cualquier ángulo con el eje óptico según sea la dirección del rayo e. El ángulo α entre los dos planos es pequeño por ello $\vec{E_e}$ y $\vec{E_o}$ son "casi" perpendiculares.

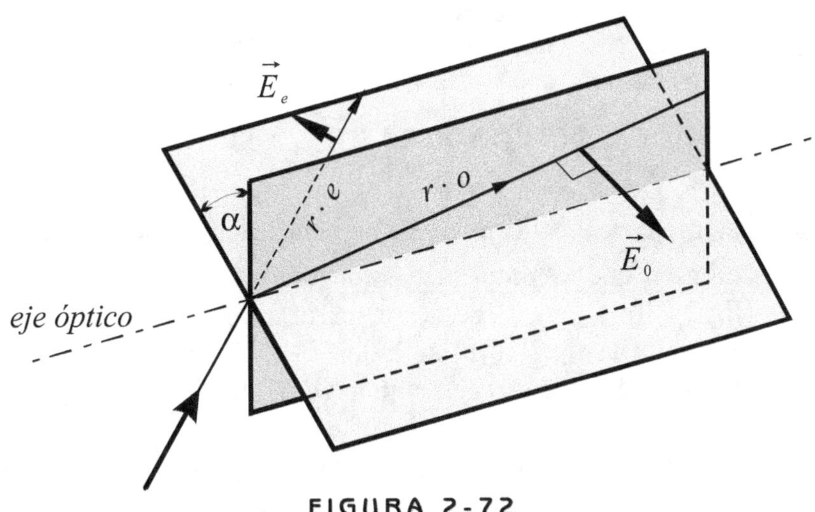

FIGURA 2-72

Explicación de la bi-refrigencia

Debido a la ANISOTROPIA en las propiedades dieléctricas de estos materiales, la velocidad de propagación de la luz en el seno de ellos depende de la dirección de oscilación del campo eléctrico $\vec{E}$ respecto del eje óptico.

La velocidad de propagación V de una onda electromagnética es un medio material es:

$$V = \frac{1}{\sqrt{\varepsilon_o \cdot k_e \cdot \mu_0 \cdot k_m}} = \frac{1}{\sqrt{\varepsilon_o \cdot \mu_0} \times \sqrt{k_e \cdot k_m}} = \frac{c}{\sqrt{k_e \cdot k_m}} = \frac{c}{n}$$

donde k_e, k_m son las permeabilidades eléctrica y magnética respectivamente del material y ε_0 y μ_0 del vacío, c la velocidad de la luz en el vacío, n el índice de refracción. En éstos materiales $k_m \simeq 1$.

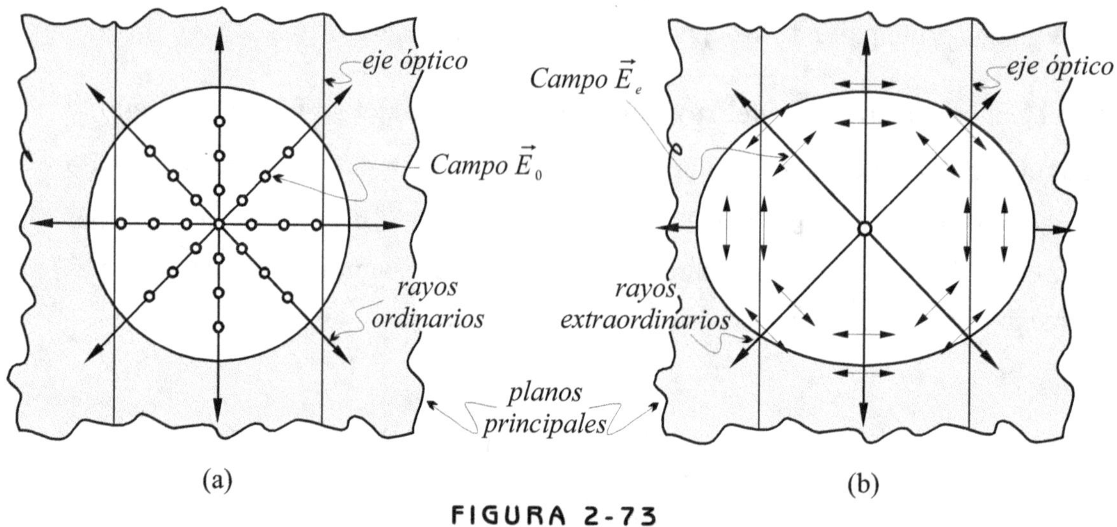

FIGURA 2-73

Como el rayo ordinario siempre tiene su campo $\overrightarrow{E_o}$ perpendicular al eje óptico, independientemente de la dirección en que se propague, entonces su velocidad V_0 es independiente de la dirección (fig.2-73(a)). Así, si desde (o) parte un pulso de luz, el frente de onda ordinario será esférico. En la fig.2-73(a) se indica la dirección del eje óptico y el plano principal de los rayos (o) coincidentes con el plano del dibujo.

En cambio como el campo $\overrightarrow{E_e}$ del extraordinario oscila en el plano principal, formará ángulos diversos con el eje óptico y su velocidad V dependerá de la dirección de propagación (fig.2-73(b)): cuando se propague paralelamente al eje óptico adquirirá la misma velocidad que el ordinario pues así $\overrightarrow{E_e}$ es también perpendicular al eje óptico, pero no así para otras direcciones; el frente de onda extraordinario se hace elipsoidal: en la fig.2-73(b) se ha supuesto que la velocidad en la dirección normal al eje óptico es mayor que para el ordinario, en ciertos materiales puede ser lo contrario. Se observa además que para los rayos extraordinarios, fuera de los ejes del elipsoide, el rayo **no** es perpendicular al **frente de onda**, aunque claro está, el campo eléctrico siempre lo es.

La construcción de Huyghens-Fresnel puede así explicar la bifurcación de los rayos: en efecto, en la fig.2-74 se muestra el corte de un material bi-refrigente, el rayo incidente 1 ya ha producido el frente esférico ordinario y el frente esférico elipsoidal (que posee un punto de tangencia en el eje óptico, con el esférico) El rayo 2 "recién" llega al cristal. Los frentes ordinarios y extraordinarios se obtienen tirando tangentes desde B al frente (o) y al frente (e). Así tenemos los rayos (e) y (o) separados.

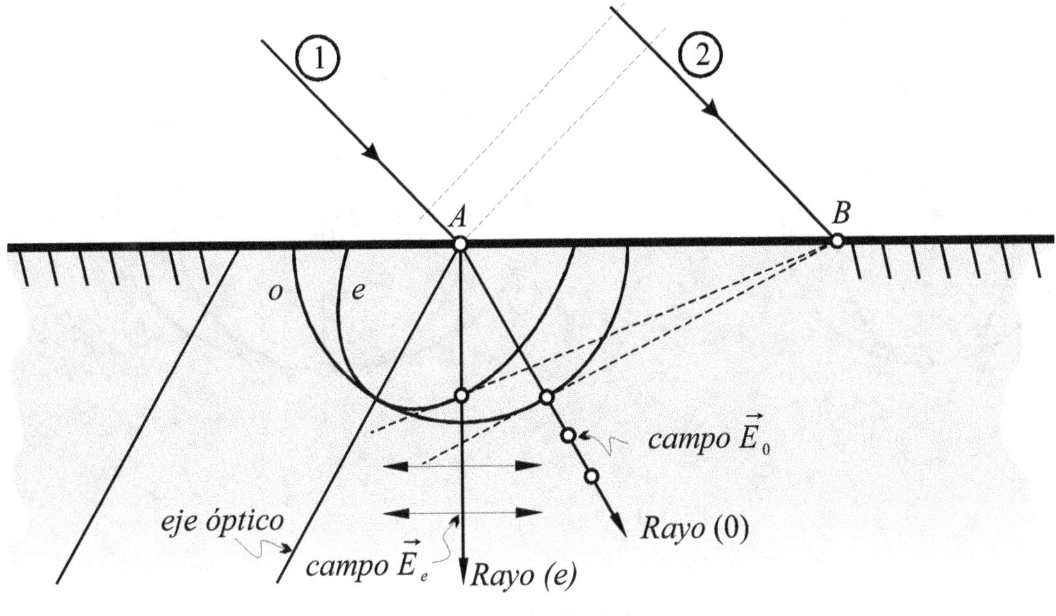

FIGURA 2-74

En la fig.2-74 se ha supuesto que el eje óptico está en el plano de incidencia y es oblicuo respecto a la superficie del material. En este caso las polarizaciones de (e) y (o) son perpendiculares entre sí.

El alumno por si mismo puede comprobar que:

Cuando el rayo incidente y el eje óptico son normales a la superficie no se producen bifurcación.

Cuando el eje óptico es paralelo a la superficie y el incidente perpendicular tampoco hay bifurcación.

En la fig.2-75(a) se muestran las superficies e y o para el caso en que $V_e < V_o$ y en la (b) el caso contrario ($V_e > V_o$).

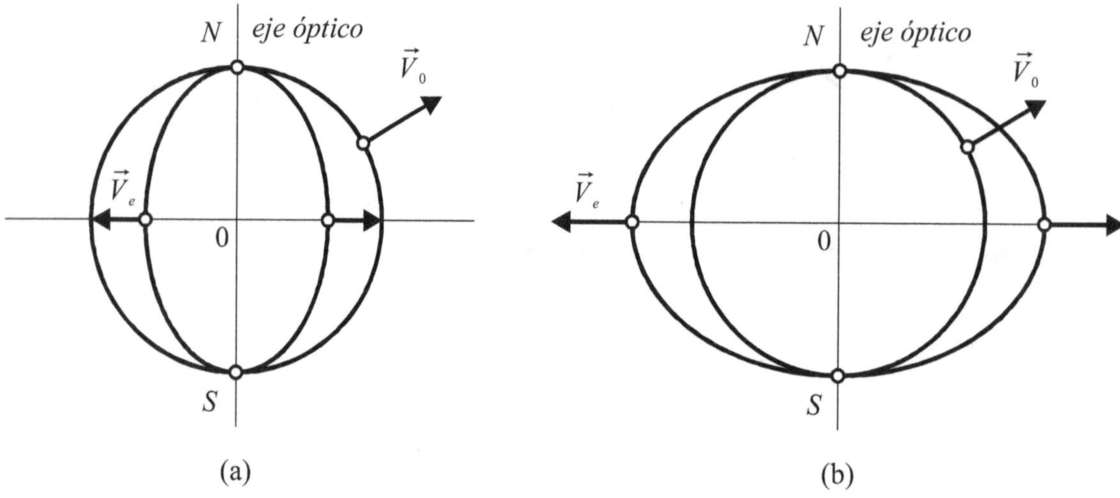

FIGURA 2-75

Tomando o bien la mínima velocidad V_e (para el caso a) o bien la máxima V_e (para el caso b) se determina los índices de refracción $n_c = \dfrac{c}{V_e}$. Para el caso (a) es $n_e > n_c = \dfrac{c}{V_e}$ para el caso b es $n_e < n_0$.

En Resnick-Halliday, pág. 1590 hay una tabla de valores de n_e, n_o para distintos cristales. Para la calcita o espato de Islandia es:

$$\begin{cases} n_o = 1,658 \\ n_e = 1,486 \end{cases}$$

de modo que corresponde al caso (b).

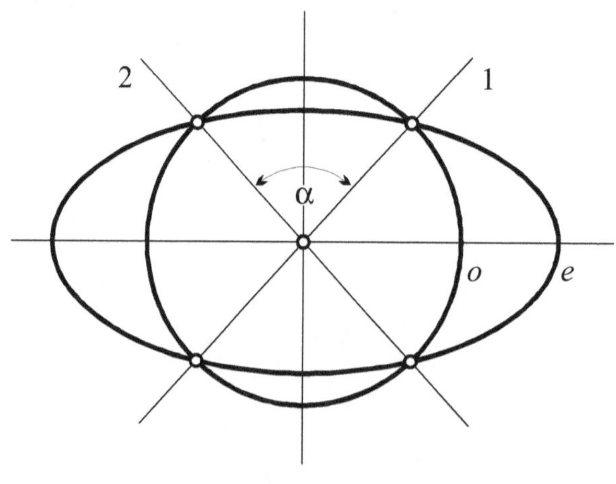

FIGURA 2-76

Los cristales que poseen sólo un eje óptico y por ende dos valores extremos de n se denominan UNIAXICOS. Hay cristales BI-AXICOS. No entraremos en detalle sobre ellos, solo diremos que el rayo incidente también en general se bifurca y polariza, pero ninguno respeta la ley de SNELL. En la fig.2-76 se muestra la superficie de onda "*e*" y "*o*" cortada por un plano que posee los dos ejes ópticos 1 y 2; no son perpendiculares entre sí. Si el ángulo α tiende a cero se tiene el UNIAXICO.

2.13. POLARIZACIÓN CIRCULAR

Consideremos luz polarizada en un plano de frecuencia angular ω (=$2\pi v$) que llega normalmente sobre una placa de calcita cortada de modo que el eje óptico sea paralelo a la cara de la placa como se representa en la fig.2-77. Las dos ondas que emergen estarán polarizadas en planos perpendiculares entre sí, y si el plano de vibración incidente forma un ángulo de 45° con el eje óptico, tendrán amplitudes iguales. Ya que las ondas atraviesan el cristal con diferentes velocidades, habrá una diferencia de fase ϕ entre ellas al salir del cristal. Si el espesor del cristal se escoge de tal manera que (para una frecuencia de luz dada) $\phi = 90°$, se dice que la placa es una *placa de un cuarto de onda. A* la luz que sale se le llama *circularmente polarizada.*

En el punto 1-9 vimos que las dos ondas polarizadas en planos que salen de la placa como acabamos de describir (vibrando perpendicularmente entre sí con una diferencia de fase de 90°) se pueden representar como las proyecciones sobre dos ejes perpendiculares de un vector que gira con frecuencia angular ω en torno de la dirección de propagación. Estas dos descripciones de la luz circularmente polarizada, son completamente equivalentes. La fig.2-78 aclara la relación entre estas dos descripciones

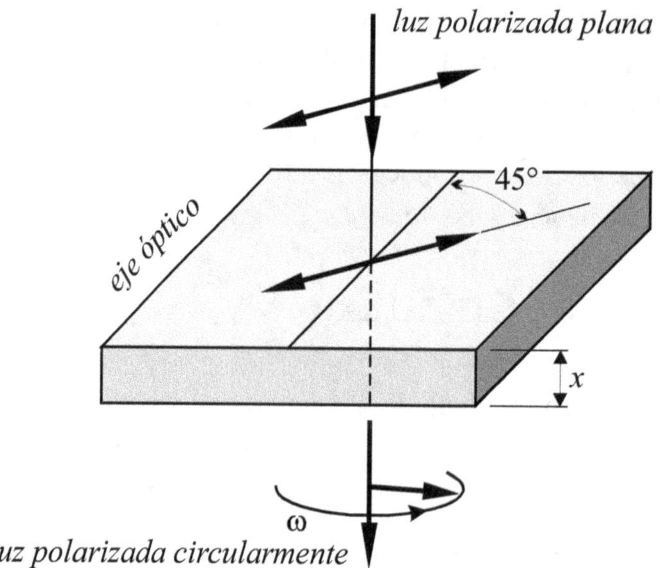

FIGURA 2-77. Luz polarizada en un plano llega a una placa birrefrigente de espesor x cortada con su eje óptico paralelo a la superficie. El plano de vibración de la luz incidente esta orientado de modo que forma un ángulo de 45° con el eje óptico.

EJEMPLO 1:

Una placa de cuarzo de un cuarto de onda se va a usar con luz de sodio (λ = 5890 $\overset{o}{A}$). ¿Cuál debe ser su espesor?

Por la placa avanzan dos ondas con las velocidades correspondientes a los dos índices de refracción principales dado en la ¿tabla 46-1(n_e = 1.553 y n_0 = 1.544). Si el espesor del cristal es x, el número de longitudes de onda de la primera onda contenidos en el cristal es:

$$N_e = \frac{x}{\lambda_e} = \frac{xn_e}{\lambda}$$

siendo λ_e la longitud de onda de la onda e y λ la longitud de onda en el aire. Para la segunda onda el número de longitudes de onda es:

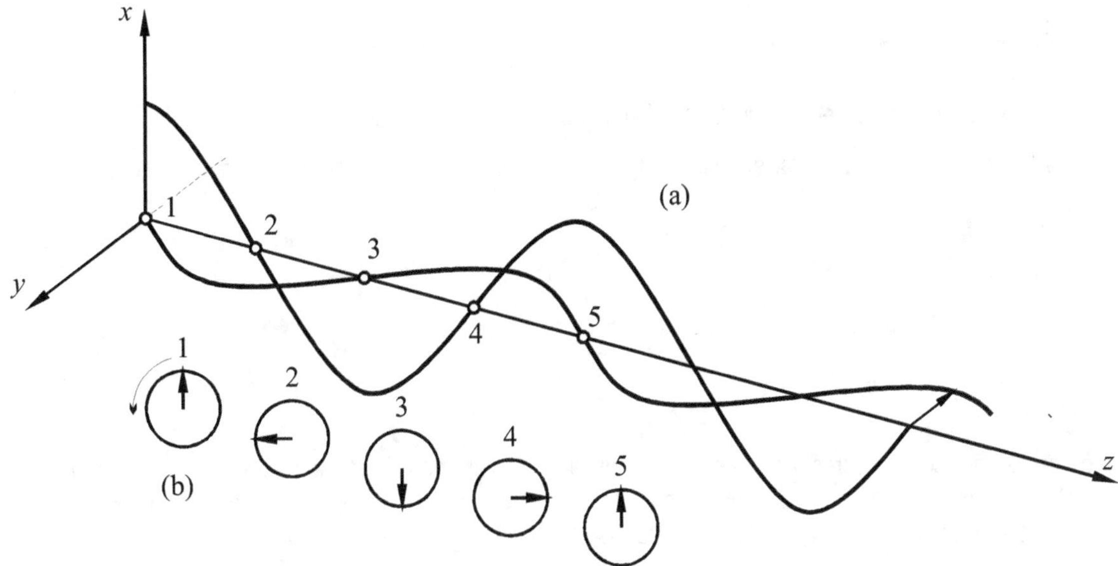

FIGURA 2-78. **(a)** Dos ondas polarizadas en planos, de igual amplitud y perpendicularmente entre sí, se mueven en el eje de las z. Su diferencia de fase es de 90°; en donde una onda tiene valores máximos, la otra se anula. **(b)** Vistas de la amplitud resultante de la onda que se acerca tal como la verían observadores situados en las posiciones que se indican en el eje de las z. Nótese que cada observador verá que el vector resultante gira al transcurrir el tiempo, en el sentido contrario de las manecillas del reloj.

$$N_0 = \frac{x}{\lambda_0} = \frac{x n_0}{\lambda}$$

siendo λ_0 la longitud de onda de la onda o en el cristal. La diferencia $n_e - n_o$ debe ser de un cuarto, o sea:

$$\frac{1}{4} = \frac{x}{\lambda}\left(n_e - n_o\right)$$

Esta ecuación da:

$$x = \frac{\lambda}{4\left(n_e - n_o\right)} = \frac{5890\,\overset{\circ}{\text{A}}}{(4)(1.553 - 1.544)} = 0.018$$

Esta placa es bastante delgada; la mayoría de las placas de un cuarto de onda se hacen de mica, hendiendo la lámina hasta obtener el espesor correcto por tanteos.

EJEMPLO 2:

Un haz de luz polarizada circularmente llega a una lámina polarizadora. Describa el rayo emergente.

La luz polarizada circularmente, al entrar en la lámina, puede representarse mediante las componentes:

$$E_x = E_m \, sen \, \omega t$$

y

$$E_y = E_m \cos \omega t$$

expresiones en las que x e y representan ejes perpendiculares arbitrarios. Estas ecuaciones representan correctamente el hecho de que una onda polarizada circularmente equivale a dos ondas polarizadas en un plano cada una con igual amplitud y una diferencia de fase de 90°.

La amplitud resultante de la onda incidente polarizada circularmente es:

$$E_{ep} = \sqrt{E_x^2 + E_y^2} = \sqrt{E_m^2 \left(sen^2 \, \omega t + \cos^2 \, \omega t \right)} = E_m \, ,$$

un resultado que es de esperarse si la onda polarizada circularmente esta representada por un vector rotatorio. La intensidad resultante en la onda incidente polarizada circularmente es proporcional a E_m^2, o sea,

$$I_{ep} \propto E_m^2 .$$

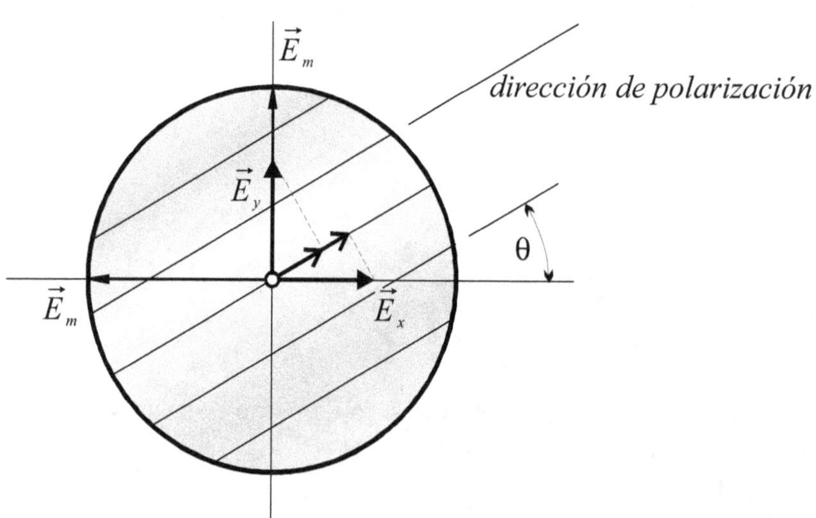

FIGURA 2-79. Luz polarizada circularmente que llega a una lamina polarizadora. E_x y E_y son los valores
instantáneos de las dos componentes, siendo sus máximos valores E_m.

Consideremos que la dirección de polarización de la lámina forma un ángulo arbitrario θ con el eje de las x como se muestra en la figura 2-78. El valor instantáneo de la onda polarizada en un plano transmitida por la lámina es:

$$E = E_y\ \operatorname{sen}\theta + E_x\cos\theta$$

$$E = E_m\ \cos\omega t\cdot\operatorname{sen}\theta + E_m\ \operatorname{sen}\omega t\cdot\cos\theta$$

$$E = E_m\operatorname{sen}\left(\omega t + \theta\right).$$

La intensidad de la onda transmitida por la lámina es proporcional a E^2, o sea,

$$I \propto E_m^2\ \operatorname{sen}^2\left(\omega t + \theta\right)$$

El ojo y otros instrumentos de medición responden sólo a la intensidad media $\bar{I}$, que se encuentra reemplazando a $\operatorname{sen}^2(\omega t + \theta)$ por su valor medio en uno o más ciclos ($=1/2$) o sea,

$$I \propto \frac{1}{2}E_m^2$$

Comparando con la ecuación [1-4] se ve que al insertar la lámina polarizadora se reduce la intensidad a la mitad. La orientación de la lámina no influye para nada, ya que no aparece θ en esta ecuación; esto es de esperarse si la luz polarizada circularmente se representa mediante un vector rotatorio, ya que son equivalentes todos los acimuts alrededor de la dirección de propagación. El intercalar una lamina polarizadora en un rayo *no polarizado* tiene exactamente el mismo efecto, de tal manera que no se puede usar una lámina polarizadora simple para distinguir entre luz no polarizada y luz polarizada circularmente.

EJEMPLO 5:

Se cree que un rayo de luz esta polarizado circularmente. ¿Cómo se puede probar si lo está o no?

Se intercala una placa de un cuarto de onda. Si el rayo esta polarizado circularmente, las dos componentes tendrán entre sí una diferencia de fase de 90°. La placa de un cuarto de onda introducirá una diferencia de fase adicional de ± 90° de modo que la luz emergente tendrá una diferencia de fase de cero, o bien de 180°. En un caso o en el otro, la luz estará ahora *polarizada en un plano* y se le podrá hacer que sufra una extinción completa girando un polarizador en su trayectoria.

La placa de un cuarto de onda, ¿tiene que orientarse en alguna forma especial para efectuar esta prueba?

EJEMPLO 6:

Una onda de luz polarizada en un plano y de amplitud E_0 llega a una placa de calcita de un cuarto de onda y tiene su plano de vibración a 45° con el eje óptico de la placa, el cual se toma como eje de las y; véase la fig.2-80. La luz emergente quedará polarizada circularmente. ¿En que dirección parecerá que gira el vector eléctrico rotatorio? La dirección de propagación es saliendo del plano de la figura.

La componente de la onda cuyas vibraciones son paralelas el eje óptico (la onda e) se puede representar al salir de la placa así:

$$E_y = \left(E_0 \cos 45° \right) \ \mathrm{sen}\ \omega t = \frac{1}{\sqrt{2}} E_0 \ \mathrm{sen}\ \omega t = E_m \ \mathrm{sen}\ \omega t$$

La componente de la onda cuyas vibraciones son normales el eje óptico (la onda o) se puede representar al salir de la placa así:

$$E_x = \left(E_0 \ \mathrm{sen}\ 45° \right) \ \mathrm{sen}\left(\omega t - 90° \right) = - \frac{1}{\sqrt{2}} E_0 \ \cos \omega t = -E_m \ \cos \omega t$$

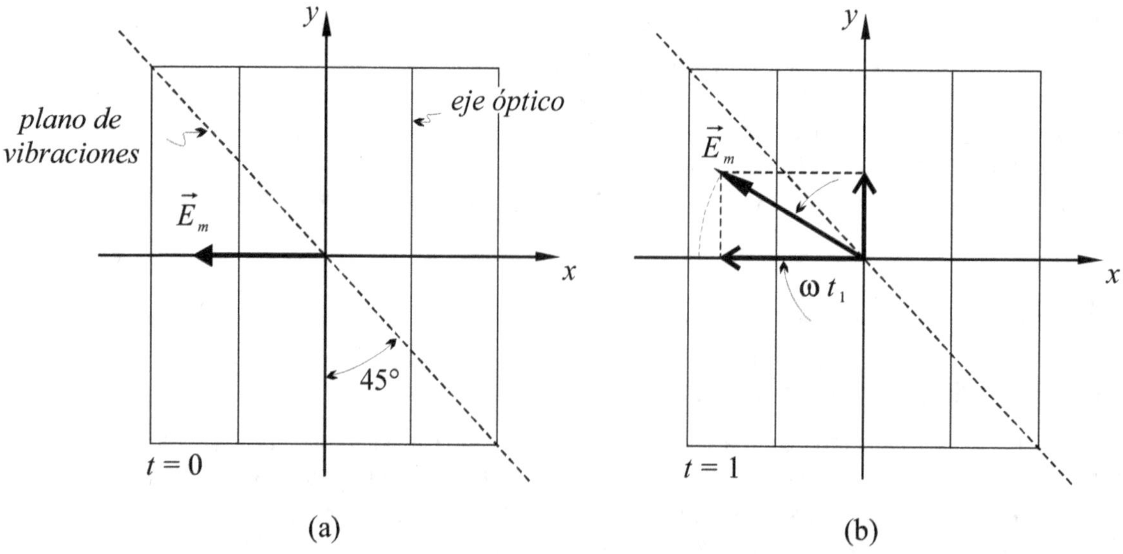

FIGURA 2-80. La luz polarizada en un plano llega por detrás sobre una placa de un cuarto de onda orientada de tal manera que la luz que sale de la figura, esta polarizada circularmente. En este caso, el vector eléctrico E_m gira en sentido de las manecillas del reloj, tal como lo ve un observador que dirige su cara hacia la fuente de luz.

el cambio de fase de 90° representa el efecto de la placa de un cuarto de onda. Nótese que E_x llega a su valor máximo un cuarto de ciclo *después* que E_y en la calcita, la onda E_x (la onda o) avanza *más lentamente* que la onda E_y (la onda e).

Para decidir la dirección de rotación localicemos la punta del vector eléctrico rotatorio en dos instantes de tiempo, (a) $t = 0$ y (b) un corto tiempo después t_1 escogido de tal manera que ωt_1 sea un ángulo pequeño. Para $t = 0$ las coordenadas de la punta del vector rotatorio (véase la fig.2-79(a)) son:

$$E_y = 0 \qquad \text{y} \qquad E_x = -E_m$$

Para $t = t_1$, estas coordenadas son, aproximadamente,

$$E_y = E_m \ \text{sen} \ \omega t_1 \cong E_m \left(\omega t_1 \right)$$

$$E_x = -E_m \cos \omega t_1 \cong -E_m$$

La fig.2-80(*b*) muestra que el vector que representa la luz emergente polarizada circularmente está girando en sentido de las manecillas del reloj; por convención, esta luz se llama *luz polarizada circularmente a la derecha*, considerándose siempre al observador con su cara frente a la fuente luminosa.

Si el plano de vibración de la luz incidente en la fig.1-80 se hace girar un ángulo de $\pm 90°$, la luz emergente estará *polarizada circularmente a la izquierda*.

2.13.1. Cantidad de movimiento angular de la luz

Que las ondas luminosas puedan proporcionar *cantidad de movimiento lineal* a una pantalla absorbente o a un espejo está de acuerdo con el electromagnetismo clásico, con la física cuántica, y con los experimentos. El hecho de que exista una polarización circular hace pensar que la luz así polarizada, podría tener también una cantidad de movimiento angular. Efectivamente, así es; una vez más, la predicción está de acuerdo con el electromagnetismo clásico y con la física cuántica. La prueba experimental fue llevada a cabo en 1936 por Beth, quien puso de manifiesto que cuando una placa birrefrigente produce luz polarizada circularmente, la placa experimenta un momento de reacción.

La cantidad de movimiento angular transportada por la luz juega un papel fundamental en la explicación de la emisión de la luz por los átomos y de los rayos γ por los núcleos. Si la luz se lleva consigo cantidad de movimiento angular al salir del átomo, la cantidad de movimiento del átomo residual debe cambiar en un valor exactamente igual al que le fue quitado; de no ser así no se conservaría la cantidad de movimiento angular del sistema aislado *átomo más luz*.

Tanto la teoría clásica como la teoría cuántica predicen que si un rayo de luz polarizada circularmente, es absorbido en forma total por un objeto sobre el cual cae, el objeto recibe una cantidad de movimiento angular dada por la expresión:

$$L = \frac{U}{\omega}$$

siendo U la cantidad de energía absorbida y ω la frecuencia angular de la luz. El estudiante debe verificar que son correctas las dimensiones de la ecuación anterior.

2.13.2. Dispersión de la Luz

Una onda de luz, que llega a un sólido transparente, hace que los electrones del sólido oscilen periódicamente en respuesta al vector eléctrico, que varía con el tiempo, de la onda incidente. La onda que avanza por el medio es la resultante de la onda incidente y de las radiaciones de los electrones oscilantes. La onda resultante tiene una máxima intensidad en la dirección del rayo incidente, disminuyendo rápidamente a los lados. El hecho de que no haya dispersión lateral, la cual debiera ser casi completa en un cristal "perfecto", proviene de que las cargas oscilantes en el medio actúan al unísono, o sea coherentemente.

Cuando pasa la luz a través de un gas, encontramos mucha mayor dispersión lateral. Los electrones oscilantes en este caso, como están separados por distancias relativamente grandes y como no están ligados entre si en una estructura rígida, actúan independientemente y no al unísono. Así pues, no es tan probable que se anulen por completo las perturbaciones ondulatorias que no están dirigidas hacia delante: hay mas dispersión lateral.

La luz dispersada lateralmente por un gas puede estar total o parcialmente polarizada, aún cuando la luz incidente sea no polarizada. La fig.2-81 muestra un haz no polarizado que se mueve hacia arriba en el plano de la figura y que llega a un átomo de gas en a. Los electrones situados en a oscilarán en respuesta a las componentes eléctricas de la onda incidente, siendo sus movimientos equivalentes a dos dipolos oscilantes cuyos ejes están representados por las flechas y el punto en a. Un dipolo oscilante no irradia según su propia línea de acción. Así pues, un observador en b no recibirá radiación del dipolo representado por las flechas en a. La radiación que le llega proviene por completo del dipolo representado por el punto en a; así pues, esta radiación estará polarizada en un plano, pasando el plano de vibración por la línea ab y siendo normal a la figura.

Los observadores situados en c y en d percibirán luz parcialmente polarizada, ya que le dipolo representado por las flechas en a irradiará algo en esas direcciones. Los observadores colocados en la dirección de transmisión o en donde la luz se dispersa para atrás no percibirán ningún efecto de polarización, porque ambos dipolos de a irradiarán igualmente en esos dos sentidos.

Un ejemplo familiar es la dispersión de la luz solar por las moléculas de la atmósfera terrestre. Si no hubiera atmósfera, el cielo se vería negro, salvo cuando se dirigiera la vista correctamente al Sol. Esto se ha probado mediante mediciones hechas en cohetes y satélites arriba de la atmósfera. Fácilmente podemos verificar con un polarizador que la luz del cielo sin nubes está por lo menos parcialmente polarizada. Se hace uso de este fenómeno en las exploraciones árticas y antárticas en el aparato llamado *brújula solar*. En este dispositivo determinamos una dirección observando cómo es la polarización de la luz solar dispersada. Como es bien sabido, las brújulas magnéticas no se utilizan en esas regiones. Se ha averiguado[1] que para orientarse en los vuelos que hacen entre su panal y las flores que tienen polen, las abejas utilizan la polarización de la luz del cielo: los ojos de las abejas contienen dispositivos que perciben la polarización.

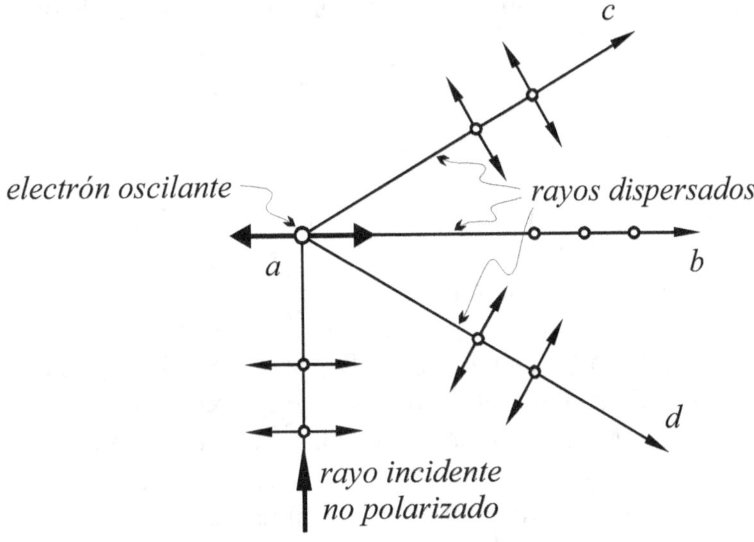

FIGURA 2-81. La luz es polarizada ya sea parcialmente c y d, o bien, completamente (b) por dispersión producida por una molécula de gas situada en a.

Todavía falta explicar por qué la luz dispersada por el cielo es azul y por qué es roja la luz percibida directamente del Sol -sobre todo al ponerse el Sol cuando el recorrido que tiene que hacer en la atmósfera es mas largo-. La sección transversal eficaz de un átomo o molécula para dispersar la luz depende de la longitud de onda, siendo la luz azul dispersada más eficazmente que la luz roja. Ya que la luz es considerablemente dispersada, la luz transmitida tendrá el color de la luz solar normal con los azules casi eliminados: por eso es de aspecto más rojizo.

El hecho de que la sección transversal eficaz a la dispersión sea mayor para la luz azul que para la luz roja, puede hacerse comprensible. Un electrón en un átomo o en una molécula está sostenido ahí mediante fuerzas restauradoras intensas. Tiene una frecuencia natural definida, comparable a la de una pequeña masa suspendida en el espacio me-

---

[1] Vease Scientific American, Pág 60, julio 1965, y Bees: Their Vision Chemical Sense, and Lanjuage, K. Von Frish, Cornell University Press, 1950.

diante un conjuntos de resortes. La frecuencia natural de los electrones en los átomos y en las moléculas ordinariamente se encuentra en una región correspondiente a la luz violeta o ultravioleta.

Cuando llega luz a tales electrones ligados, produce oscilaciones forzadas de frecuencia igual a la frecuencia del haz de luz incidente. En los sistemas resonantes mecánicos es posible "impulsar" el sistema de la manera mas efectiva posible si les aplicamos fuerzas externas cuya frecuencia sea lo más cercana posible a la frecuencia resonante natural. En el caso de la luz, la azul se acerca mas a la frecuencia resonante natural del electrón ligado que lo que se acerca la luz roja. Por lo tanto, es de esperarse que la luz azul sea mas efectiva para hacer que oscile el electrón y, por consiguiente, esa luz sea la que mas efectivamente resulte dispersada.

2.13.3. Doble Dispersión

Cuando se descubrieron los rayos X en 1898, se especuló mucho si serían ondas o partículas. En 1906, Charles Glover Barkla (1877-1944) demostró que eran ondas transversales mediante un experimento de polarización.

Cuando los rayos X no polarizados llegan al bloque S_1, de la fig.2-82 ponen a los electrones en oscilación. Las consideraciones del artículo anterior requieren que los rayos X dispersados en el segundo bloque estén polarizados en un plano como se muestra en la figura. Dispersemos esta onda con un segundo bloque dispersor, y examinemos las radiaciones dispersadas por el haciendo girar un detector D en un plano normal a la línea que une los bloques. Los electrones oscilarán todos paralelamente entre sí, y las posiciones de las intensidades máxima y nula serán las que se indican en la figura. Una gráfica de la lectura del detector en función del ángulo ϕ comprueba la hipótesis de que los rayos X son ondas transversales. Si los rayos X fueran un chorro de partículas o una onda longitudinal, no podrían entenderse estos efectos tan fácilmente. Así pues, el importante experimento de Barkla probó que los rayos X son parte del espectro electromagnético.

En estudios posteriores el estudiante aprenderá que haces de partículas tales como electrones, protones y piones se pueden considerar como ondas. Para investigar las características de polarización de tales haces, a menudo se usan técnicas de dispersión (incluyendo doble dispersión).

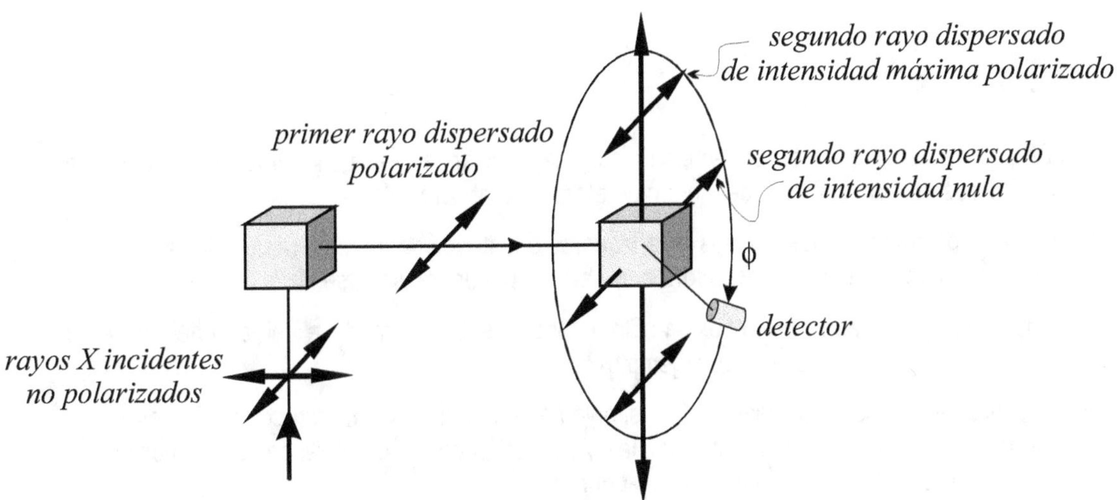

FIGURA 2-82. Un experimento de doble dispersión efectuado por Barkla para demostrar que los rayos X son ondas transversales.

2.14. PREGUNTAS

1. ¿Por qué los anteojos para el sol hechos de materiales polarizadores tienen una ventaja decidida sobre aquellos que simplemente dependen de efectos de absorción?

2. Llega luz no polarizada a dos láminas polarizadoras orientadas de tal manera que no pasa luz. Si se coloca una tercera lámina polarizadora entre ellas, ¿puede transmitirse luz?

3. ¿Puede ocurrir polarización por reflexión si la luz incide sobre la interfase del lado del índice de refracción mayor (del vidrio al aire, por ejemplo)?

4. El eje óptico de un cristal birrefrigente, ¡es simplemente una línea o una dirección en el espacio? ¿Tiene dirección y sentido, como una flecha? ¿Qué se puede decir al respecto en cuanto a la dirección característica de una lámina polarizadora?

5. Discutir una forma de identificar la dirección de polarización de una lámina de Polaroide.

6. Si el hielo es birrefrigente (véase la Tabla 46-1), ¿por qué no vemos dos imágenes de los objetos observados a través de un cubo de hielo?

CAPÍTULO 3

NOCIONES DE FOTOMETRÍA

Podemos denominar fotometría a la parte de la física aplicada que se ocupa de la definición y medición de ciertas magnitudes que se asocian al fenómeno luminoso (Fotos = Luz). Es la base para el estudio de la LUMINOTECNIA, parte de la Ingeniería que se ocupa de la iluminación de locales, lugares públicos, carreteras, etc.

Aquí veremos someramente las definiciones útiles, sus relaciones y algún dispositivo de medición tradicional (fotómetro).

3.1. RADIANCIA INTEGRAL ($\Re$)

Sea una superficie material S (fig.3-1) a temperatura T. Una porción de área (dS) emite una potencia (dP) electromagnética hacia el espacio de la derecha, supuesto vacío. Las flechas de la fig.3-1 indican los sentidos de la radiación o emisión de esta potencia electromagnética.

Esta radiación está constituida por un conjunto de ondas de fase de diversas frecuencias (o si se prefiere, de diversas longitudes de onda λ)

Denominaremos radiancia integral al cociente:

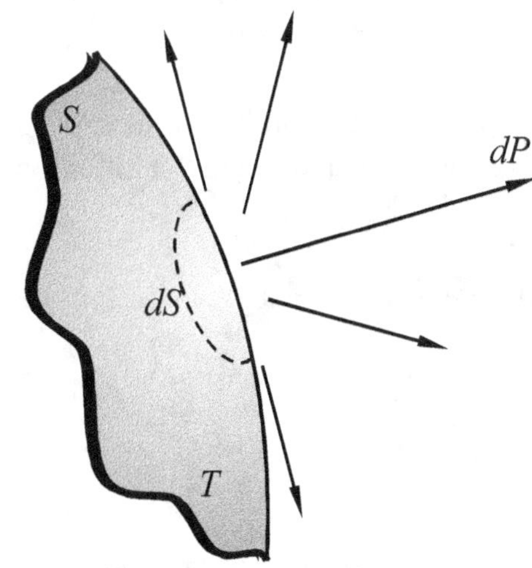

FIGURA 3-1

$$\Re = \frac{dP}{dS}\left[\frac{Watt}{m^2}\right]$$

$$[3\text{-}1]$$

3.2. Radiancia Espectral ($\Re_\lambda$)

Si, en cambio, dP_λ representa la potencia electromagnética correspondiente sólo a las ondas que tienen longitudes en la "banda" que va de (λ) a ($\lambda+d\lambda$), se define la **radiancia espectral** al cociente:

$$\Re_\lambda = \frac{dP_\lambda}{dS\,d\lambda}\left[\frac{Watt}{m^2\,\overset{o}{A}}\right]$$

$$[3\text{-}2]$$

donde $\overset{o}{A}$ es la medida AMSTRONG tal que:

$$1\,\overset{o}{A} = 10^{-10}\,m.$$

Recordando cifras diremos que el espectro visible de la radiación electromagnética (luz) para el ser humano va de $4000\,\overset{o}{A}$ a $8000\,\overset{o}{A}$.

Sabemos que la longitud de onda en un medio dado, define el COLOR.

La magnitud R_λ es función al **menos** de la temperatura T y de la propia longitud λ, pero además depende del tipo de superficie material.

R_λ no depende del material cuando la radiación proviene de un pequeño orificio practicado en un cuerpo hueco incandescente (**radiación de cavidad**). (Este tema se supone estudiado en la parte de CALOR).

La radiación integral ($\Re$) se relaciona con la espectral ($\Re_\lambda$), para una dada temperatura T, así:

$$\Re = \int_0^\infty \Re_\lambda\, d\lambda$$

claro, pues $\Re_\lambda d\lambda$ es la potencia, por área dS, asociada a una banda de ancho $d\lambda$ y hay que "sumar" todas las estas potencias para todas las longitudes de onda que integran la radiación.

3.3. Sensibilidad de la vision humana

La visión del ser humano no es igualmente sensible a la percepción de las radiaciones de distintas longitudes de ondas λ. En efecto, **por potente** que sea la radiación, si esta está constituida por longitudes menores a 4000 $\overset{o}{A}$ (ultravioleta) a mayores de 8000 $\overset{o}{A}$ (infrarrojo), no la percibimos **visualmente**, aunque si de otro modo.

En la fig.3-2 se tiene la gráfica aproximada para la **visión normal y diurna** de la sensibilidad (σ) relativa. Relativa significa sencillamente asignar un valor 1 al máximo de sensibilidad, que para la visión normal humana corresponde a unos 5550 $\overset{o}{A}$ (verde amarillento). Para la visión nocturna es de forma similar pero algo corrida hacia las menores longitudes.

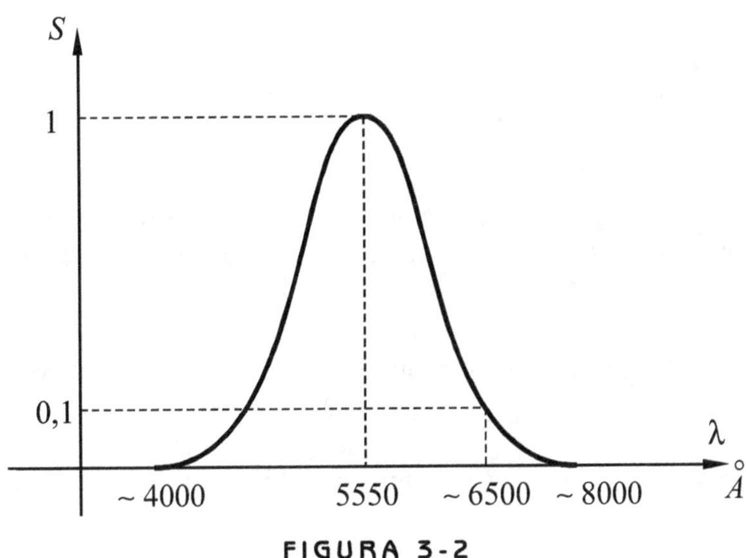

FIGURA 3-2

¿Cómo se interpreta la curva de sensibilidad? Así: un foco de luz roja, de longitud de onda

$\lambda_R = 6500 \overset{o}{A}$, que le corresponde una sensibilidad $\sigma_R \simeq 0,1$ ha de verse con igual intensidad que otro foco de luz verde amarillenta de longitud $\lambda_v = 5550 \overset{o}{A}$, que le corresponde la máxima sensibilidad $\sigma_v = 1$, si el foco rojo ha de ser 10 veces más potente que el verde. Lo mismo podemos decir para otra longitud cercana al extremo de los 4000 $\overset{o}{A}$ (violeta).

En la fig.3-3 representamos 2 superficies de áreas iguales dS, emitiendo potencias dP_1 y dP_2 en longitudes de ondas alrededor de λ_1 y λ_2 distintas. Para una persona de visión normal vea con igual intensidad ambas superficies debe cumplirse la igualdad:

$$\sigma_1 \cdot dP_1 = \sigma_2 \cdot dP_2$$

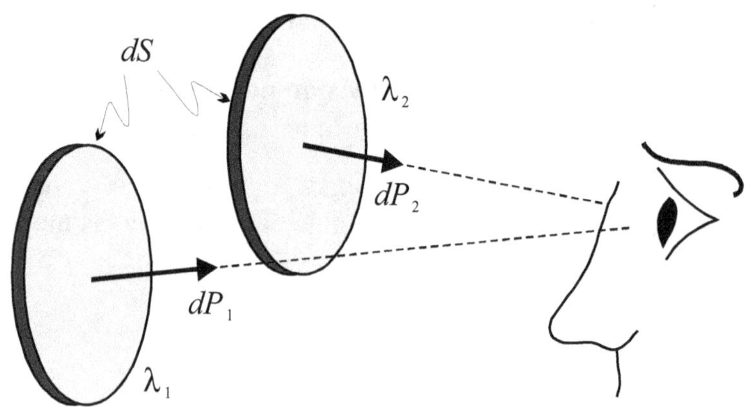

FIGURA 3-3

donde σ_1 y σ_2 son las sensibilidades correspondientes a λ_1 y λ_2. Esto está significado que de la potencia electromagnética (dP_λ) emitida en una banda de ancho $d\lambda$ alrededor de la longitud λ, solo la fracción $\left(\sigma_\lambda \cdot dP_\lambda\right)$ es captada como luz por la visión humana.

Por todo esto conviene definir una "potencia" lumínica percibida", que se le ha dado en llamar "FLUJO LUMINOSO" (F).

Podemos definir un flujo espectral (dF_λ) y otro integral (dF), de la siguiente forma:

El Espectral

A la potencia dada por [3-2] la "corregimos" con la sensibilidad $\sigma(\lambda)$ correspondiente a λ:

$$dF_\lambda = \sigma\left(\lambda\right)\cdot dP_\lambda = \sigma\left(\lambda\right)\cdot \Re_\lambda \cdot d\lambda \cdot dS$$

Esto daría el flujo solo constituído por una banda estrecha de ancho $d\lambda$. Como en general los emisores sólidos incandescentes emiten "todas las longitudes" conviene integrar y así se tiene:

El Integral:

$$dF = \int_{\lambda=0}^{\lambda=\infty} dF_\lambda = dS \cdot \int_0^\infty \sigma(\lambda) \cdot \Re_\lambda \cdot d\lambda$$

(a pesar de la integración sigue siendo diferencial porque es emitido por un área dS). Trabajaremos con este flujo integral.

Unidad de medida

Por cuestiones históricas el flujo no se mide en *WATTIOS* sino en **lúmenes,** El *LUMEN* (*lm*) es el flujo que emite un orificio de 0,5305 mm^2 de área por el cual se observa el interior de un horno que está a la temperatura de fusión de platino (fig.3-4).

$$T_{fusión\,platino} = 2319.76°C$$

Insistamos en la diferencia entre la potencia radiada en wattios y el flujo lumínico, en *lm*: por alta que sea la potencia, si $\sigma = 0$ (ultravioleta e infrarrojo) no tenemos flujo lumínico (cero lúmenes).

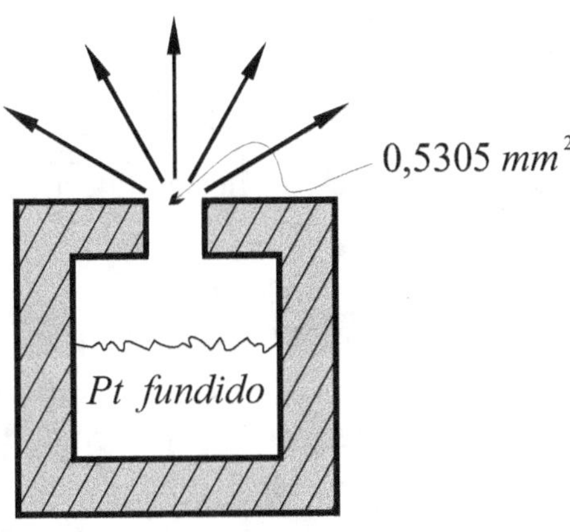

FIGURA 3-4

En las lámparas se puede leer dos cosas: la potencia eléctrica que consume, en wattios y el flujo lumínico que producen, en *lm*, por ejemplo:

25 *W*,	215 *lm*
60 *W*,	715 *lm*

3.4. Intensidad Luminosa (I)

Recordemos antes la definición de **ángulo sólido**, en esteroradianes (*str*): un punto P (fig.3-5) sustiende un cono con la superficie de área dS_0 y versor normal $\vec{n}$, $\vec{r}$ es el vector posición del centro O de la superficie y el punto P, θ es el ángulo entre $\vec{n}$ y $\vec{r}$.

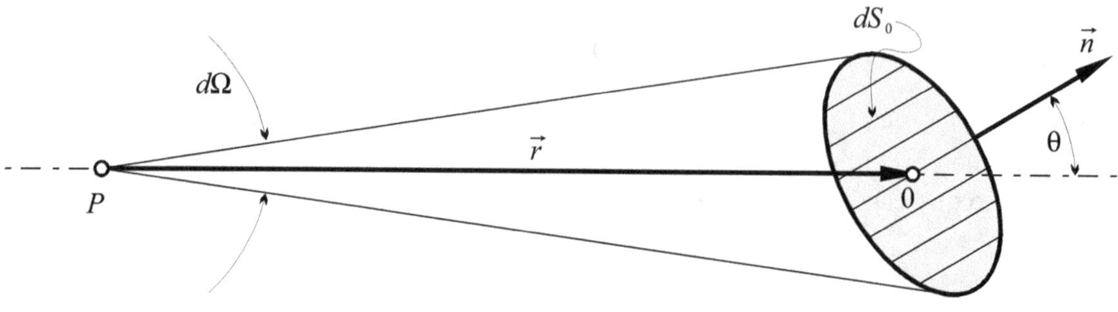

FIGURA 3-5

Por definición el ángulo sólido sustendido por dS_0 y el punto P es:

$$d\Omega = \frac{ds_o \cos\theta}{r^2} = \frac{dS_o\, \vec{n}\cdot\vec{r}}{r^3} = \frac{dS_o\cdot\vec{r}}{r^3}$$

Interpretamos $dS_0 \cos\theta = dS$ como la proyección de la superficie sobre un plano perpendicular a $\vec{r}$.

Una superficie que envuelva al punto P sustiende con él un ángulo sólido de 4π *str* (así como un giro plano completo son $2\pi\ rad$). Se puede demostrar que un punto P sobre la superficie sustiende solo $2\pi\ str$ y si está afuera es $\Omega = 0$ (debido a la influencia del cos θ).

Foco puntual

Es un foco que emite luz o flujo lumínico tal que sus dimensiones son pequeñas respecto a la distancia r.

Una lámpara a varios metros de ella se puede considerar puntual, una estrella, etc.. Intensidad luminosa (I)

Sea el foco puntual P (fig.3-6). Pensemos en el flujo dF contenido en el *cono* de ángulo sólido $d\Omega$, denominaremos INTENSIDAD luminosa emitida por P en la dirección del eje del cono al cociente:

$$I = \frac{dF}{d\Omega} \quad \left[\frac{lm}{str}\right] \qquad\qquad [3\text{-}3]$$

No necesariamente I es del mismo valor para las distintas direcciones que parten de P, salvo que este foco sea esféricamente simétrico (quizás una estrellita pueda ser así).

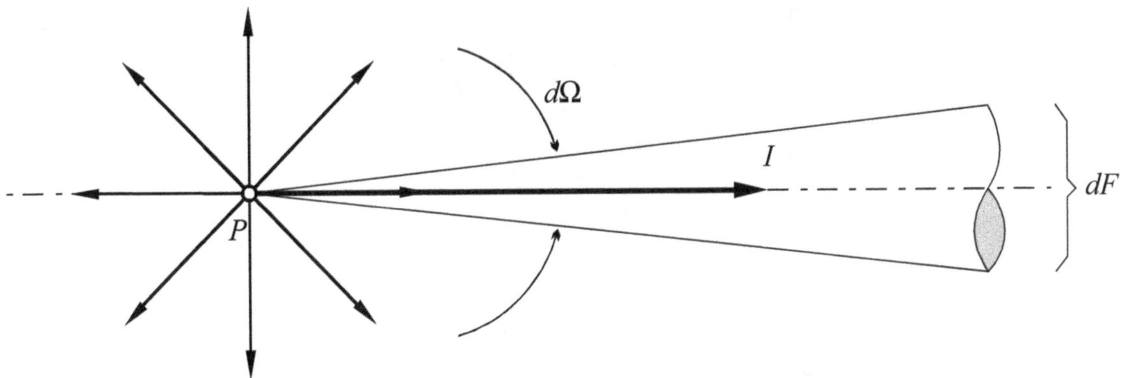

FIGURA 3-6

Para los artefactos de iluminación se construyen diagramas polares de I. En la fig.3-7 damos una idea de uno de estos diagramas para una lámpara común con zócalo. La curva envuelve todos los extremos de los segmentos que en cierta escala dan I para las distintas direcciones de θ. Podemos pensar que al girar esta curva genere una superficie de revolución, pero no es así en general, depende de las simetrias del artefacto.

Estos diagramas se encuentran en los manuales de luminotecnia.

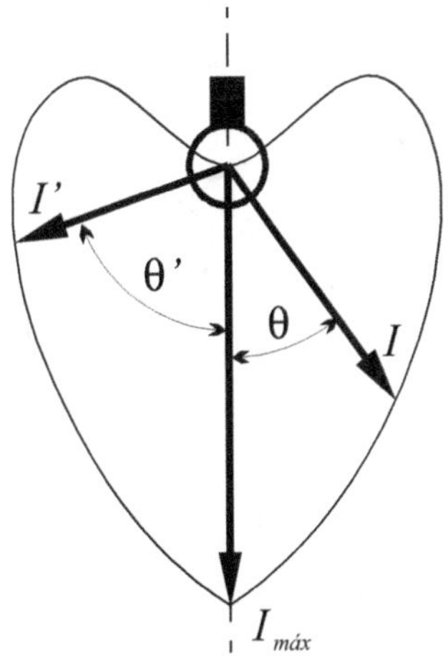

FIGURA 3-7

Unidad de medida

Al lm sobre str se lo denomina CANDELA o bujía. Para tener idea de la candela sepamos que "desde el interior de un orificio de área 1 cm^2, a la temperatura de fusión del platino, se emite, en **dirección normal al área**, 60 candelas (Cd), por definición" (fig 3-8).

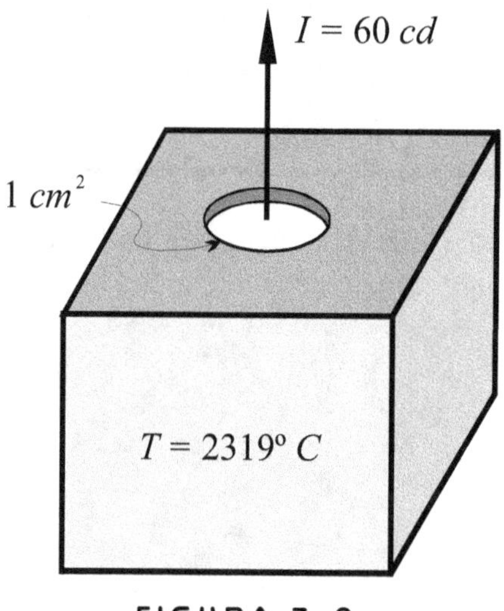

FIGURA 3-8

¿Cómo evaluar el flujo total F que recibe una superficie cualquiera S_o, abierta? En la fig.3-9 se muestra la situación. Se tiene el diagrama polar de revolución para la lámpara L y la superficie S_o que recibe el flujo.

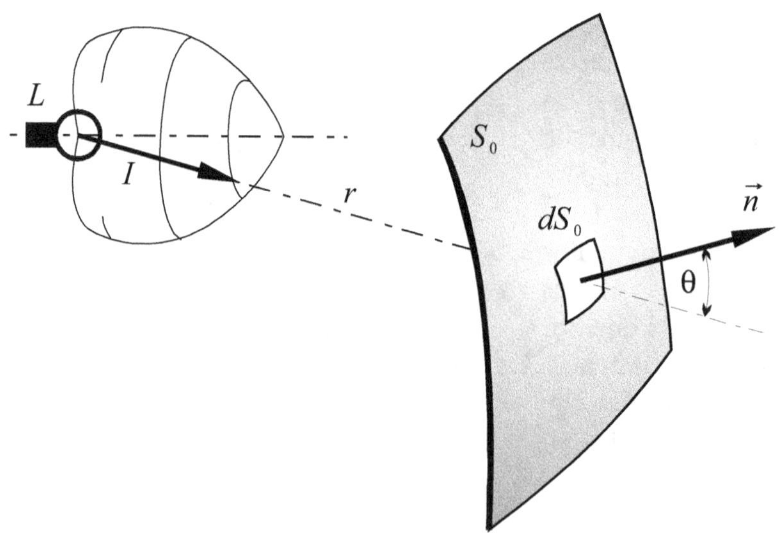

FIGURA 3-9

Un elemento dS_o recibe según la [3-3]:

$$dF = I \, d\Omega = I \, \frac{dS_o \cos \theta}{r^2}$$

dónde I para esa dirección r está dada por el *segmento* del diagrama de la lámpara. El flujo total que recibe S_o es:

$$F = \iint_{S_o} \frac{I \, dS_o \cos \theta}{r^2}$$

dónde nada puede "salir" de la integral.

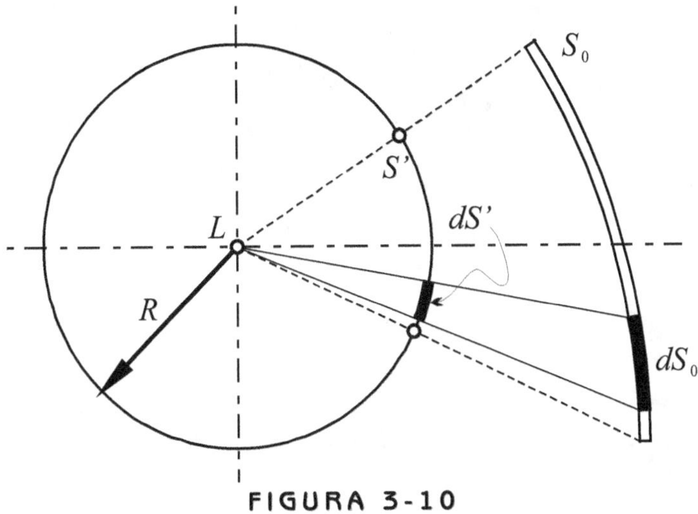

FIGURA 3-10

Sin embargo podemos pensar en una esfera "auxiliar" de radio R con *centro* en L (fig.3-10). Cada cono sustendido por dS_o intercepta a la esfera en un elemento dS' (en la fig.3-10 todo se ve como si fuesen líneas en lugar de superficies para sencillez del dibujo) de modo que:

$$d\Omega = \frac{dS_o \cos \theta}{r^2} = \frac{dS'}{R^2}$$

reemplazando en la integral:

$$F = \frac{1}{R^2} \iint_{S'} I \, dS'$$

esta integral es más sencilla que la anterior. Si I fuese constante (fig.3-11) y además S_o cerrada se tiene:

$$F = I\,\frac{S'}{R^2} = I\,\frac{4\pi R^2}{R^2} = 4\pi I$$

Si $I = 1\,Cd = 1\,\dfrac{lm}{str}$, resulta $F = 4\pi\,lm$

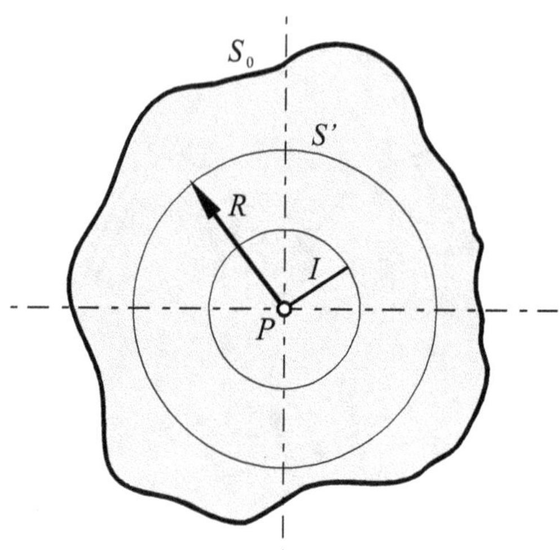

FIGURA 3-11

3.5. EMITANCIA (R)

La superficie luminosa S (fig.3-12) emite flujo luminoso hacia la derecha. Sea un elemento de área dS y dF el flujo emitido por dicho elemento, se define como **emitancia** al cociente:

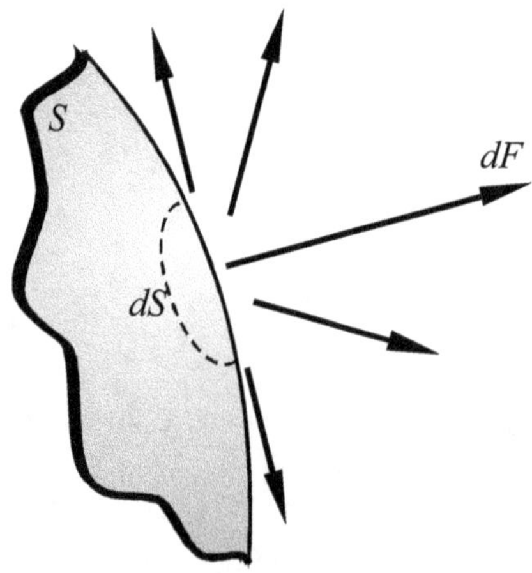

FIGURA 3-12

$$R = \frac{dF}{dS} \quad \left[\frac{lm}{m^2}\right] \qquad\qquad [3\text{-}4]$$

No debe confundirse con la radiación integral [3-1] pues en aquél caso dP es toda la potencia, visible o no.

3.6. ILUMINANCIA O ILUMINACION (E)

Si en lugar de emitir, el elemento dS <u>recibe</u> el flujo dF, el cociente da la <u>iluminación</u> en ese elemento dS:

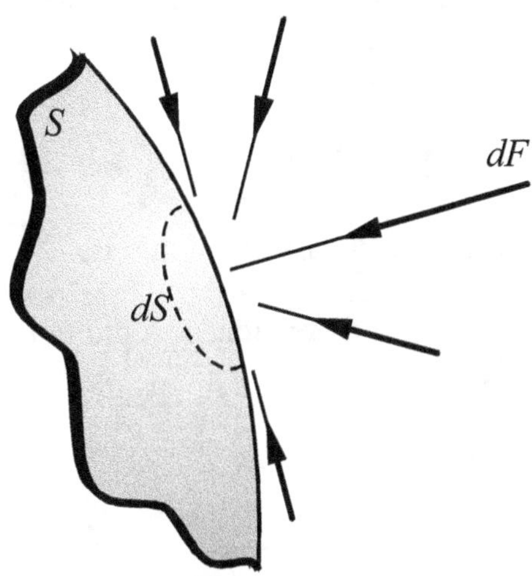

FIGURA 3-13

$$E = \frac{dF}{dS} \quad \left[\frac{lm}{m^2} = lux\right] \qquad\qquad [3\text{-}5]$$

La iluminación E quizás sea la magnitud "mas importante" pues en luminotecnia se trata de establecer estos valores en un proyecto. Las especificaciones técnicas establecen ciertos valores para E para cada actividad.

La unidad de E se denomina *lux*:

$$1 \ lux = 1\frac{lm}{m^2}$$

3.6.1. Coeficiente de difusión (k).

Para una superficie material sin emisión propia, que solo emite cuando es iluminada, hay una relación entre R y E:

$$R = k \cdot E$$

dónde el coeficiente k, denominado de difusión (a veces lo denominan de reflexión) es el general función de λ y del tipo de superficie. Para algunos casos se puede establecer un valor medio independiente de λ.

Para **nieve** recién caída es $k \simeq 0,9$, en cambio para el hollín o negro humo es $k \simeq 0,01$, de modo que aunque ambas cosas estén igualmente iluminadas no se observan con igual **emitancia** (trate el alumno de experimentar estas sensaciones luminosas con papel blanco y negro).

3.6.2. Ley inversa del cuadrado para E

Es una expresión que puede resultar muy útil para el cálculo de E.

Sea, fig.3-14, un foco P con su diagrama se intensidad y a cierta distancia una superficie dS_0 con normal $\vec{n}$ que forma un ángulo θ con $\vec{r}$. La intensidad I en la dirección de $\vec{r}$ es:

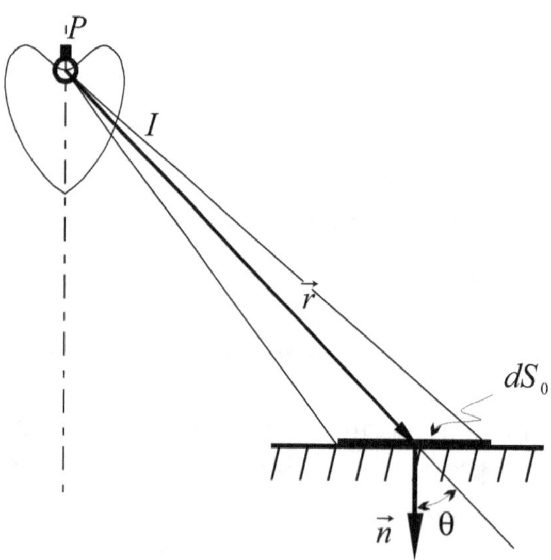

FIGURA 3-14

$$I = \frac{dF}{d\Omega}$$

pero se tiene:

$$d\Omega = \frac{dS_o \cos\theta}{r^2}$$

La *iluminación* de dS_o es:

$$E = \frac{dF}{dS_o}$$

reemplazando $dS_o = \dfrac{r^2 d\Omega}{\cos\theta}$ queda:

$$E = \frac{dF}{r^2 d\Omega}\cos\theta$$

pero hemos dicho que:

$$I = \frac{dF}{d\Omega}$$

luego resulta finalmente:

$$E = \frac{I \cos\theta}{r^2} \qquad\qquad [3\text{-}6]$$

Vemos que, si mantenemos θ, al alejarnos la iluminación decae con el cuadrado de la distancia al foco. También resulta desfavorable un ángulo θ grande.

De [3-6] comprendemos que $\dfrac{lm}{m^2} = lux = \dfrac{Cd}{m^2}$. Si en lugar de m^2 se tiene cm^2, se denomina FOTIO a $\dfrac{Cd}{cm^2}$, tal que es claro que 1 Fotio = 10.000 *lux*. El fotio es una unidad muy grande para los fines comunes de la luminotecnia.

3.6.3. Algunos Niveles de Iluminacion E

Rayos directos del Sol, a mediodía, en verano: $E = 100.000\ lux$

$E = 10$ Fotios.

- En día diáfano, en una habitación "bien iluminada": $E = 100\ lux$.
- Para leer es necesario como mínimo 30 lux.
- Para trabajos de precisión, dibujo, relojería, etc.: $E = 100\ lux$.
- Noche de luna llena $\simeq 0,025\ lux$.

3.7. Brillo (B) o Luminancia

En [3-4] hemos definido la **emitancia R** como el **flujo total dF** (en todas direcciones) dividido por el área de la superficie dS emisora, sin embargo, en general, cuando uno observa una superficie s (fig.3-15) sus elementos dS no se ven con igual "brillo", además este depende del ángulo α entre la "visual" r y la normal $\vec{n}$ al elemento dS.

Ahora bien, definiremos al **brillo (B)** por el cociente:

$$B = \frac{dF}{d\Omega\ dS \cos\alpha} \qquad [3\text{-}7]$$

este valor se asocia a cada dirección α. Como I en esa dirección es:

$$I = \frac{dF}{d\Omega}$$

se puede escribir:

$$B = \frac{I}{dS \cos\alpha}\left(\frac{Cd}{m^2}\right) \qquad [3\text{-}8]$$

La $\left(\dfrac{Cd}{m^2}\right)$ se denomina "NIT".

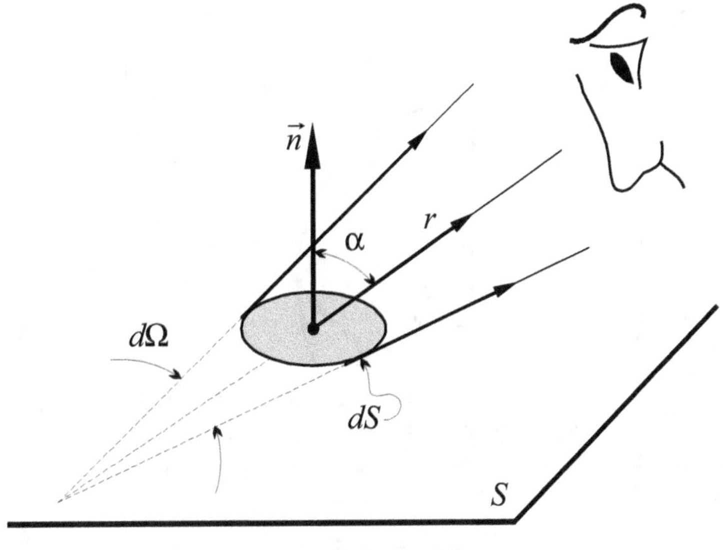

FIGURA 3-15

En cambio $\left(\dfrac{Cd}{cm^2}\right)$ se denomina *STILB*, es claro que de $1m^2 = 10^4\ cm$ resulta:

$$1\ \text{ST} \equiv 10^4\ Nit.$$

3.8. "LEY" DE LAMBERT

La experiencia muestra que ciertas superficies NO pulidas ("mate"), como ser nieve, papel para dibujo, vidrio esmerilado, como para "tulipas", todos sus elementos dS (o puntos) se ven con igual brillo (B = cte), independiente del ángulo α de la visual.

Esto es sólo aproximado, no riguroso. Que $B \simeq$ cte. hace que un globo brillante, esmerillado, de lejos al menos, parezca un disco plano y no una esfera (observe el alumno los globos del alumbrado de algunas plazas, o el Sol en un día con algo de neblina).

Para que B sea independiente de α un elemento dS debe tener un diagrama de intensidad esférico (fig.3-16), tangente a dS, con "diámetro" $I_{máx}$; así para una dirección α se tiene:

$$I(\alpha) = I_{max}\cos\alpha$$

que reemplazando en [3-8] resulta:

$$B = \frac{I_{max}\cos\alpha}{dS\cos\alpha} = \frac{I_{max}}{dS} = cte$$

Esta es la ley de Lambert.

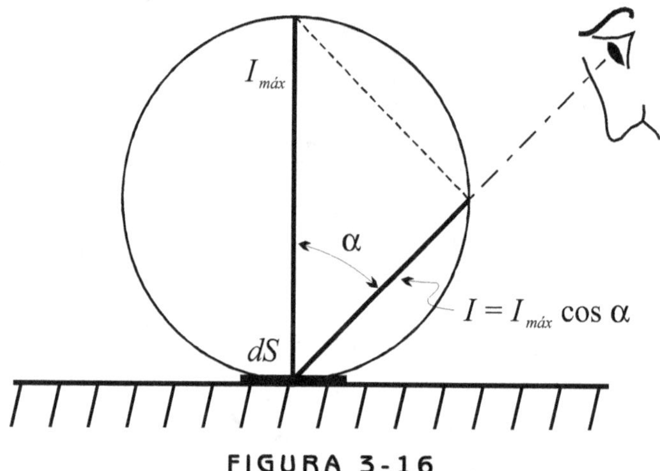

FIGURA 3-16

La ley de Lambert es aproximada, en superficies pulidas dista mucho de cumplirse, pues hay direcciones de máximo brillo: en la fig.3-17 se tiene una superficie iluminada y se ha dibujado un posible diagrama de I asociado a un elemento dS: si los rayos de luz inciden con ángulo α_o, en la dirección de los rayos reflejados con el mismo ángulo α_o se tiene el máximo I y por ende el máximo brillo.

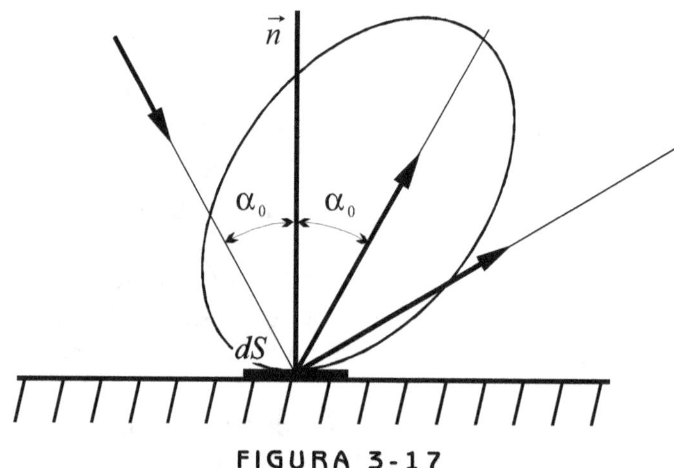

FIGURA 3-17

Si se cumple la ley de Lambert existen relaciones sencillas entre la emitancia R y el brillo B, se puede demostrar que:

$$B = \frac{R}{\pi}$$

(superficie con luz propia) o para superficies iluminadas con intensidad E, siendo $R = kE$ resulta:

$$B = \frac{kE}{\pi}$$

Estas relaciones de estricta proporcionalidad hace que en las superficies que cumplen la ley de Lambert, brillo, emitancia e iluminación "parezcan la misma cosa".

Damos algunos valores de brillo, en *Stilb* (multiplicado por 10⁻⁴ se pasa a *NIT*).

- Superficie del Sol, a través de la atmósfera: $1{,}47 \times 10^5$.
- Del "cráter" de un electrodo de arco eléctrico: $1{,}5 \times 10^4$.
- Del filamento de una lámpara incandescente: $4{,}5 \times 10^2$.
- Del cielo despejado, a 75° angular del Sol: $1{,}5 \times 10^{-1}$ ($= 1500\ NIT$)
- De la superficie lunar, a través de la atmósfera: $2{,}5 \times 10^{-1}$.
- De una superficie blanca con $E = 30\ lux$: $10^3 = 10\ NIT$.

Se supone aquí válida la ley de Lambert, para mayor sencillez.

3.8.1. Aplicación sencilla de la expresión [2-6]

Veamos una aplicación de $E = \dfrac{I \cos \theta}{r^2}$. En la fig.2-18 se muestra una lámpara L y su diagrama de intensidades I, siendo $I_{máx} = 100\ Cd$ (o bujías). Se quiere saber qué iluminación E_p se tiene en el punto P a $h = 3m$ debajo de la lámpara y en el punto M a $b = 3m$ de P. Se supone que todo está en el vacío.

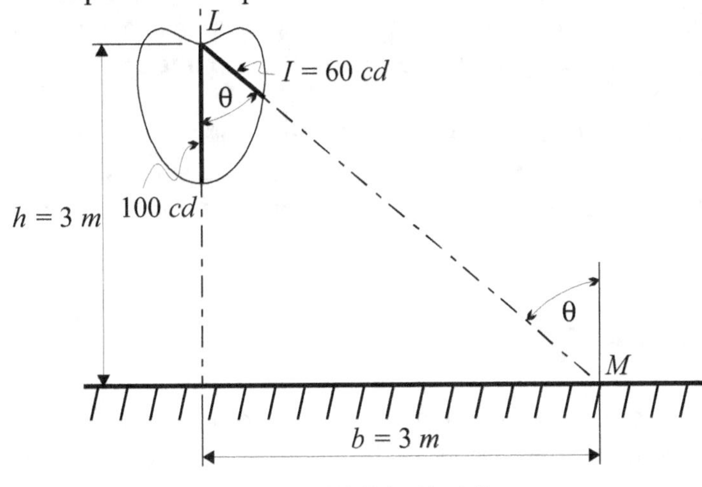

FIGURA 3-18

Solución: en P es $r = h = 3m$, $\theta = 0°$, $\cos 0° = 1$, de modo que:

$$E_p = \frac{I_{max}}{h^2} = \frac{100\ Cd}{9m^2} \cong 11,1\ lux$$

en M es

$$r^2 = 18\ m^2 \qquad \cos\theta = \cos 45° = 0,707$$

luego (para $I = 60\ Cd$):

$$E_m = \frac{60\ Cd \times 0,707}{18\ m^2} \cong 2,26\ lux$$

¡y en ambos casos la iluminación es inferior a los 30 *lux* necesario para leer, a pesar de ser una lámpara bastante potente, quizás más de 150 wattios! ¿Qué ocurre…? Ocurre que se ha supuesto todo en el vacío.

Si la lámpara se encuentra en una habitación se producen reflexiones y emisiones (R) en el techo y paredes que contribuyen a la iluminación. Lo que nosostros hemos calculado es una iluminación directa de la lámpara. Este simple ejemplo nos muestra que los cálculos teóricos en locales pueden ser muy complejos.

Desde ya se utilizan resultados experimentales y experiencia acumulada en la profesión.

3.9. FOTOMETROS

Con este nombre se designan en general los instrumentos destinados a medir la intensidad lumínica (I) en una dada dirección y a veces también se designan así a los destinados a medir la iluminación E, aunque a éstos conviene llamarlos "luxímetros".

La mayoría de los fotómetros se basan en la **comparación** de la intensidad emitida por el foco problema con el otro patrón de intensidad conocida. La cuestión es simple si ambos emiten luz de igual color o blanca, pero se complica si son de distinto color. Veamos el primer caso.

3.9.1. Fotometro Elemental.

En la fig.3-19 se muestra un esquema funcional simple de fotómetro por **comparación**, para luz blanca o de igual color: la luz directa de los focos F_1 y F_2 entra por unos tubos con superficie interior "negro mate" e inciden en las caras "blancas mate" A y B del cuerpo prismático simétrico. Ambas caras son observadas simultáneamente por el ocular O. Si la intensidad I_1 de F_1 es tomada como referencia, podemos mover F_2 hasta que las caras A y B sean observadas como igualmente iluminadas. La visión normal humana es muy buena para comparar superficies de igual tipo iluminadas, pero no en forma individual o absoluta. Siendo $E_A = E_B$, utilizando la relación [3-6], supuesta válida porque no hay emitancia de las superficies interiores que envuelven al prisma (superficies negra-mate), resulta:

$$\frac{I_1 \cos \theta_1}{r_1^2} = \frac{I_2 \cos \theta_2}{r_2^2}$$

pero $\cos \theta_1 = \cos \theta_2$ luego:

$$I_2 = I_1 \left(\frac{r_2}{r_1} \right)^2$$

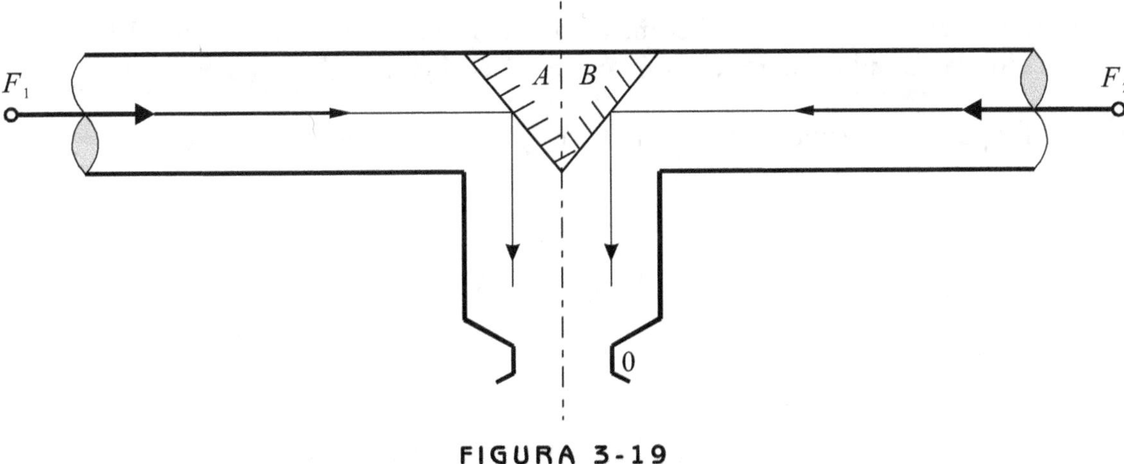

FIGURA 3-19

Para mejorar la comparación se suele observar las superficies iluminadas por un cubo de vidrio denominado LUMMER-BRODHUM (fig.3-20). Este logra formar en el ocular imágenes concéntricas de las superficies A y B, en el centro una imagen y en la periferia otra. Consiste en un cubo partido en dos prismas de reflexión total en las partes que no se tocan debido a un socavado de uno de ellos, pero que deja pasar sin desviar en la parte en contacto.

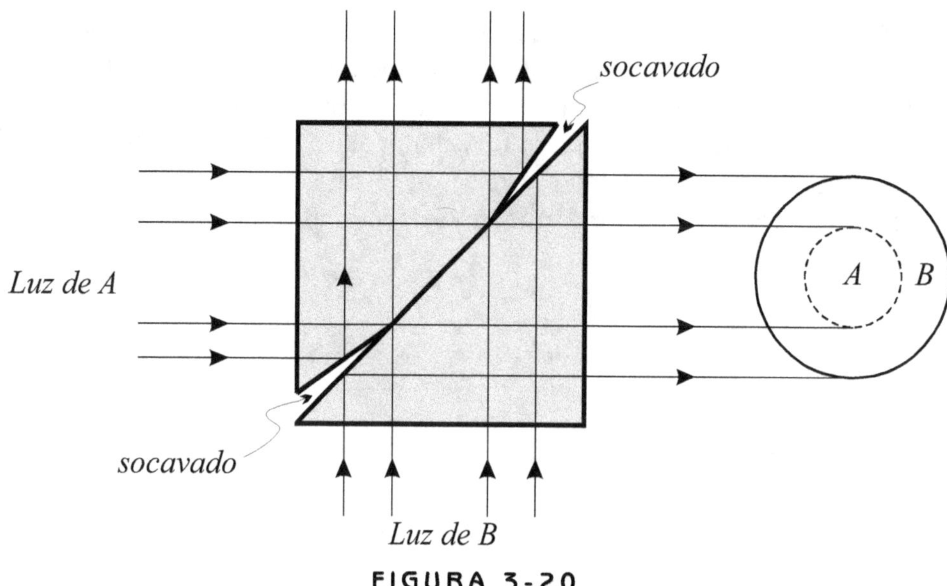

FIGURA 3-20

Moviendo una fuente se logra ver desaparecer el límite entre A y B cuando $E_A = E_B$.

Modernamente tenemos fotómetros y luxímetros basados en el fenómeno FOTOELEC-TRICO, con circuitos amplificadores electrónicos e indicación digital.

Bien calibrados pueden ser suficientemente precisos para los usos de la luminotecnia.

CAPÍTULO 4

RELATIVIDAD RESTRINGIDA (*R.R.*) O ESPECIAL

4.1. ASPECTOS GENERALES CONCEPTUALES

La *R.R.* fue presentada por Einstein en 1905. Se denomina así porque en ella se formulan las leyes de la física de modo que resulten invariantes a las transformaciones de referencias sólo inerciales, en un espacio-tiempo con propiedades geométricas euclídeas. En cambio se denomina Relatividad Generalizada (Einstein, 1915) a la formulación de leyes físicas de modo que resulten invariantes en cualquier referencial, inercial o no. En ella se explica la gravedad no ya como una fuerza de atracción sino como una propiedad geométrica del espacio-tiempo curvado, no euclídeo. La Relatividad Generalizada contiene a la Restringida como caso especial: el espacio-tiempo sin materia ni energía sería euclídeo, sin curvatura.

Opino que para comprender mejor algunos conceptos de la física conviene hacer algo de historia, de modo que se entrevea la necesidad de los cambios a efectuar. Por ello es necesario resumir la situación imperante antes del advenimiento de la *R.R.* Aquí solo trataremos sobre *R.R.*, el alumno interesado en la Relatividad Generalizada puede consultar el excelente y didáctico libro de Enrique Loedel, Física Relativista, editorial Kapeluz.

Antes de la *R.R.* imperaba la conocida Relatividad de Galileo (*R.G.*), de la mecánica clásica o newtoniana. Efectuemos un repaso resumido.

4.2. Relatividad Galileana. Referencias Inerciales ($R.I.$) y no Inerciales ($R.N.I.$)

Recordemos que un referencial, necesariamente tiene que ser un objeto "visible" o al menos detectable de algún modo. Sin embargo era costumbre aceptada en la mecánica clásica pensar que el ESPACIO, aún vacío de materia, podía servir como **referencial universal**. Luego, para explicar la propagación de las ondas luminosas (en general, las electromagnéticas) se pensó en una sustancia hipotética que llenaría todo el espacio y en principio estaría en reposo respecto a él; se lo denominó ETER. Se introdujo así y con notable arraigo, la noción de **velocidad y aceleración_ABSOLUTAS** , entendiendo por esto a la velocidad y aceleración **respecto al espacio o bien al éter**. Y así comenzaron los conflictos que desembocaron en la $R.R..$ Yo agregaría aquí que también puede ser fuente de confusión hacer sinónimo el concepto de Referencial (un objeto físico, como por ej. esta habitación) con **sistema de coordenadas** (ejes geométricos, como por ej. los cartesianos): resulta cómodo mencionar un referencial y acto seguido dibujar, por ej., una terna de ejes cartesianos, pero hay que notar que la terna se materializa con tiza o tinta en una pizarra u hoja de papel, de modo que la pizarra o la hoja de papel serían realmente los objetos referenciales y no el sistema de coordenadas; éste se agrega a fin de definir las coordenadas de un punto a partir de uno tomado como origen.

En $R.R.$ es especialmente delicada la interpretación de los dibujos, por lo tanto, trataré de ser claro respecto al significado y punto de vista desde el cual fue hecho (quizás desde el punto de vista del rigor convendría tratar todo analíticamente, sin dibujos pero sabemos cuán arduo es esto y poco didáctico).

4.2.1. Definición de $R.I.$

Consideremos que la resultante $\left(\sum \vec{F}_{inter.}\right)$ de las **fuerzas de interacción** actuantes sobre una partícula de masa m es nula $\left(\sum \vec{F}_{inter.} = 0\right)$. Si al referir el movimiento de dicha partícula a un cierto referencial resulta que su velocidad es constante $\left(\vec{V} = cte\right)$, dónde esta constante en particular puede ser CERO (reposo), diremos que el referencial entonces es inercial ($R.I.$). Si no ocurre así, de modo que la partícula **tiene una aceleración** a pesar de que $\sum \vec{F}_{inter.} = 0$ diremos que el referencial es NO INERCIAL ($R.N.I.$), pues no está valiendo la ley de inercia de Newton.

Es importante meditar sobre el proceso de medición de la velocidad pues en general implica el uso de metros y relojes y la confianza en la invariabilidad de ello: que los metros no se deformen ni los relojes alteren su ritmo. Todo esto fue supuesto en la mecánica de Newton. Newton fue consciente, distinguió el espacio-tiempo medibles con metros y relojes (les llamó ordinarios) del espacio-tiempo abstracto, absoluto, inalterable y universal (metafísico al fin) y optó conscientemente por esta último. (Consultar el excelente libro de Ernst Match "Desarrollo histórico-crítico de la mecánica" (traducción del Ing. J. Babini), editorial ESPASA-CALPE).

Otra dificultad importante en la definición de *R.I.* consiste en que para asegurar que $\sum \vec{F}_{inter.} = 0$ debemos conocer a priori todos los tipos de fuerzas de interacción (p. ej. electromagnética, gravitatoria, etc.)… ¿y si desconocemos algún otro tipo? ¿cómo estar totalmente seguros? Para colmos muchas fuerzas se detectan por medio de la aceleración que producen ¡respecto a un *R.I.*! y así caemos en un circulo vicioso. Cuando una partícula está acelerada puede existir la duda de si lo está porque $\sum \vec{F} \neq 0$ o bien porqué el referencial no es inercial. Esta duda se presenta efectivamente con las interacciones gravitatorias y las fuerzas de inercia de arrastre, dada la estricta proporcionalidad entre masa de inercia y masa gravitatoria.

Para muchos fines prácticos un "referencial estelar" es un *R.I.* bastante "bueno".

4.2.2. Principio de Relatividad de Galileo (*R.G.*)

"El comportamiento dinámico de un sistema mecánico cualquiera es el mismo en un referencial S (fig.4-1) como en σ con tal que σ se mueva con velocidad de traslación $\vec{V}$ constante respecto de S".

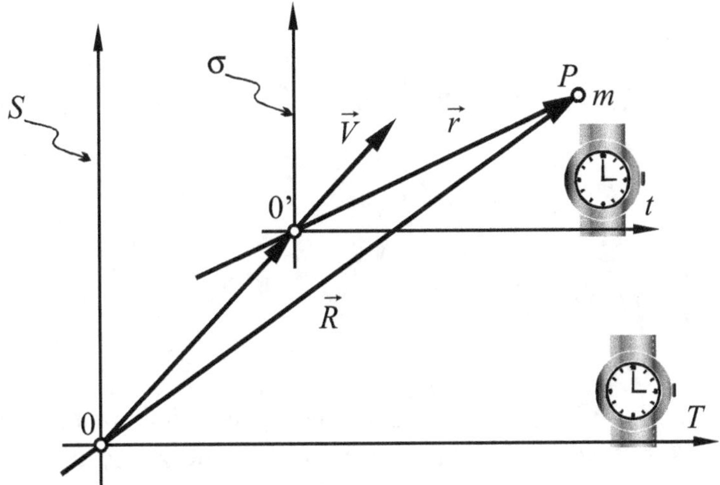

FIGURA 4-1

Si aceptamos la ley de Newton[2] $\sum \vec{F}_{int.} = m\vec{a}$ entonces para que se cumpla la *R.G.* debemos admitir dos cosas:

a) Si T es el tiempo medido con un "buen" reloj fijo en S y t es el tiempo medido con el "buen" reloj fijo en σ y sincronizados en un cierto instante, por ej. cuando los orígenes O y O' coincidieron, se tiene:

$$T = t \tag{4-1}$$

b) Si los orígenes O y O' coincidieron para $T = t = 0$ y la velocidad de σ respecto de S es $\vec{V} = cte$. entonces los vectores posición relativos $\vec{R}$ y $\vec{r}$ de la partícula en cuestión están relacionados en la siguiente forma:

$$\vec{R}_{(T)} = \vec{r}_{(t)} + \vec{V} \cdot t \qquad \text{dónde} \qquad \vec{V} \cdot t = \overline{OO'} \tag{4-2}$$

Las [4-1] y [4-2] son las llamadas ecuaciones de transformación de Galileo (*E.T.G.*). Si los ejes cartesiano de S y σ se toman paralelos (conviene que así sea para evitar complicaciones proyectivas), las [4-1] y [4-2] se escriben por componentes así:

$$\begin{cases} X = x + V_x t \\ Y = y + V_y t \\ Z = z + V_z t \\ T = t \end{cases}$$

Es frecuente además tomar X, x y $\vec{V}$ paralelos de modo que resulta aún más simple:

$$\begin{cases} X = x + Vt \\ Y = y \\ Z = z \\ T = t \end{cases}$$

Es fácil comprobar que las *E.T.G.* dejan invariante a las aceleraciones y como aceptamos además que la masa es un invariante implica que también las fuerzas resultan invariantes,

---

[2] Originalmente Newton escribió $\sum \vec{F} = \dfrac{\overrightarrow{dp}}{dt}$, donde $\vec{p} = m\vec{v}$, luego se acepto que m es un invariante de modo que ésta expresión se hace equivalente a $\sum \vec{F} = m\vec{a}$, no es así si m varía.

de aquí que afirmamos que la ley de Newton, las *E.T.G.* y la *R.G.* son compatibles. En efecto, de [4-1] y [4-2] se tiene:

$$\sum \vec{F}_{int} = m\frac{d^2\vec{R}}{dt^2} = m\frac{d^2\vec{r}}{dt^2}, \text{ pues } \frac{d^2\left(\vec{V}\cdot t\right)}{dt^2} \equiv 0 \text{ si } \vec{V} = cte$$

Estas *E.T.G.* implican como corolario que si S es inercial σ también lo es. En efecto, si $\sum \vec{F} = 0$ en S resulta $\vec{a} = 0$ tanto en S como en σ. En general podemos decir que si S es inercial cualquier otro referencial con velocidad de traslación constante respecto de S es también inercial.

De modo que desde el punto de vista clásico dado un *R.I.* hay infinitos *R.I.*: todos los que estén con $\vec{V} = cte$ respecto al primero.

¿Qué ocurre si S es un *R.I.* pero σ está en **ROTOTRASLACION** respecto de S, es decir que el movimiento de σ está definido, por ej. dando la velocidad instantánea del origen O', $\vec{V}_{(O')}$ y la velocidad angular $\vec{\omega}$, como funciones de tiempo? Sabemos del curso de mecánica que entonces σ es un *R.N.I.*, la ley de Newton para un observador de σ se escribiría:

$$m\vec{a}_{rel\sigma} = \sum \vec{F}_{int} + \sum \vec{F}_{iner.arr} + \sum \vec{F}_{iner.Coriolis}$$

dónde $\sum \vec{F}_{interac} = m\vec{a}_{rel.S}$;

$$\sum \vec{F}_{iner.arr} = -m\left[\vec{a}_{(O')} + \vec{\omega}\times\vec{r} + \vec{\omega}\times\left(\vec{\omega}\times\vec{r}\right)\right]$$

$$\sum \vec{F}_{iner.Coriolis} = -m\cdot 2\vec{\omega}\times\vec{V}_{relat.\sigma}$$

Es claro que si $\vec{V}_{(O')} = cte$, $\vec{\omega} \equiv 0$ se cae en que $m\vec{a}_{rel.\sigma} = m\vec{a}_{rel.S}$ y σ es inercial.

El hecho de que las *E.T.G.* dejen invariante a la ley de Newton es consecuente con el hecho experimental consistente en que **ninguna** experiencia con dispositivos mecánicos (por ej. giroscopios, péndulos, etc.) realizadas en un dado *R.I.* permiten detectar su velocidad absoluta, es decir la velocidad de *R.I.* respecto del "espacio, el éter o bien respecto de otro *R.I.* Así se pierde, desde el punto de vista experimental, físico, el concepto de velocidad absoluta pues es indetectable, inmedible. Sin embargo resulta sorprendente y en cierto modo poco satisfactorio que la aceleración si pueda detectarse y adquiera así el carácter de magnitud absoluta: por ej. el giroscopio o el péndulo de Foucault permite detectar el giro $\vec{\omega}$ de nuestro planeta sin hacer referencia a un referencial exterior, por ej. estelar. Ernst Mach especuló profundamente sobre esta cuestión encontrando, en efecto, poco satisfactorio que las aceleraciones sean concebidas como absolutas y postuló que toda aceleración de una partícula lo es en relación a otras. Desarrolla la mecánica comenzando con un par de partículas en interacción y no con una partícula "aislada", como Newton. De todos modos surgen otros graves problemas como la velocidad de las interacciones, la distribución de masas en el universo, etc.

Es importante señalar que las *E.T.G.* dejan invariante además la "distancia entre sucesos simultáneos" y los "intervalos de tiempo", en especial el "intervalo nulo o simultaneidad". En efecto, sean (fig.4-2), dos sucesos A y B que han ocurrido en las coordenadas x_A y x_B del eje x del Referencial σ, simultáneamente, es decir que $t_A = t_B$, luego, como:

$$\left\{ \begin{array}{l} X = x + Vt \\ T = t \end{array} \right\}$$

resulta:

$$\left\{ \begin{array}{l} X_A = x_A + Vt_A \\ X_B = x_B + Vt_B \end{array} \right\}$$

restando *m.a.m.* y teniendo en cuanta que $t_A = t_B$ resulta:

$$\left(X_A - X_B \right) = \left(x_A - x_B \right)$$

Por otro lado como $T = t$ obviamente se conservan los intervalos de tiempo $\Delta T = \Delta t$ y por ende la simultaneidad: $\Delta T = \Delta t = 0$.

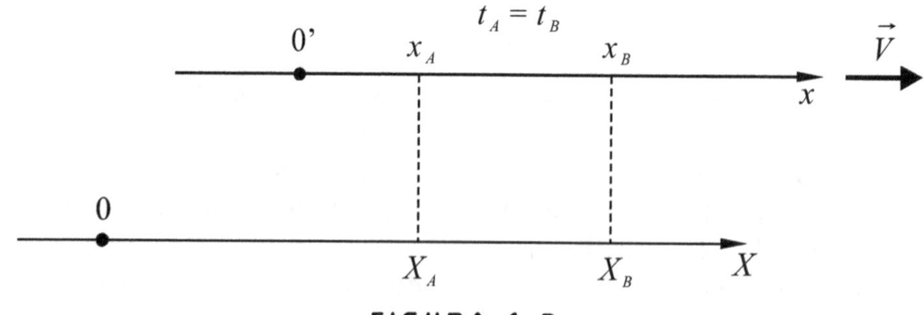

FIGURA 4-2

Con esto damos por terminado los aspectos sobresalientes de la *R.G.* en mecánica. Veamos ahora que ocurre con el **electromagnetismo,** objeto de conflictos que desembocaron en la *R.R.*.

James Clerck Maxwell resume las propiedades de los campos electromagnéticos (como la luz) en cuatro ecuaciones diferenciales en derivadas parciales que el alumno ha estudiado en los cursos de electricidad y magnetismo, escritas aquí para el espacio vacío y sin densidad de cargas eléctricas:

$$\left\{ \begin{array}{l} div\,\vec{E} = 0 \\[2mm] rot\,\vec{E} = -\dfrac{\partial \vec{B}}{\partial t} \\[2mm] div\,\vec{B} = 0 \\[2mm] rot\,\vec{B} = \mu_0 \varepsilon_0 \dfrac{\partial \vec{E}}{\partial t} \end{array} \right\}$$

donde μ_0, ε_0 son las constantes magnéticas y eléctricas del vacío. Es fácil demostrar, combinando la última con la segunda, que deben existir ondas electromagnéticas pues se llega a la conocida ecuación diferencial de *D'*Alembert de las ondas:

$$\nabla^2 \vec{E} - \frac{1}{C^2} \cdot \frac{\partial^2 \vec{E}}{\partial t^2} = 0$$

con

$$C = \frac{1}{\sqrt{\mu_0 \varepsilon_0}} \simeq 3 \times 10^8 \, m/seg$$

que es la velocidad de la luz en el vacío

Así como hubo que aclarar respecto a qué referenciales es válida la ley de Newton, claro está que también debe aclararse respecto a qué referenciales son válidas las ecuaciones de Maxwell (*E.M.*). El mismo Maxwell y luego, más explícitamente H.A. Lorentz, establecen que ellas son válidas respecto al ETER EN REPOSO, que C es la velocidad respecto al éter en reposo. Observe que $C = \dfrac{1}{\sqrt{\mu_0 \varepsilon_0}}$ aparece como una propiedad del espacio, que se lo ha llenado de "ETER" a fin de tener un "sujeto" del verbo "vibrar" de los campos. El electromagnetismo era explicado como un estado de tensión elástica del éter.

Las *E.T.G.* NO DEJAN INVARIANTE a las *E.M.*, en especial, al aplicar las *E.T.G.* la velocidad de las ondas adquieren valores relativos $\vec{C}\pm\vec{V}$. Esta situación daba pié a una esperanza: que las experiencias ópticas (o electromagnéticas) lograsen lo que las mecánicas no: determinar la velocidad absoluta (respecto al éter) de un *R.I.*. (Nuestro planeta, para estos fines, puede aproximadamente considerarse un *R.I.*). Veamos en forma sencilla esta cuestión:

Primero supongamos que los Referenciales se mueven en el éter sin arrastrarlo, sin perturbarlo o adherirlo, siendo como hemos dicho *C* la velocidad de la luz en dicho éter. Se trata ahora de medir la velocidad relativa de la luz desde un referencial que se mueve con velocidad $\vec{V}$ respecto del éter. Se prevé que puede dar un valor distinto de *C* ¿no es así? En la fig.4-3 esquemáticamente representamos una experiencia algo idealizada pero conceptualmente clara: los observadores *A* y *B* miden la velocidad relativa de la luz emitida por el foco *F*. El referencial en que se encuentran (por ej. la Tierra) no arrastran al éter, de modo que *C* es la velocidad de la luz en dicho éter y $\vec{V}$ la velocidad del referencial respecto a él. Así cabe esperar que el observador *A* mida una velocidad relativa del frente de luz que se dirige a él de valor

$$\left(C+V\right)$$

en cambio el observador *B*:

$$\left(C-V\right)$$

con una diferencia entonces entre las dos mediciones de $2V$. se supone que el instrumental utilizado aprecia sobradamente este valor.

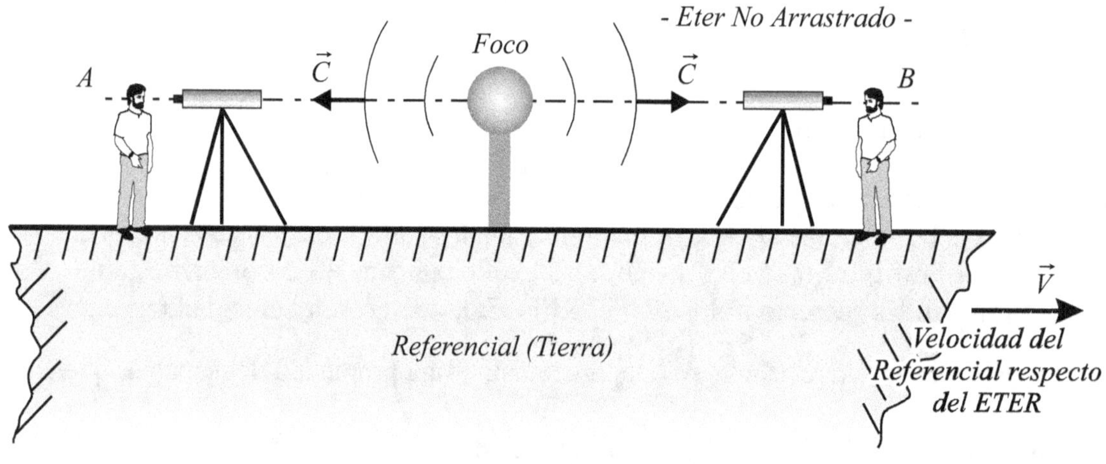

FIGURA 4-3

He aquí la sorpresa: no resulta lo previsto, tanto la velocidad relativa al observador A como al B dan el mismo valor: ¡C!.

Las experiencias equivalentes conceptualmente a ésta han sido efectuadas reiteradas veces, de distintos modos y naturaleza. La mas conocida es la de Michelson y Morley en 1887 con el interferómetro óptico de Michelson.

Bueno, pero parece que todavía hay una salida: suponer que el éter, al menos una porción, viaja adherido al referencial, es arrastrado (como el aire dentro de un avión). Sí, sería una solución para **este experimento** pero se cae en contradicción con otros hechos experimentales conocidos, en especial la llamada ABERRACION ESTELAR descubierta por el astrónomo Jame Bradley en 1725. ¿En qué consiste? Si se observa una estrella (con instrumental de precisión) al cabo de un año su imagen describe en general una elipse cuyo eje mayor sustiende siempre un ángulo de 41" y el eje menor 41" $\times$ sen ϑ donde ϑ es la latitud celeste de la estrella ¿cómo se explica? Suponiendo que nuestro planeta en su trayectoria en derredor del Sol NO ARRASTRA AL ETER y así podemos hablar de la velocidad orbital respecto de él de aproximadamente 30 km/seg. En efecto, la composición vectorial de velocidades clásica explica al menos el cambio direccional con que se observa la imagen de la estrella: en la fig.4-4 (a y b) se supone una estrella en el plano de la orbita ($\vartheta = 0$), que si la Tierra estuviese en reposo respecto al éter se observaría en la dirección E... pero su movimiento orbital hace que se vea en E' (fig.4-4(a)) y 6 meses después en E'' (fig.4-4(b)), pasando por valores intermedios y retomando a E' al completar el año. Si la estrella no está en el plano de la orbita ($\vartheta \neq 0$) se describe una elipse, si $\vartheta = 90°$, (estrella en la dirección normal al plano orbital) se describe casi un círculo (elipse semejante a la trayectoria de la Tierra).

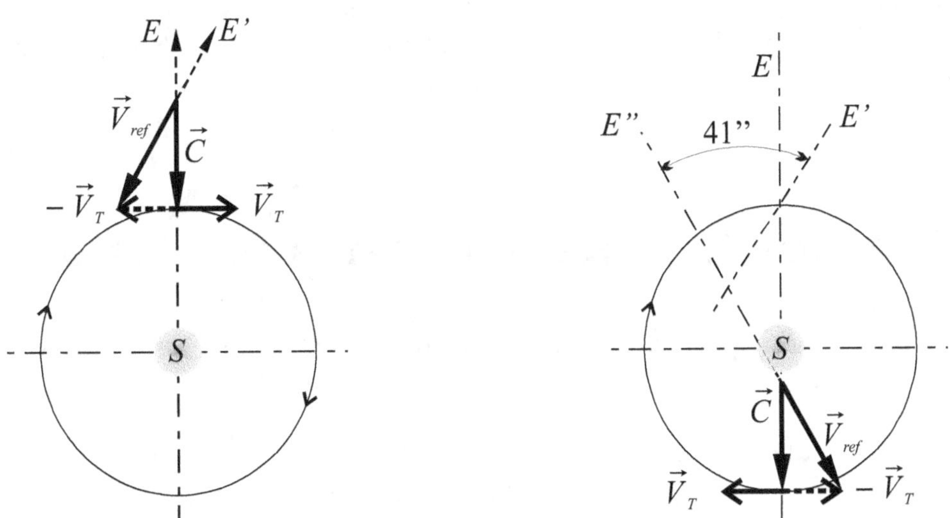

FIGURA 4-4. *Nota*: Vectores fuera de proporción en realidad $VT \lll C$. Se aplicó la conocida relación $\vec{V}_{abs} = \vec{V}_{rel} + \vec{V}_{arr}$; $\vec{V}_{rel} = \vec{V}_{abs} - \vec{V}$ donde $\vec{V}_{abs} = \vec{c}$; $\vec{V}_{arr} = \vec{V}_{tierra}$

Lo que se ha hecho aquí es una explicación clásica ¿tiene un error? sí, de acuerdo a la experiencia ya mencionada de Michelson y Morley la velocidad relativa siempre es C, en cambio aquí parece ser mayor. La explicación clásica es útil solo en cuanto a la dirección aproximada en que se observa la estrella. En la *R.R.* la ley de composición de velocidades es distinta a la clásica y se ajusta a los hechos experimentales mencionados.

Otra cuestión

¿no implica que la aberración estelar es una constatación del movimiento absoluto (respecto del éter) de un referencial, (nuestro planeta)? Sí, pero no está en contradicción con la experiencia de Michelson y Morley pues si la aberración estelar fue medida lo fue por el hecho que la trayectoria es circular, de modo que la velocidad $\vec{V}_T$ no es constante, hay un cambio direccional que implica una aceleración centrípeta (en rigor nuestro planeta no es un *R.I.*, no sólo por su giro $\vec{\omega}$ sino también por su traslación elíptica en derredor del Sol (esta última la sensibilidad del instrumental mecánico es insuficiente para detectarla).

En resumen

Según la experiencia de Michelson y Morley el éter debería ser arrastrado, según la aberración estelar NO. Un mismo sujeto, el éter exhibe propiedades contradictorias simultáneamente. No es lógico.

Estas y otras experiencias, inclusive de otra naturaleza, como la de Trouton y Noble con un capacitor eléctrico, demuestran sin lugar a dudas, que las experiencias electromagnéticas **tampoco** permiten detectar la pretendida velocidad absoluta de un *R.I.*. Pero entonces ¿qué hacer con las *E.T.G.* y las *E.* de Maxwell? ¿cuáles están equivocadas? Bien, para responder esto hay que entrar de una vez por todas al tema *R.R.*. Creo que la introducción conceptual ha sido suficiente para convencer que desde el punto de vista clásico se tenían serios inconvenientes, al menos en electromagnetismo. La *R.R.* es "hija" del electromagnetismo.

4.3. POSTULADOS DE LA RELATIVIDAD RESTRINGIDA

A la luz de los resultados experimentales mencionados antes, Einstein "cortó por lo sano":

1) eliminó la problemática noción de éter y del espacio absoluto, en especial como posibles referenciales absolutos, universales.

2) extendió la Relatividad de Galileo de la mecánica a los fenómenos electromagnéticos (en cuanto a la imposibilidad de determinar la velocidad absoluta de un *R.I.*).

3) aceptó que la velocidad C de la luz en el vacío es un invariante, independiente del $R.I.$ desde el cual se la mide y de la velocidad de la fuente que la emite.

4) para compatibilizar el postulado 2) con el 3) sustituyó el grupo de $E.T.G$ por otro denominado de Lorentz, $E.T.L.$ (inventado por H.A. Lorentz para interpretar el resultado de la experiencia de Michelson y Morley pero atribuyéndoles un significado físico parcialmente clásico, digamos que Lorentz "no cortó por lo sano").

Veamos, antes de especificar cuáles son las $E.T.L.$, que la aceptación de los postulados 2) y 3) implican el NO cumplimiento de las $E.T.G.$, especialmente en lo referente a la conservación de los intervalos de tiempo y la distancia entre sucesos simultáneos. El procedimiento que emplearemos sólo pretende ser un recurso rápido pero no riguroso.

Sea, fig.3-5, un $R.I.$ σ, con velocidad $\vec{V} = cte$ respecto de otro $R.I.$ S (por ejemplo σ puede ser un coche de ferrocarril y S la Tierra, que aunque no es rigurosamente un $R.I.$ aquí no afecta). Se han dibujado dos posiciones sucesivas 1 y 2 como observadas por un observador de S. En el piso del coche se tiene un proyector P de luz y en el techo, sobre la vertical de P, un detector D (por ej. una placa fotográfica). Al no existir una referencia universal y siendo ambos referenciales inerciales cada observador puede reclamar el reposo absoluto para sí ("aunque parezca egoísta").

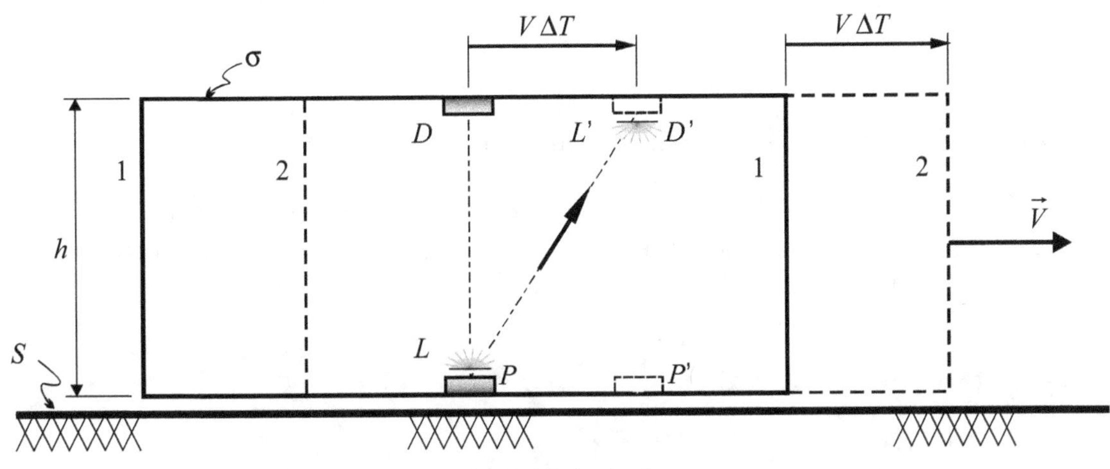

FIGURA 4-5

Opinión de un Observador de S

Veo que parte un pulso de luz L (fotón) cuando el coche está en la posición 1 y llega al detector cuando el coche está en la posición 2. Sé que el pulso llegó al detector porque la placa fotográfica lo detectó, el pulso "no se quedó atrás". Por lo tanto opino que recorrió el trayecto PD', hipotenusa del triangulo PDD'. Como mi referencial es inercial, el pulso de luz tiene la velocidad C, luego el tiempo que ha tardado en recorrer el trayecto PD' es:

$$\Delta T = \frac{PD'}{C} = \frac{\sqrt{h^2 + \left(\vec{V} \cdot \Delta T\right)^2}}{C}$$

despejando ΔT :

$$\Delta T = \frac{\dfrac{h}{C}}{\sqrt{1 - \dfrac{V^2}{C^2}}}$$

Opinión de un observador de σ

"El pulso parte de P y llega a D recorriendo el segmento vertical PD. Mi referencial es inercial, de modo que la velocidad de la luz es C. El tiempo que tarda el pulso en recorrer PD es:

$$\Delta t = \frac{PD}{C} = \frac{h}{C}$$

Veo al observador de S pasar a mi lado con velocidad $-\vec{V}$ ".

¿Quién tiene razón? Cada uno la tiene desde su "punto de vista", no hay privilegios. Pero notemos que los intervalos de tiempo entre los sucesos emisión-recepción del pulso no son iguales, sino que están relacionados por:

$$\Delta T = \frac{\Delta t}{\sqrt{1 - \dfrac{V^2}{C^2}}} \qquad \text{es decir} \qquad \Delta T > \Delta t \,.$$

Si V pudiese llegar a valer C, $\Delta T \rightarrow \infty$, es decir el observador de S opinaría que el pulso "no llega nunca".

Luego nos convenceremos que la velocidad de la luz en el vacío según la Relatividad (tanto Restringida como Generalizada) es la máxima velocidad admisible para la propagación de cualquier "información".

La siguiente experiencia (algo mas complicada) pretende convencer que la longitud del coche σ no se conserva a los cambios de referenciales. En la fig.4-6 representamos, digamos, un puente S con una caseta

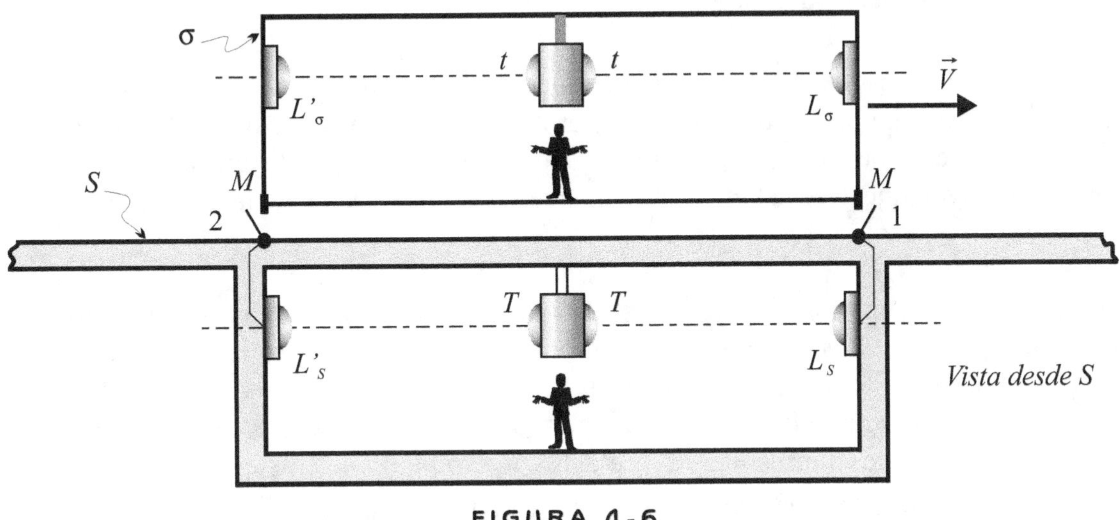

FIGURA 4-6

dónde está parado el observador de S. Se ha instalado unos sistemas de interruptores 1 y 2 sobre las vías tales que serán accionados por unos "miriñaques" M del coche, de modo que el miriñaque delantero M pueda accionar 1 pero no al 2. Cuando el miriñaque delantero accione 1 se encenderán las lámparas L_s y L_σ fijas en S y σ respectivamente. Cuando el M trasero acciones el 2 lo mismo ocurrirá con las lámparas L_s' y L_σ'. Para mayor precisión y seguridad en los resultados (evitando la subjetividad) se han instalado tanto en S como en σ detectores de luz de doble faz que al recibir el primer impulso de luz detienen pares de relojes (T, T) y (t, t) sincronizados entre si en cada referencial. Los señores de S y σ si bien han sido informados de la existencia de estas instalaciones no han sido informados de la relación entre las distancias entre interruptores y miriñaques (longitud del coche). Eso es lo que justamente deben experimentar... Se hace la experiencia con el coche pasando raudamente a la velocidad $\vec{V}$ respecto de S, tal que ocurre lo siguiente:

Resultados para el Observador S:

Ha pasado sobre mi puente un coche con velocidad $\vec{V}$, accionando los interruptores. Los detectores de luz indican que los pulsos de luz de mis lámparas L_s y L_s' han llegado simultáneamente y como esos detectores están equidistantes de las lámparas deduzco que la distancia entre los interruptores es la misma que entre los miriñaques del coche: "la longitud del coche es $\overline{1-2}$". ¿Qué ocurrirá en el coche?, creo que como el detector del coche se dirige al encuentro de la luz emitida por L_σ la recibirá antes que la emitida por

L'_σ,... ¡qué raro! mi colega viajero creerá por esto que su coche es más largo que $\overline{1-2}$. Luego, cuando se detenga, lo convenceré de su error.

Resultados para el observador de σ

Veo un puente S que pasa debajo de mi coche con velocidad $-\vec{V}$. Mi detector de doble faz indica que ha recibido la luz del foco delantero L_σ antes que el trasero L_σ'. Como la velocidad de la luz en mi coche es C para ambos focos, deduzco que la distancia entre los miriñaques es mayor que la existente entre interruptores: "el coche es más largo que $\overline{1-2}$".

Otra vez podemos preguntar: ¿quién tiene razón? Cada observador la tiene desde el punto de vista de su referencial. Los detectores no engañan..."¡un momento!, exclama S, que se siente privilegiado por estar en un seguro puente..."todo este lío se debe a que el coche estuvo en movimiento durante la experiencia, ahora que está detenido empujémoslo con cuidado y presentemos los miriñaques frente a los interruptores... ¡tienen que coincidir!... pero ¡no!, ¡el coche es más largo ahora que $\overline{1-2}$!. ¿Entonces el observador de σ tiene razón? Bueno, si, pero **convencionalmente**, pues la longitud de un objeto se acepta que es la medida desde un referencial donde el objeto está en reposo. S tenía su propia razón cuando el coche estaba en movimiento con velocidad $\vec{V}$ respecto a su referencial.

Note el alumno la reciprocidad: cuando existía el movimiento relativo entre S y σ el observador de S encuentra "contraído" al coche en relación a la medida de σ y σ encuentra contraída la longitud entre interruptores respecto a la medida de S.

Si todo esto se pudiera hacer con $V = C$ entonces la luz de L_σ, no alcanzaría nunca la luz del detector del coche y σ opinaría que su coche es infinitamente más largo que la distancia $\overline{1-2}$, o lo que es lo mismo, opina que $\overline{1-2}$ es infinitamente pequeña respecto a la longitud de su coche. Pero V no puede llegar a valer C.

Otro hecho interesante de señalar es que la velocidad de la luz no depende del movimiento de la fuente que la emite: para comprobar esto pensemos en las estrellas binarias: hay estrellas (E) que giran alrededor de otra (E') (fig.4-7). La velocidad de la luz que emite E es siempre C, sea que la observemos en la posición 1 (dirigiéndose hacia nosotros) sea que la observemos en la posición 2 (cuando "fuga" de nosotros).

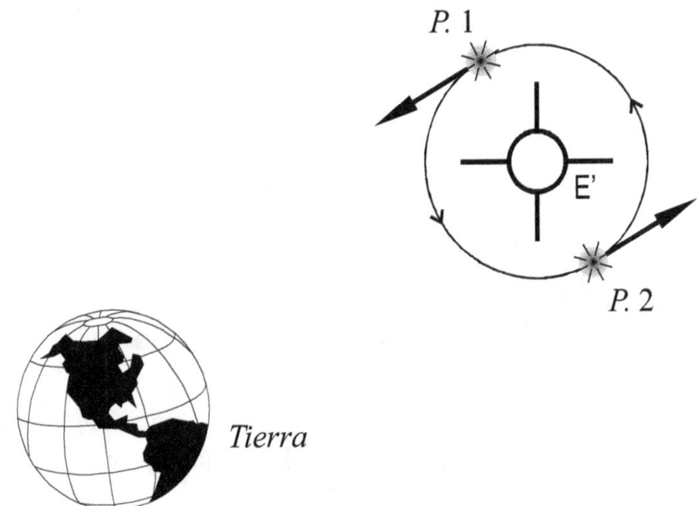

FIGURA 4-7

Con estos ejemplos quizás el alumno quede convencido que de aceptar la relatividad para la óptica y la invarianza de la velocidad de la luz no es posible mantener los resultados de las *E.T.G.*, en efecto hay que reemplazarlas por las *E.T.L.*

4.4. ECUACIONES DE TRANSFORMACIÓN DE LORENTZ

En la *R.R.* se acepta que las ecuaciones de Maxwell son correctas y que deben ser invariantes al pasar de un *R.I.* a otros con velocidades constantes. Para ello si pensamos (para mayor sencillez) que los ejes de S y σ son paralelos y la velocidad $\vec{V}$ de σ respecto de S es paralela a los ejes X, x (fig.4-8) se demuestra (no lo haremos) que las ecuaciones de transformación de coordenadas que dejan invariantes las ecuaciones de Maxwell (o bien la de D'Alembert de las ondas electromagnéticas) son:

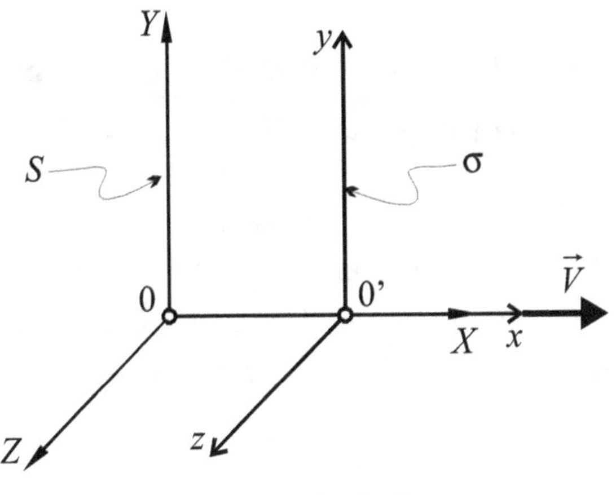

FIGURA 4-8

$$
E.T.L \left\{
\begin{array}{l}
X = \dfrac{x + V \cdot t}{\sqrt{1 - \left(\dfrac{V}{C}\right)^2}}, \quad Y = y, \quad Z = z \\[3em]
T = \dfrac{t + \dfrac{V}{C^2}x}{\sqrt{1 - \left(\dfrac{V}{C}\right)^2}}
\end{array}
\right.
$$

Dado un suceso puntual, de coordenadas (x, y, z, t) en σ estas ecuaciones. permiten hallar las coordenadas (X, Y, Z, T) en S del mismo suceso. Despejando (x, y, z, t) se tiene la transformación inversa:

$$
E.T.L \left\{
\begin{array}{l}
x = \dfrac{X - V \cdot T}{\sqrt{1 - \left(\dfrac{V}{C}\right)^2}}, \quad y = Y, \quad z = Z \\[3em]
t = \dfrac{T - \dfrac{V}{C^2}X}{\sqrt{1 - \left(\dfrac{V}{C}\right)^2}}
\end{array}
\right.
$$

(Si $\vec{V}$ no fuese paralela a X, x se complican, esto no vale la pena pues siempre podemos tomar los ejes así pues los referenciales **no giran**, están en traslación).

Note el alumno que el tiempo T de S no coincide en general con el t de σ y además queda "acoplado" con las coordenadas espaciales. **Veamos cómo "funcionan".**

4.4.1. Transformación de los intervalos de tiempo entre sucesos que ocurren en un mismo punto de σ

Sean dos sucesos A y B que ocurren en un mismo punto del eje x de σ, es decir $x_A = x_B$, en los tiempos $t_A \neq t_B$, es decir con una diferencia de tiempos $\Delta t = t_B - t_A$ en σ, ¿qué diferencia de tiempos $\Delta T = T_B - T_A$ corresponde a los mismos sucesos medida desde S? Según las $E.T.G.$ sabemos que el mismo valor, pero veamos con las $E.\,T.\,L.$:

$$T_A = \frac{t_A + \frac{V}{C^2}x_A}{\sqrt{1-\left(\frac{V}{C}\right)^2}} = \frac{t_A}{\sqrt{1-\left(\frac{V}{C}\right)^2}} + \frac{\frac{V}{C^2}x_A}{\sqrt{1-\left(\frac{V}{C}\right)^2}}$$

$$T_B = \frac{t_B}{\sqrt{1-\left(\frac{V}{C}\right)^2}} + \frac{\frac{V}{C^2}x_A}{\sqrt{1-\left(\frac{V}{C}\right)^2}}$$

restando *m.a.m.*:

$$T_A - T_B = \Delta T = \frac{\Delta t}{\sqrt{1-\left(\frac{V}{C}\right)^2}}$$

(esta es la misma relación hallada para el caso de la fig. 5). Vemos que como la raíz es menor que 1 resulta $\Delta T > \Delta t$, tanto mayor como V se acerque a C.

Si $V \to C$, $\Delta T \to \infty$. El tiempo de σ aparece así "contraído; respecto al de S. Esto es recíproco: si los sucesos A y B ocurren en el mismo punto de X, es decir $X_A = X_B$, con una diferencia de tiempos ΔT, utilizando la transformación inversa se tiene:

$$\Delta t = \frac{\Delta T}{\sqrt{1-\left(\frac{V}{C}\right)^2}}$$

Comentario importante

El hecho que en estas ecuaciones esté acoplado el tiempo con las coordenadas espaciales puede crear confusión si se utiliza el "sentido común", cotidiano, por ejemplo, aún **aceptando la "contracción"** del tiempo de σ si preguntamos ¿qué "hora" t se tiene en σ cuando en S la "hora" es T? Resulta que la respuesta está indeterminada sino se especifica x, en efecto, para verlo más fácil digamos que $T = 0$ hora, luego según $E.\,T.\,L.$:

$$T = 0 = \frac{t + \dfrac{V}{C^2}\,x}{\sqrt{1 - \left(\dfrac{V}{C}\right)^2}}$$

despejando t:

$$t = -\frac{V}{C^2}\,x$$

es decir la "hora" t en σ depende de la coordenada x, ¡NO HAY UNA UNICA HORA EN σ, en correspondencia con la cero hora de S!

Para ilustrar esto pensemos en un ejemplo concreto: el referencial σ se traslada con una velocidad $V = \dfrac{3}{5}C = 180.000\ km/seg$. En la fig.4-9, vista desde S en el instante $T = 0$ hora, se han supuesto conjuntos de relojes en S y σ, tales que los de S marcan la hora de S: la cero hora. La distancia ΔX entre los relojes de S se ha elegido igual a 80 minutos-luz $= .80 \times 60\ seg \times C\ km$, para que el ejemplo arroje valores sencillos, en efecto, según las $E.T.L.$:

$$t = -\frac{V}{C^2\sqrt{1 - \left(\dfrac{V}{C}\right)^2}}\,X \qquad \text{(pues } T = 0\text{)}$$

o bien para el valor elegido $V = \dfrac{3}{5}\,C$; resulta

$$t = -\frac{3}{4C}\,X$$

Con esta expresión podemos calcular la hora para cada reloj de σ que se corresponda con uno de S y resulta así:

$$X = 0 \qquad\qquad t = 0\ h.$$

$$X_1 = 80\ \text{min-luz}, \qquad t_1 = -1\ h. \text{ (¡las 23 horas del día anterior de } S\text{!)}$$

$X_2 = 160$ min-luz, $\qquad t_2 = -2\ h$, etc.

a la izquierda de O tenemos:

$X_1 = 80$ min-luz, $\qquad t_1 = 1\ h$

$X_2 = 160$ min-luz, $\qquad t_1 = 2\ h$, etc.

Suponiendo que en S la fecha es 1ro - 01-88, en σ se tienen distintas fechas cada 24 *hs*: a la derecha de O se tiene en σ el pasado en relación a S y a la izquierda el futuro.

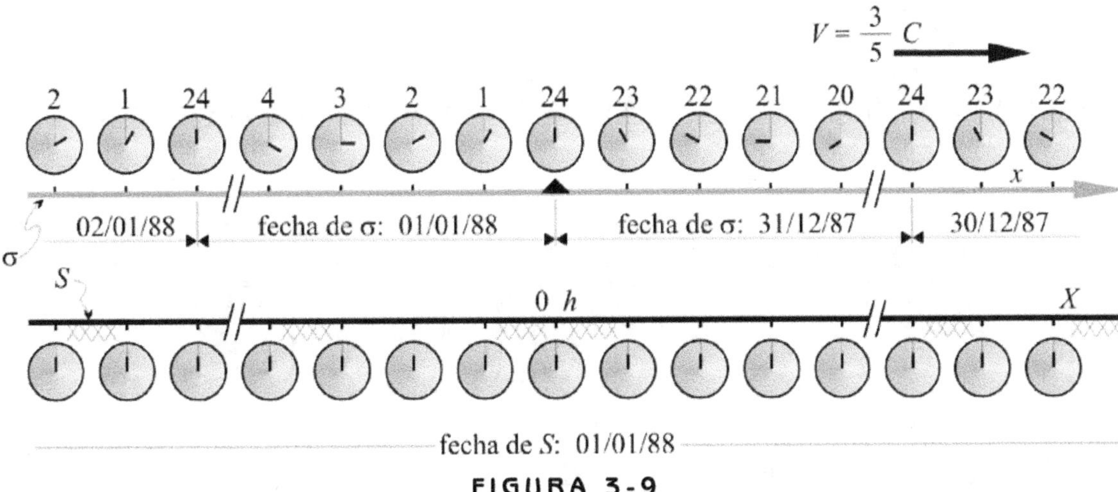

FIGURA 3-9

Demuestre el alumno que esta situación es recíproca. Además hay que tomar consciencia de las tremendas distancias y velocidad que implican este ejemplo, de modo que están muy alejadas de nuestra experiencia cotidiana.

4.4.2. Transformación de la distancia entre sucesos simultáneos en σ.

Sean A y B dos sucesos que ocurren en x_A y x_B, tal que $\Delta x = x_A - x_B \neq 0$, pero simultáneos, es decir $t_A = t_B$ o sea $\Delta t = 0$, en σ.

Veamos qué distancia corresponde entre estos sucesos respecto de S:

$$X = \frac{x + V \cdot t}{\sqrt{1 - \left(\dfrac{V}{C}\right)^2}}$$

luego;

$$\Delta X = \frac{\Delta x + V \cdot \Delta t}{\sqrt{1 - \left(\dfrac{V}{C}\right)^2}},$$

pero $\Delta t = 0$ luego:

$$\Delta X = \frac{\Delta x}{\sqrt{1 - \left(\dfrac{V}{C}\right)^2}},$$

de modo que $\Delta X > \Delta x$, (para las $E.T.G.$ es $\Delta X = \Delta x$). Estos sucesos no son simultáneos en S, en efecto:

$$T = \frac{t + \dfrac{V}{C^2}x}{\sqrt{1 - \left(\dfrac{V}{C}\right)^2}}, \qquad \Delta T = \frac{\Delta t + \dfrac{V}{C^2}\Delta x}{\sqrt{1 - \left(\dfrac{V}{C}\right)^2}} = \frac{V\Delta x}{C^2\sqrt{1 - \left(\dfrac{V}{C}\right)^2}} \neq 0.$$

4.4.3. Transformación de la longitud:

¿Qué significa medir la longitud Δx de un objeto en reposo en σ, desde S?

Admitimos que significa constatar qué marcas del eje x coinciden con las de X para el **mismo INSTANTE de S**, es decir $\Delta T = 0$, entonces:

$$x = \frac{X - VT}{\sqrt{1 - \left(\dfrac{V}{C}\right)^2}}, \qquad \Delta x = \frac{\Delta X}{\sqrt{1 - \left(\dfrac{V}{C}\right)^2}}, \text{ (pues } \Delta T = 0 \text{)},$$

de modo que $\Delta X = \Delta x \cdot \sqrt{1 - \left(\dfrac{V}{C}\right)^2}$, así resulta $\Delta X < \Delta x$ (conocida como CONTRAC-

CION de las longitudes de FITZGERALD-LORENTZ, utilizada originalmente por estos autores para explicar el resultado de la experiencia de Michelson y Morley, antes de la teoría de la relatividad). Esta contracción es independiente del material del objeto (madera, acero, etc.) pues tiene que ver con el proceso de medición e invariancia de C.

Hay que notar que ahora es $\Delta T = 0$ pero no Δt, es decir que si la luz que se recibe del objeto llega simultáneamente a S, **no ha** partido simultáneamente del objeto, analizado desde σ. Si la imagen del objeto se forma en nuestra retina con la luz que parte simultáneamente del objeto (visto desde σ) la **dilatación** analizada antes ($\Delta T = 0$) **compensa la contracción de _Fitzgerald-Lorentz_ = _L_.** y el objeto **no parece contraerse a nuestros ojos**, como se había supuesto al aparecer la _R.R._ Resulta así que no es lo mismo "ver" que "medir".

Note el alumno que la contracción es en la dirección de la velocidad. Transversalmente a ella es $\Delta Y = \Delta y$, $\Delta Z = \Delta z$; es decir: no hay contracción.

4.5. Gráficos Espacio-Tiempo, a ejes no Ortogonales

Enrique Loedel adoptó unos ejes coordenados tales que visualizan con relativa sencillez las propiedades de las _E.T.L._. Para ello en lugar de utilizar las variables T y t utilizó éstas multiplicadas por el invariante C: CT, Ct. En la fig. 10 se tienen los ejes (X, CT) y (x, Ct) de S y σ respectivamente. Para que se cumplan las _E.T.L._ estos ejes se toman de modo que la trayectoria espacio-temporal de un rayo de luz, de ecuación $X = CT$ en S o bien $x = Ct$ en σ sea bisectriz común de los ángulos que forman los ejes de uno y otro referencial. Además debe ser $sen\alpha = \dfrac{V}{C}$ dónde V es la velocidad relativa de σ respecto de S.

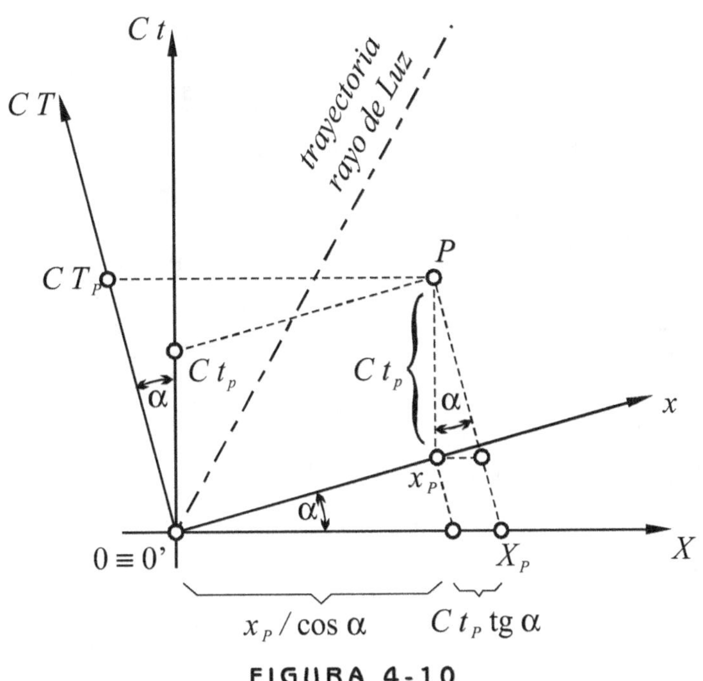

FIGURA 4-10

Así, si P es un suceso puntual (X_P, T_P) y (x_P, t_P) son las coordenadas espacio-tiempo de tal suceso en S y en σ respectivamente. Veamos si esto concuerda con las *E.T.L.*: en la fig.4-10 se comprueba:

$$X_P = \frac{x_P}{\cos\alpha} + Ct_P \cdot \operatorname{tg}\alpha$$

$$X_P = \frac{x_P}{\cos\alpha} + Ct_P \cdot \frac{\operatorname{sen}\alpha}{\cos\alpha}$$

$$X_P = \frac{x_P + Ct_P\,\operatorname{sen}\alpha}{\cos\alpha} = \frac{x_P + V\cdot t_P}{\sqrt{1-\left(\dfrac{V}{C}\right)^2}}$$

pues se ha adoptado $\operatorname{sen}\alpha = \dfrac{V}{C}$, $\cos\alpha = \sqrt{1-\operatorname{sen}^2\alpha} = \sqrt{1-\left(\dfrac{V}{C}\right)^2}$,lo mismo resulta para T,

de modo que la construcción gráfica está de acuerdo con la *E.T.L.*

Veamos como "funcionan" estos gráficos: en la fig.4-11 se han representado dos sucesos A y B simultáneos en σ, separados una distancia Δx de σ. Como se ve estos sucesos no son simultáneos en S ($\Delta T \neq 0$), y la distancia entre ellos en S es mayor que en σ. Por trigonometría inclusive podemos hallar la relación exacta que ya hemos obtenido antes con las *E.T.L.*.

En la fig.4-12 se han representado dos sucesos A y B que ocurren en el mismo lugar de σ, separados por un intervalo de tiempo Δt. Se ve directamente que:

$$C\,\Delta T = \frac{C\,\Delta t}{\cos\alpha}$$

es decir:

$$\Delta T = \frac{\Delta t}{\sqrt{1-\left(\dfrac{V}{C}\right)^2}}$$

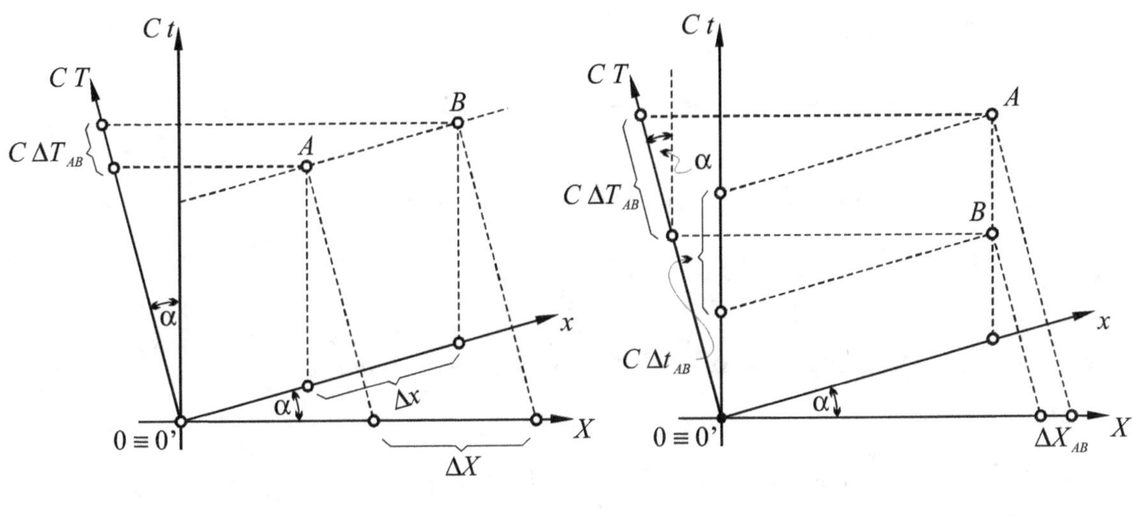

FIGURA 4-11　　　　　　　　　FIGURA 4-12

4.5.1. El intervalo espacio-tiempo invariante

En la fig.4-13 se tienen dos sucesos cualesquiera A y B, para simplificar de todos modos se ha tomado el suceso A en el origen, pero esto no quita generalidad.

Contemplando la figura se tiene:

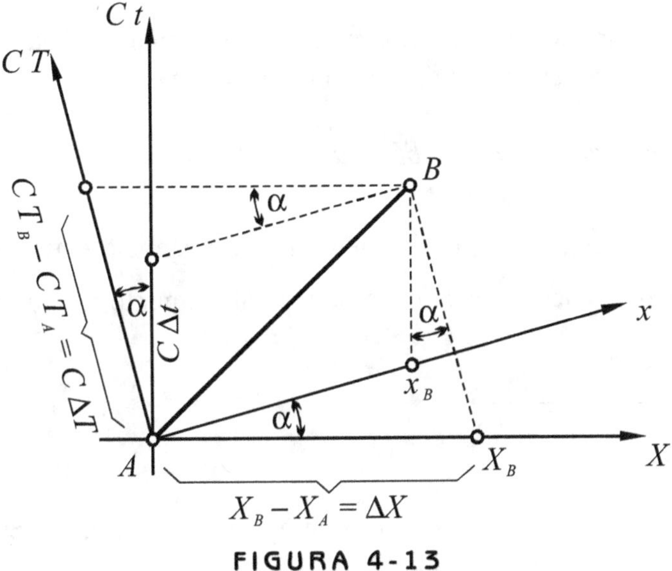

FIGURA 4-13

$$\Delta X \cos \alpha = \Delta x + C\,\Delta t\ sen\alpha$$

$$C\,\Delta T \cos \alpha = C\,\Delta t + \Delta x\ sen\alpha$$

elevando al cuadrado *m.a.m.*:

$$\Delta X^2 \cos^2 \alpha = \Delta x^2 + C^2 \, \Delta t^2 \, sen^2\alpha + 2\Delta x \, C \, \Delta t \, sen\alpha \,,$$

$$C^2\Delta T^2 \cos^2 \alpha = C^2\Delta t^2 + \Delta x^2 \, sen^2\alpha + 2C \, \Delta t \, \Delta x \, sen\alpha \,,$$

restando *m.a.m.*:

$$\left(\Delta X^2 - C^2\Delta T^2\right)\cos^2 \alpha = \Delta x^2 - C^2\Delta t^2 + \left(C^2\Delta t^2 - \Delta x^2\right)sen^2\alpha \,,$$

o bien:

$$\left(\Delta X^2 - C^2\Delta T^2\right)\cos^2 \alpha = \left(\Delta x^2 - C^2\Delta t^2\right)\cdot\left(1 - sen^2\alpha\right) \,,$$

simplificando:

$$\left(\Delta X^2 - C^2\Delta T^2\right) = \Delta x^2 - C^2\Delta t^2 \,,$$

quiere esto decir que la magnitud

$$\Delta S = \sqrt{\Delta X^2 - C^2\Delta T^2} = \sqrt{\Delta x^2 - C^2\Delta t^2} \,,$$

es **invariante** a las transformaciones de Lorentz. Se denomina intervalo de espacio-tiempo al valor ΔS. En general, en cuatro dimensiones, se tiene:

$$dS = dx^2 + dy^2 + dz^2 - C^2dt^2 = dX^2 + dY^2 + dZ^2 - C^2dT^2$$

En un espacio (3 dimensiones), euclídeo , se tiene que la distancia entre dos puntos es $dS = \sqrt{dx^2 + dy^2 + dz^2}$. Si se hace $d\omega = iCdt$ se tiene análogamente, en cuatro dimensiones:

$$dS = \sqrt{dx^2 + dy^2 + dz^2 + d\omega^2}$$

pero como $d\omega$ no es real, se denomina espacio-tiempo seudo-euclídeo. Se puede desarrollar toda la *R.R.* a partir de este conocimiento.

Si *A-B* es el recorrido o trayectoria espacio-temporal de un haz de luz es claro que al ser $Cdt = dx$ ó $CdT = dX$ resulta $dS_{(luz)} = 0$ en cualquier referencial, como siempre.

En el desarrollo anterior restamos la 2da de la 1^{era}, si hacemos a la inversa resulta:

$$C^2 \Delta T^2 - \Delta X^2 = C^2 \Delta T^2 - \Delta x^2$$

que claro está es también invariante. Adoptemos esta última modalidad, siguiendo a Loedel, porque en la mayoría de los sucesos que ocurren de nuestro interés es $C\Delta T > \Delta x$, es decir la distancia que recorre la luz en la diferencia de tiempos entre los sucesos A y B supera la distancia espacial entre tales sucesos y así $\Delta S^2 > 0$ y ΔS real. Cuando es así bien podría ser que el suceso A sea causa de B, por ejemplo: suceso A "nacimiento de una mujer" en un lugar X_A y tiempo T_A de S, suceso B "nacimiento del hijo de esa mujer" en un lugar X_B y tiempo T_B. Digamos que $\Delta T = T_B - T_A = 20$ años. La distancia ΔX entre esos sucesos no puede superar el valor $C\Delta T = 20$ años-luz (¡"aún siendo la mujer biónica"!). En estos casos $(C\Delta T > \Delta x)$ respecto de ningún referencial se puede tener la inversión del orden temporal de los sucesos, de lo contrario caeríamos en el absurdo que implica el nacimiento del hijo antes que el de la madre (rotura de la relación causa-efecto).

En cambio, si $\Delta X > C\Delta T$ no puede haber relación causal entre A y B: nada que haya partido de X_A hacia X_B, ni la luz, puede alcanzar el punto X_B para causar el suceso B en el tiempo $T_B = T_A + \Delta T$. Así, el orden temporal puede alterarse en algún referencial, no se genera ningún absurdo en la relación causa-efecto pues A y B son sucesos totalmente independientes. En la fig. 14 se muestra efectivamente esta inversión: en S primero sucede A, luego B ($T_B > T_A$), pero en σ primero sucede B, luego A ($t_A > t_B$), para lograr esto hemos dibujado $\Delta T > C\Delta T$.

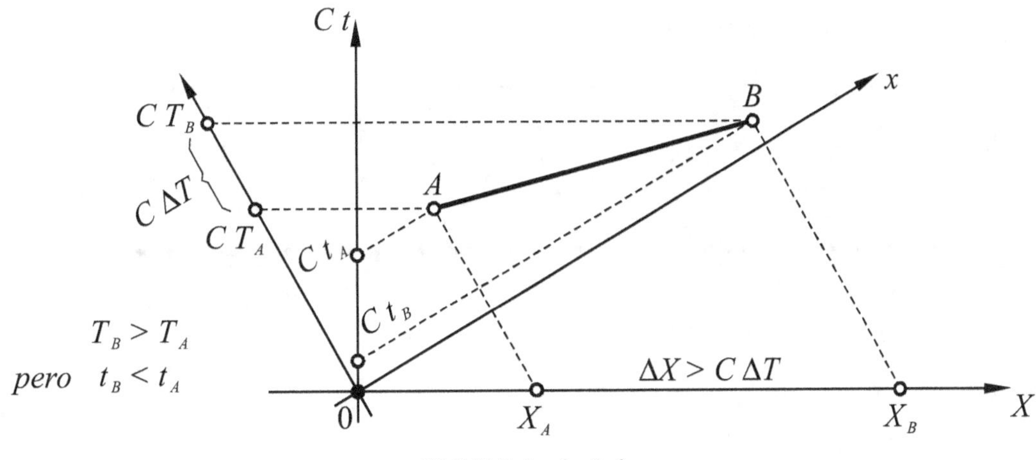

FIGURA 4-14

4.5.2. Ley de composición de velocidades paralelas en *R.R.*

La composición clásica de velocidades $\left(\vec{V}_{abs} = \vec{V}_{arr.} + \vec{V}_{rel.}\right)$, por evidente que parezca, no es correcta en *R.R.*, pues no respeta la invariancia de la velocidad de la luz C, inclusive puede arrojar valores de V_{abs} mayores que C, cosas que no están de acuerdo con las experiencias. Es posible demostrar, analizando el proceso de medición de los intervalos espaciales y temporales que la composición clásica implica tácitamente la aceptación de la simultaneidad como absoluta (o bien que $C = \infty$). Además es claro que la composición clásica se deduce de las *E.T.* Galileo. Para encontrar la expresión correcta para velocidades paralelas nos basamos en las *E.T.L.*:

$$dX = \frac{dx + V dt}{\sqrt{1 - \left(\dfrac{V}{C}\right)^2}}$$

$$dT = \frac{dt + \dfrac{V}{C^2} dx}{\sqrt{1 - \left(\dfrac{V}{C}\right)^2}}$$

dividiendo *m.a.m.*:

$$V_s = \frac{dX}{dT} = \frac{dx + V dt}{dt + \dfrac{V}{C^2} dx}$$

dividiendo numerador y denominador por dt:

$$\boxed{V_S = \frac{V_\sigma + V_{arr.}}{1 + \dfrac{V_{arr.} \cdot V_\sigma}{C^2}}}$$

(es claro que $V = V_{arr.}$)

V_s: velocidad respecto de S,

V_σ: velocidad respecto de σ,

$V_{arr} = V$: velocidad de σ respecto de S.

Si $.V_\sigma = C$, resulta también $V_S = C$, aún para $V_{arr} = C$. Para $C = \infty$ se obtiene la expresión clásica.

Lamentablemente para velocidades no paralelas se complica bastante.

4.6. Nociones de Mecánica Relativista

Introducción

Hemos dicho que Newton escribió originalmente

$$\sum \vec{F} = \frac{d\vec{p}}{dt}$$

dónde $\vec{p}$ es la CANTIDAD DE MOVIMIENTO ($C.D.M.$) de la partícula, es decir $\vec{p} = m\vec{V}$. Si se acepta que la **masa m es un invariante** entonces

$$\sum \vec{F} = m\frac{d\vec{V}}{dt} = m\vec{a}.$$

De modo que $\sum \vec{F}$ es constante en el tiempo es $\vec{a} = cte = \frac{d\vec{V}}{dt}$ y así la velocidad crece linealmente con el tiempo pudiendo llegar así a valores tan altos como se quiera, aún superiores a la velocidad de la luz C.

Algo entonces no es correcto en la ley $\sum \vec{F} = m\vec{a}$. Además esta expresión **no es invariante** a las $E.T.L.$. Quizás lo incorrecto sea el supuesto que m es un invariante. Veamos.

4.6.1. Cuadrivector Cantidad de Movimiento.($C.D.M.$)

Hemos ya notado que las coordenadas espaciales y el tiempo están acopladas en las $E.T.L.$, así resulta que el tiempo no se puede tratar independientemente del espacio. Resulta entonces más correcto trabajar con vectores en el espacio-tiempo, es decir vectores con cuatro componentes en general: 3 espaciales y 1 temporal, denominados CUADRIVECTORES.

Trabajemos, como lo hemos hecho hasta ahora, con un espacio-tiempo bidimensional. Sea una partícula de masa m y velocidad V a lo largo del eje X, valores ambos medidos desde el referencial S. Eliminemos el prejuicio de m invariante. Tomemos otro referencial σ que se mueva con la misma velocidad que la partícula, de modo que desde este referencial la partícula está en reposo, su masa, denominada "masa en reposo", es m_0. La *C.D.M.* es concebida aquí con dos componentes, una espacial y otra temporal respectivamente:

$$\text{en } S : (mV, mV_T)$$

$$\text{en } \sigma: (O, m_o V_t)$$

dónde V_T y V_t son coeficientes con dimensiones de velocidad, a lo largo de los ejes CT y Ct, respectivamente (fig.3-15). Como siempre es:

$$\operatorname{sen}\alpha = \frac{V}{C} \qquad\qquad \cos\alpha = \sqrt{1-\left(\frac{V}{C}\right)^2}$$

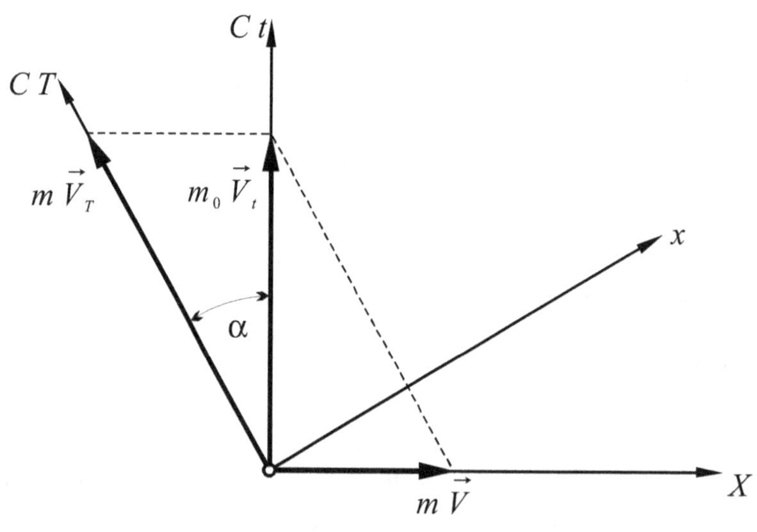

FIGURA 4-15

De la fig.4-15 tenemos:

$$mV_T = \frac{m_o V_t}{\cos\alpha} \tag{3-3}$$

$$mV = m_o V_t\, tg\alpha$$

dividiendo *m.a.m.*:

$$\frac{V_T}{V} = \frac{1}{\operatorname{sen}\alpha} = \frac{C}{V}$$

luego $V_T = C4$

Por otro lado, reemplazando en [4-3]

$$m\,C = \frac{m_o V_t}{\cos\alpha}$$

Si hacemos $m = m_o$ caemos otra vez en el supuesto que la masa es invariante, con las consecuencias erróneas ya mencionada, de modo que mejor es hacer:

$$m = \frac{m_o}{\cos\alpha}$$

y así también $V_T = C$. Ya tenemos definidas las componentes de la *C.D.M.*:

$$\text{en } S : \left(\frac{m_o}{\cos\alpha} V, \frac{m_o}{\cos\alpha} C \right)$$

$$\text{en } \sigma : \left(O, m_o C \right)$$

De modo que la masa, medida desde S es:

$$m = \frac{m_o}{\cos\alpha} = \frac{m_o}{\sqrt{1 - \left(\dfrac{V}{C}\right)^2}}$$

resultando la famosa masa relativista como una función de la velocidad de la partícula, dónde m_o es la masa en reposo de la partícula, es decir la masa medida desde un referencial dónde ella está en reposo.

Cuando la velocidad de la partícula crece, su inercia crece, al punto que si $V \to C$, $m \to \infty$, de modo que ninguna fuerza por grande que sea puede hacer que la partícula llegue a la velocidad de la luz, y menos aún superarla.

Los experimentos con partículas a altas velocidades (por ej. electrones en aceleradores de partículas, como los ciclotrones), han confirmado un aumento de la masa con el aumento de la velocidad, más aún, este aumento se ha tenido en cuenta en el diseño de estas máquinas aceleradoras.

4.6.2. Invariancia del Modulo del Cuadrivector *C.D.M.*

En la fig.4-16 representamos el cuadrivector *C.D.M.* (aquí en realidad es un "bivector", pero no se pierde generalidad) ya con los valores de las componentes determinados antes. De dicha figura obtenemos por Pitágoras:

$$\left(m_o C^2\right)+\left(mV\right)^2 =\left(mC\right)^2$$

agrupando en un miembro de la igualdad las componentes en S:

$$\left(mV\right)^2 -\left(mC\right)^2 =-\left(m_o C\right)^2$$

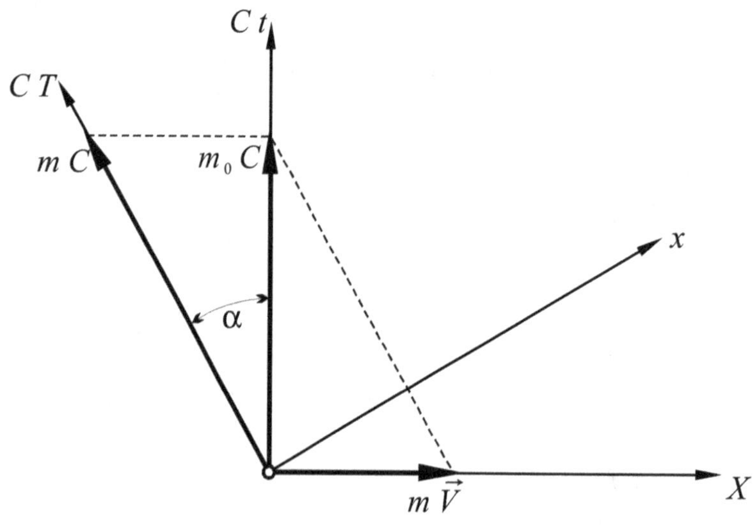

FIGURA 4-16

Interpretamos cada miembro como el cuadrado del módulo del bivector *C.D.M.*, que resulta así invariante. El alumno se preguntará qué cómo es un módulo si en lugar de suma es diferencia? Hay que recordar que la estructura del espacio-tiempo en *R.R.* es pseudo-euclídeo, en efecto, si hacemos:

$$-\left(mC\right)^2 =\left(imC\right)^2 \qquad\qquad -\left(m_o C\right)^2 =\left(im_o C\right)^2$$

resulta

$$\left(mV\right)^2 +\left(imC\right)^2 =\left(im_o C\right)^2$$

que coincide con la forma:

$$dX^2 + \left(iCdT\right)^2 = dx^2 + \left(iCdt\right)^2$$

pues la componente de la *C.D.M.* en x es nula, dado que σ acompaña a la partícula.

Para un espacio-tiempo cuadridimensional se tiene:

$$\left(mV_x\right)^2 + \left(mV_y\right)^2 + \left(mV_z\right)^2 + \left(imC\right)^2 = \left(im_oC\right)^2$$

4.6.3. Energía Cinética .Equivalencia Entre Masa Y Energía.

Manteniendo la definición conocida de **trabajo** de una fuerza, suponiendo que ésta es paralela a X y su punto de aplicación se desplaza un dX, se tiene:

$$\delta\tau = FdX$$

teniendo en cuenta que

$$F = \frac{d\left(mV\right)}{dT},$$

$$\delta\tau = \frac{d\left(mV\right)dX}{dT} = V \cdot d\left(mV\right)$$

La masa relativista m es:

$$m = \frac{m_o}{\sqrt{1 - \left(\dfrac{V}{C}\right)^2}},$$

reemplazando:

$$\delta\tau = m_oV \; d\left(\frac{V}{\sqrt{1 - \left(\dfrac{V}{C}\right)^2}}\right).$$

Sabemos que el trabajo varía la energía cinética ("teorema de las fuerzas vivas"), supongamos que la partícula **parte del reposo**, de modo que, integrando *m.a.m.* de $V_o = 0$ a V se tiene:

$$\tau_{tot} = E_{cin.} = m_o \int_0^V V \, d\left(\frac{V}{\sqrt{1 - \left(\dfrac{V}{C}\right)^2}} \right)$$

efectuamos la integración por partes $\left(\int V \, dU = UV - \int U \, dV \right)$, haciendo

$$U = \frac{V}{\sqrt{1 - \left(\dfrac{V}{C}\right)^2}} \qquad\qquad V = V$$

se tiene:

$$E_{cin.} = m_o \left\{ \left[\frac{V^2}{\sqrt{1 - \left(\dfrac{V}{C}\right)^2}} \right]_0^V - \int_0^V \frac{V \, dV}{\sqrt{1 - \left(\dfrac{V}{C}\right)^2}} \right\}$$

en las tablas de integrales figura $\displaystyle\int \frac{V \, dV}{\sqrt{a^2 - V^2}} = -\sqrt{a^2 - V^2}$

de modo que:

$$E_{cin.} = m_o \left[\frac{V^2}{\sqrt{1 - \left(\dfrac{V}{C}\right)^2}} - C \int_0^V \frac{V \, dV}{\sqrt{C^2 - V^2}} \right] =$$

$$= \frac{m_o V^2}{\sqrt{1 - \left(\dfrac{V}{C}\right)^2}} - m_o C \left[-\sqrt{C^2 - V^2} \right]_0^V$$

$$E_{cin} = mV^2 + m_o C \sqrt{C^2 - V^2} - m_o C^2$$

o bien

$$E_{cin} = mV^2 + m_o C^2 \sqrt{1 - \left(\frac{V}{C}\right)^2} - m_o C^2$$

m. num. y den. por la raíz:

$$E_{cin} = mV^2 + \frac{m_o C^2}{\sqrt{1 - \left(\frac{V}{C}\right)^2}} \left[1 - \left(\frac{V}{C}\right)^2\right] - m_o C^2$$

quedando finalmente:

$$E_{cin} = mC^2 - m_o C^2 = \left(m - m_o\right) C^2$$

m es la masa de la partícula que se mueve a velocidad *V* respecto de *S*, m_o es la masa cuando está en reposo, de modo que podemos interpretar que el trabajo τ (o bien la energía cinética) incrementa de m_o a *m* la masa o inercia de la partícula. Note el alumno que esta expresión de la energía cinética difiere de la clásica $\frac{1}{2} mV^2$, aún poniendo *m* relativista. **Podemos efectuar otra interpretación**: reconocer en $m_o C^2$ la energía acumulada en la partícula, en reposo, sería una especie de energía potencial asociada a la masa, de modo que:

$$mC^2 = E_{cin} + m_o C^2 = \frac{m_o}{\sqrt{1 - \left(\frac{V}{C}\right)^2}} C^2$$

seria una especie de energía **total** asociada a la partícula con velocidad *V* respecto de *S*.

Utilicemos nuevamente el "bivector" *C.D.M.*.

Como hemos demostrado que $E_{TOTAL} = mC^2$, podemos poner $m = \dfrac{E_{Tot}}{C^2}$ y así escribir las componentes de bivector en *S* de este modo:

$$\text{comp. } s/\ X: \left(\frac{E_{Tot}}{C^2} V \right)$$

$$\text{comp. } s/\ CT: \left(\frac{E_{Tot}}{C} \right).$$

Recordemos además que el bivector se conserva invariante para el caso de una partícula o sistema, aislados. Con esta idea podemos confirmar que debe existir equivalencia entre la masa y la energía, en efecto, sean dos partículas idénticas A, B, de masa en reposo m_o cada una, que se mueven con velocidades opuestas $\vec{V}_A = -\vec{V}_B$ a lo largo del eje X (fig.4-17). Antes del choque el bívector $C.D.M.$ del sistema A, B tiene por componentes:

$$s/X : mV_A + mV_B = mV_A - mV_A = 0$$

$$s/T : mC + mC = 2mC = \frac{2m_o C}{\sqrt{1 - \left(\dfrac{V}{C} \right)^2}}$$

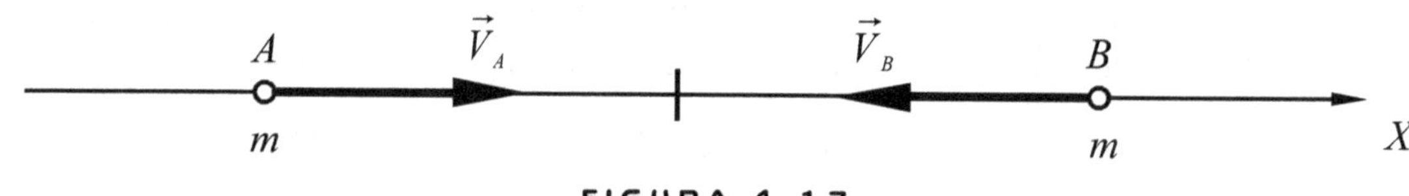

FIGURA 4-17

Supongamos que se efectúa un choque perfectamente plástico (sin recuperación), de modo que las partículas quedan en reposo, aglutinadas, en el lugar del choque, **así podríamos creer que después del choque se tendría**:

$$s/X : mV_A' + mV_B' = 0$$

$$s/T : m_o C + m_o C = 2m_o C$$

si bien la componente espacial vemos que se conserva la temporal no, de modo que $2m_o C$ no puede ser el valor de la componente T del bivector después del choque, debemos corregirla de algún modo: sumemos un término con dimensiones de $C.D.M.$ de esta forma: $C\Delta m$, así

$$s/T: 2m_o C + C\Delta m = \dfrac{2m_o C}{\sqrt{1-\left(\dfrac{V}{C}\right)^2}}$$

despejando Δm :

$$\Delta m = 2m_o \left(\dfrac{1}{\sqrt{1-\left(\dfrac{V}{C}\right)^2}} - 1 \right) = 2\left(m - m_o\right)$$

Por otro lado la energía cinética antes del choque era:

$$E_{cin} = 2\left(m - m_o\right)C^2 ,$$

así que comparando se tiene:

$$E_{cin} = C^2 \Delta m$$

es decir la energía cinética que se tenía antes del choque se ha convertido en masa al cho-car. Así concluimos que la componente temporal, después del choque es:

$$2m_o C + C\Delta m = 2m_o C + \dfrac{E_{cin}}{C^2}\cdot \cancel{C}$$

CAPÍTULO **5**

CUANTIFICACIÓN Y DUALISMO ONDA-CORPÚSCULO

5.1. INTRODUCCIÓN

En la física, sea CLASICA (siglos XVII, XVIII y XIX) o MODERNA (siglo XX), se utilizan algunas nociones primitivas:

- espacio y tiempo ,
- corpúsculo (o partícula), onda y campo.

Sin embargo, en una y otra física dichas nociones aparecen con diferencias importantes, en efecto:

en la **física clásica** el "marco" espacio-temporal es absoluto, es decir, sus propiedades geométricas (euclídeas) son independientes de los fenómenos físicos que ocurren y de la presencia o no de masa y energía. Además se lo considera CONTINUO.

en la **física moderna**, en cambio y especialmente debido a la TEORIA DE LA RELA-TIVIDAD GENERALIZADA, el marco espacio-temporal posee propiedades geométricas (no euclídeas) dependiente de la presencia de masa-energía. Además, según la **física cuántica**, especialmente en las últimas teorías de partículas sub-atómicas, el espacio-tiempo sería **discontinuo.** De todos modos no incursionaremos aquí en estas arduas teorías.

Clásicamente al corpúsculo o partícula material se lo concibe como una porción de "materia" cuya interacción con el resto del universo (o "medio ambiente") se manifiesta en forma localizada y su movimiento en el espacio depende instante por instante de estas interacciones. Ejemplo de partícula clásica es un pequeño perdigón o bien un cuerpo extenso (por ej. un planeta) pero que , en el problema tratado, la eventual rotación no interese. A los cuerpos extensos de todos modos se los considera como sistemas o conjunto de partículas.

Al corpúsculo se le asocia una magnitud que lo caracteriza y es invariante: la masa **m**. Aparece como una medida de la "inercia".

La trayectoria de la partícula respecto de algún referencial se define por medio de una función vectorial CONTINUA del tiempo: la **posición instantánea** $\vec{r}_{(t)}$. Derivando ésta respecto del tiempo se tiene la velocidad $\vec{V} = \dot{\vec{r}}_{(t)}$ y derivando nuevamente la aceleración $\vec{a} = \ddot{\vec{r}}_{(t)}$.

Con la masa m y la velocidad $\vec{V}$ se construye la magnitud vectorial denominada CANTIDAD DE MOVIMIENTO $\vec{p} = m\vec{V}$ y una magnitud escalar (dada por UN NUMERO real positivo) denominada ENERGIA CINETICA $E_C = \frac{1}{2}m\vec{V}^2$. Por otro lado la energía **potencial** U,. cuya expresión formal depende del tipo de interacción entre las partículas (por ej. para un par de partículas de masas m y m', aisladas del resto, la energía potencial **gravitatoria** es $-G\dfrac{m\,m'}{r}$ y si poseen cargas eléctricas q y q', la energía eléctrica es $K\dfrac{q\,q'}{r}$), debe ser concebida como una magnitud asociada **no** a las partículas sino al sistema en conjunto. Ya en esta idea de energía potencial se vislumbra el concepto de CAMPO como algo extenso, distribuido en el espacio.

La suma de la energía cinética E_c con la potencial U da la energía total, $E = \frac{1}{2}mV^2 + U$ o bien en base al concepto de Cantidad de movimiento:

$$E = \frac{\vec{p}^2}{2m} + U$$

La **trayectoria** $\vec{r}_{(t)}$ del corpúsculo puede ser encontrada resolviendo la ecuación de Newton de la dinámica: $\sum \vec{F} = m\,\vec{a}$ (dónde $\vec{a}$ se mide respecto de un referencial inercial). Pero dicha trayectoria sólo queda **determinada** dando además de las fuerzas de interacción $\vec{F}$ las **condiciones iniciales de posición** $\vec{r}_{(t_0)}$ y **velocidad** $\dot{\vec{r}}_{(t_0)}$ para, un instante cualquiera t_0. Son dos condiciones porque la ecuación de Newton es una ecuación diferencial de orden 2 en la posición $\vec{r}_{(t)}$, en efecto $\vec{a} = \dfrac{d^2\vec{r}}{dt^2} = \ddot{\vec{r}}$.

De este modo la física clásica es DETERMINISTA: si se conoce el **estado actual** de una partícula (o sistema de partículas) y las fuerzas de interacción, resolviendo las ecuaciones de la dinámica es posible conocer el estado futuro de tal partícula o sistema.

Si bien clásicamente se reconocía que para sistemas de muchas partículas (y con más razón para todo el cosmos, incluidos nosotros mismos) es necesario conocer tantas condiciones iniciales e interacciones para hallar su estado futuro (y pasado) que resulta ampliamente superada la capacidad humana, esta situación era admitida como una dificultad **práctica** pero **no de principio**.

A las **ondas** se las concibe como una especie de perturbación o energías no localizadas, en propagación en un medio cualquiera (fluido, sólido elástico, o para las ondas electromagnéticas el clásico hipotético ETER, ya abandonado; (recordar el capitulo de relatividad restringida).

Al contrario de lo que ocurre con el CORPUSCULO, la ONDA es extensa, la energía, la cantidad de movimiento y el momento cinético se suponen distribuidos en todo el dominio de la onda, por ello se utilizan los conceptos de DENSIDAD volumétrica de energía, de Cantidad de movimiento, etc.

Los problemas sobre ondas pueden resolverse integrando una ecuación diferencial de ondas (de *D*'Alembert). Es una ec. diferencial a DERIVADAS PARCIALES. Pero el problema es **determinado** si se dan las CONDICIONES DE CONTORNO, que juegan el mismo rol que las condiciones iniciales en las ecuaciones diferenciales ordinarias. Las condiciones de contorno físicamente están establecidas por los obstáculos presentes en todo el dominio de la onda (ranuras, lentes, orificios, pantallas, etc., (recuerde el alumno el capitulo de la óptica ondulatoria).

Las ondas sonoras y elásticas no plantean mayores problemas de interpretación física pues son concebidas como movimientos periódicos de **las partículas** que constituyen el medio (fluido ó sólido) pero otra cosa más compleja ocurre con la propagación electromagnética (por ej. la propagación de la LUZ). Ya en la época de Newton y Huyghens existía el dilema de si la luz debía ser concebida como "lluvia" de partículas, moviéndose en el vacío o en un medio transparente, o bien como **ondas** en un medio tal que la sensibilidad humana no parecía detectar: el éter. Luego volveremos sobre estas concepciones "enfrentadas".

El concepto **de campo** aparece algo más tarde que los anteriores: al **campo** se lo concibe para explicar las acciones a distancia entre partículas (acciones sin aparente contacto directo). Así surgen las ideas de campo gravitatorio, campo electromagnético, y últimamente los campos entre partículas subatómicas (campo de **interacción fuerte**, que mantiene a los protones y neutrones unidos en el núcleo, **campo de interacción débil**, que se manifiesta en la desintegración β del neutrón).

La presencia de algún campo en el espacio implica la distribución de energía. Matemáticamente se da con funciones escalares, vectoriales o tensoriales del punto del espacio y eventualmente del tiempo.

También las ondas pueden ser representadas por campos variables en el espacio y en el tiempo:

- **ondas sonoras** $\rightarrow$ campo de presiones o desplazamientos de moléculas.
- **ondas elásticas** $\rightarrow$ campo de tensiones o deformaciones del medio.
- ondas electromagnéticas $\rightarrow$ campos electromagnéticos variables.

Cuando el modelo físico-matemático anterior comenzó a utilizarse para interpretar fenómenos a escala atómica, aparecieron ciertas dificultades y limitaciones. Veamos aquellas que se relacionan con nuestro propósito:

1. Clásicamente no se consiguió arribar a un modelo que permita calcular la distribución en frecuencia de la energía electromagnética radiada o absorbida por los cuerpos (cuerpo negro o radiador de cavidad β. Recuerde el alumno la radiación del calor de Física II), que concuerde con la experiencia. Max Planck, en 1900, para lograrlo tuvo que suponer (a pesar suyo) que la energía se emitía (y absorbía) en forma discontinua, introduciendo el CUANTUM de energía, cuyo mínimo valor es:

$$E = hf$$

dónde h es la constante de PLANCK $\left(h \cong 6,6 \times 10^{-34}\, joule.seg\right)$ y f la frecuencia (seg^{-1}) del oscilador atómico que la emite o absorbe. Se inicia así la FISICA CUANTICA. (Ver capítulo de ESTADISTICA, de Bosse-Einstein).

2. Según las ecuaciones del electromagnetismo de MAXWELL no es posible concebir como **estable** un conjunto de partículas eléctricas orbitando, como se supone "es" un átomo. BOHR debió **cuantificar** también la energía y el **momento cinético** para pensar al átomo como un conjunto estable de corpúsculos eléctricos y explicar el espectro discontinuo radiado por los átomos (por ej. en el átomo de hidrógeno).

3. Si bien en los fenómenos de interferencia y difracción la luz se comporta como **onda** (Young, Fresnel, Fraunhofer), en el fenómeno FOTOELECTRICO (emisión de electrones por las superficies iluminadas) la luz se comporta como "lluvia" de

corpúsculos (corpúsculos de luz o FOTONES de Einstein). La energía de un fotón también es hf (dónde f es la frecuencia de la luz u onda electromagnética en general). Así se tiene una situación desconcertante desde un punto de vista clásico: un mismo objeto, la luz, tiene propiedades de corpúsculo a la vez que de onda .Se denominó a esta situación el dilema onda-corpúsculo, y se consideraba DUAL el comportamiento de la luz.

4. Los electrones y otros entes (protones, neutrones, etc.), concebidos originalmente como corpúsculos, pues en efecto, producen manifestaciones puntuales al incidir en pantallas fotográficas o fluorescentes, en otras circunstancias se comportan como ondas, como comprobaron DAVISSON y GERMER en EE.UU. y GP. THOMPSON en Escocia (1926-27) haciendo que un haz de electrones atraviesen un material cristalino, resultando en los detectores figuras de difracción como con la luz o rayos X. Mejor dicho: en las pantallas receptoras los electrones se manifiestan con detalles puntuales pero su distribución parece seguir el dictamen de "misteriosas" ondas que interfieren y difractan.

En síntesis: no sólo las **ondas** electromagnéticas se comportan como corpúsculos (fotones) sino también los **corpúsculos** se comportan como las ondas (aunque no son de naturaleza electromagnética). Parece esto contradictorio, pero es que las nociones de corpúsculos y ondas han nacido de la observación del mundo macroscópico, sensible directamente a los sentidos humanos, en cambio los entes atómicos nunca han sido percibidos directamente de modo que es inútil "clasificarlos" como ondas o partículas separadamente, al contrario, para describir el comportamiento del mundo atómico las nociones de ondas y corpúsculos se complementan.

Conviene aclarar desde ya que últimamente se ha desistido en representar con imágenes concretas al átomo y/o sus partes componentes y se considera satisfactorio que el comportamiento sea descrito por modelos matemáticos abstractos.

5.2. EFECTO FOTOELÉCTRICO. ECUACIÓN DE EINSTEIN

El efecto fotoeléctrico en general consiste en la extracción (o liberación) de electrones de los átomos de cualquier trozo de materia en cualquier estado, por acción de la radiación (en especial luz y rayos X).

Cuando H. Hertz en 1886-87 experimentalmente confirmó la existencia de las ondas electromagnéticas, predichas teóricamente unos 20 años antes por J.C. Maxwell, también detectó que la incidencia de la "luz" ultravioleta facilitaba la descarga eléctrica (chispas) entre unos electrodos del oscilador que utilizaba. Hertz ocupado en el problema de las ondas no se dedicó a profundizar sobre este otro fenómeno; pero si lo hicieron Lenard,

Hallwachs y otros, comprobando que eran electrones las partículas emitidas por acción de la luz y además precisaron los datos empíricos y características del fenómenos fotoeléctrico. Pero fue Einstein, en 1905, quien elaboró el modelo cuántico que permite la comprensión del fenómeno. Para ello hubo de extender al fenómeno lumínico la cuantificación de la energía que ya había efectuado en 1900 M. Planck en la radiación del calor por un cuerpo negro. Por ello recibió el premio Nóbel en 1921.

Nosotros aquí supondremos que la radiación incide sobre un metal (fotocátodo o emisor) pero las conclusiones son válidas, para cualquier sustancia, metal o no. El selenio (Se), por ejemplo, es muy útil como emisor en las **fotocélulas** y no es exactamente un metal.

Los electrones de conducción de un metal se encuentran en un "pozo de energía potencial", es decir, que la interacción de ellos con los iones de la estructura cristalina del metal, aunque débil, hace que no puedan abandonar el volumen que ocupa el material, a menos que se les comunique de algún modo suficiente nivel de energía como para superar las "paredes" del pozo. En la estadística de Fermi-Dirac (Cap.7) se precisará la distribución de los electrones por nivel de energía, por ahora no nos hace falta.

En la fig.5-l(b) representamos esquemáticamente el "pozo de energía potencial" correspondiente a la placa (a). Los electrones de conducción poseen distintos niveles de energía $E = \dfrac{1}{2}mV^2 + U_{pot.}$. Habrá un nivel de máxima energía (nivel de Fermi). Φ es la energía que haría falta comunicar a los electrones del máximo nivel para que estén en la situación límite de abandonar la superficie del metal. A Φ se le denomina **energía de extracción** o **función de trabajo de extracción**. Adelantamos diciendo que depende de la naturaleza química de la sustancia del emisor.

Desde el punto de vista puramente ondulatorio de la luz, el fenómeno fotoeléctrico cabía esperarlo, pues ya sabemos que la luz porta energía que es proporcional al cuadrado de su amplitud, es decir, a su **intensidad I**. Está energía bien puede ser comunicada a los electrones hasta que estos abandonen el metal, pero resulta que la experiencia muestra que las características del fenómeno fotoeléctrico son inexplicables desde un punto de vista puramente ondulatorio, a saber:

1) Si luz de una dada frecuencia (color) **no expulsa** electrones de una dada sustancia, **no lo hará** por más **alta que sea su intensidad**.

2) por el contrario, si produce efecto fotoeléctrico, lo hará por más baja que sea su intensidad, aunque la cantidad de electrones emitidos será menor (menos corriente fotoeléctrica).

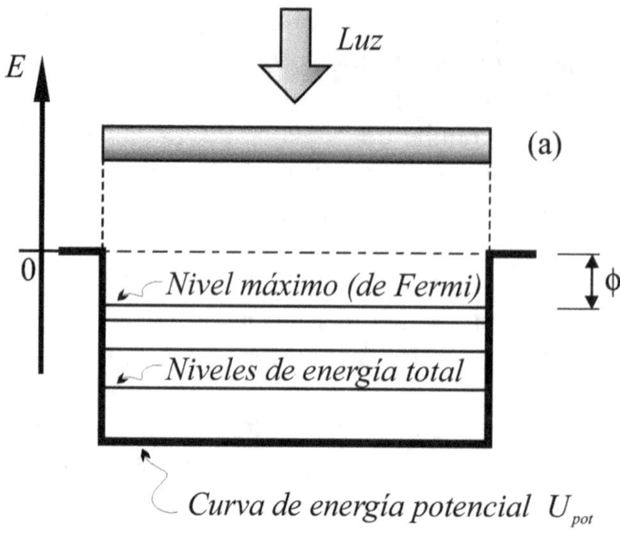

FIGURA 5-1

3) la emisión de electrones es una respuesta inmediata a la iluminación. es decir, por más baja que sea la intensidad de la luz, la emisión, si existe, es sin retardo apreciable. La teoría ondulatoria predice que tarde o temprano el fenómeno fotoeléctrico debe producirse, independientemente de la frecuencia.

E1 dispositivo experimental para el estudio del fenómeno se tiene esquematizado en la fig.5-2.

Resumiremos con gráficos los resultados experimentales.

a)   Teniendo el colector con polaridad negativa frente al emisor, a medida que aumentamos el valor absoluto de la *d.d.*p. ΔV entre emisor y colector la corriente fotoeléctrica, medida por el micro amperímetro, va disminuyendo. Para una **dada sustancia del emisor** y una frecuencia de la luz que penetra en la célula fotoeléctrica existe un valor ΔV que anula la corriente fotoeléctrica, es decir que el campo eléctrico entre emisor y colector ha tomado un valor que frena a todos los electrones. Este valor de ΔV se denomina de **corte** $\left(\Delta V_{c}\right)$. No depende de la intensidad de la luz (fig.5-3). Cuando el colector se pone + frente al emisor (invirtiendo la polaridad del potenciómetro) la corriente fotoeléctrica crece hasta estabilizarse. Esta corriente sí depende de la intensidad de luz (fig.5-3). Es mayor cuando mayor es la intensidad de la luz (I).

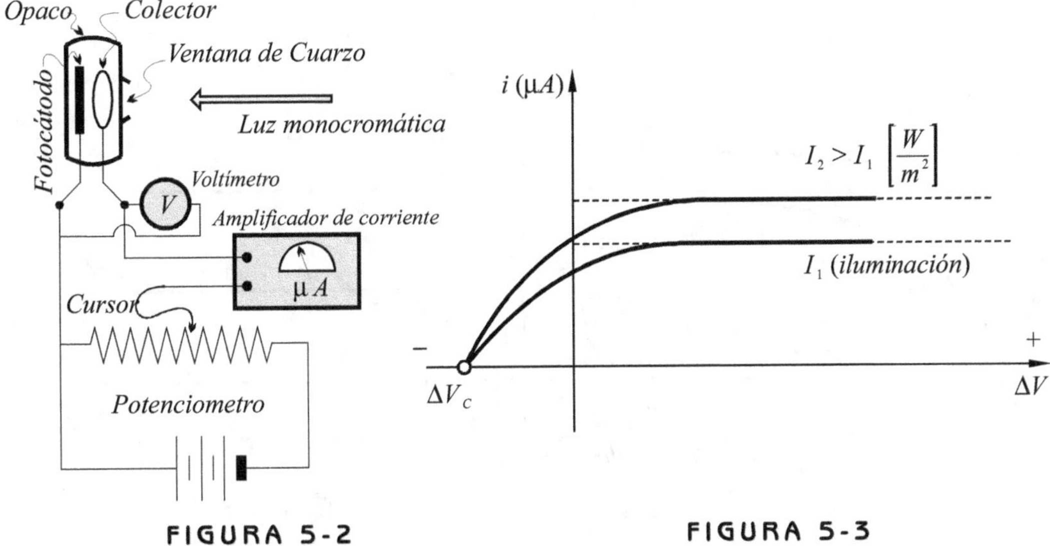

FIGURA 5-2   **FIGURA 5-3**

b) cambiando la frecuencia de la luz que ingresa, es decir, el color, sí cambia la $d.d$.p. de corte (ΔV_c), sin **importar** la **intensidad de la luz**. En la fig.5-4 se ha graficado en ordenadas el producto de la carga del electrón e por la $d.d$.p. de corte (ΔV_c) (que da en joule o electrón-volt, eV) y en abscisas la frecuencia de la luz que ingresa. Para una dada sustancia existe una frecuencia, llamada **umbral** (f_u) por debajo de la cual no se produce el fenómeno fotoeléctrico. Para otro metal este valor es otro, pero la recta que resulta es paralela a la otra, es decir, la pendiente **no depende** del material del emisor.

En cambio según la teoría puramente ondulatoria no debería existir frecuencia umbral, sólo un retardo variable en el tiempo de emisión acorde a la intensidad de la luz, es decir las gráficas anteriores deberían ser como en las figuras 5-5 y 5-6.

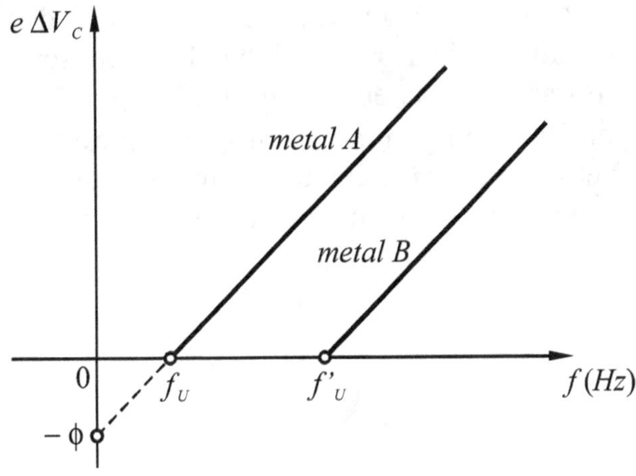

FIGURA 5-4

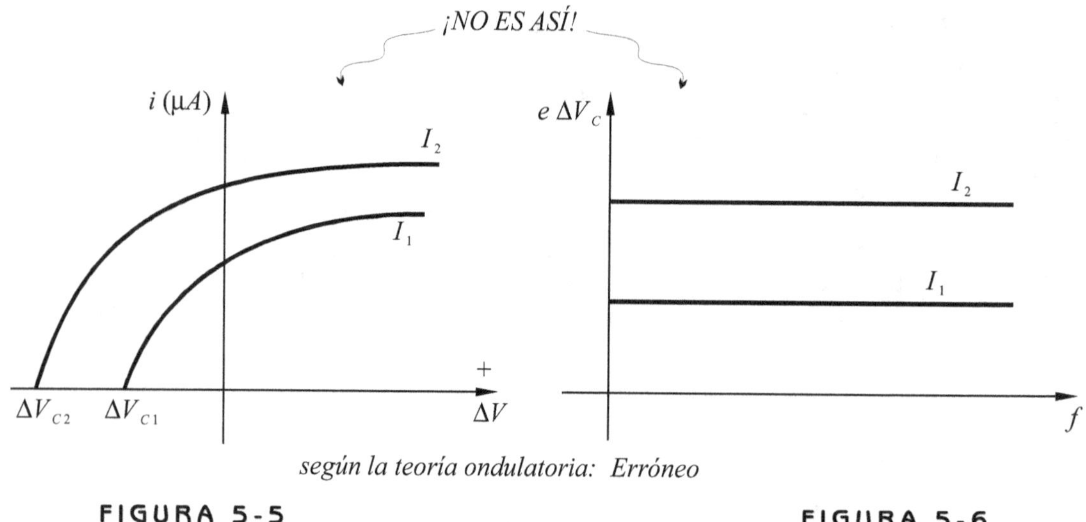

según la teoría ondulatoria: Erróneo

FIGURA 5-5   **FIGURA 5-6**

¿Cómo explicar el comportamiento experimental resumido en las figs. 5-3 y 5-4? Einstein supuso que si bien la radiación electromagnética respondía a nivel macroscópico con las ecs. de Maxwell, en su interacción con los electrones de la materia mas bien se comportaba como formada por corpúsculos o "paquetes" de energía, que denominó FOTONES, de energía hf, donde f es la frecuencia de la luz, h la cte. de Planck.

Hoy podemos decir que el **fotón** es el corpúsculo cuántico asociado a los campos electromagnéticos. Según las teorías contemporáneas todo campo tiene asociado un corpúsculo encargado de la interacción (por ej., del campo gravitatorio tendría el GRAVITON, aunque este aún no se ha detectado experimentalmente, otros, como los mesones sí han sido detectados en los grandes laboratorios de partículas).

La explicación o modelo de Einstein es sencilla. En la fig.5-7 se han representado con segmentos "verticales" las energías hf de los fotones 1, 2, 3 y 4, todos de igual frecuencia o energía. Según Einstein los fotones ingresan la material del emisor, chocan con los electrones y les comunican o transfieren la energía hf. En la fig.5-7, cuatro fotones de igual energía $hf > \Phi$ se supone han chocado con cuatro electrones que tenían distintos niveles de energía, inclusive el 4to ha chocado con un electrón que tenía el máximo nivel. El 1ro no logra salir del emisor pues su incremento de nivel no llega a la "boca del pozo".

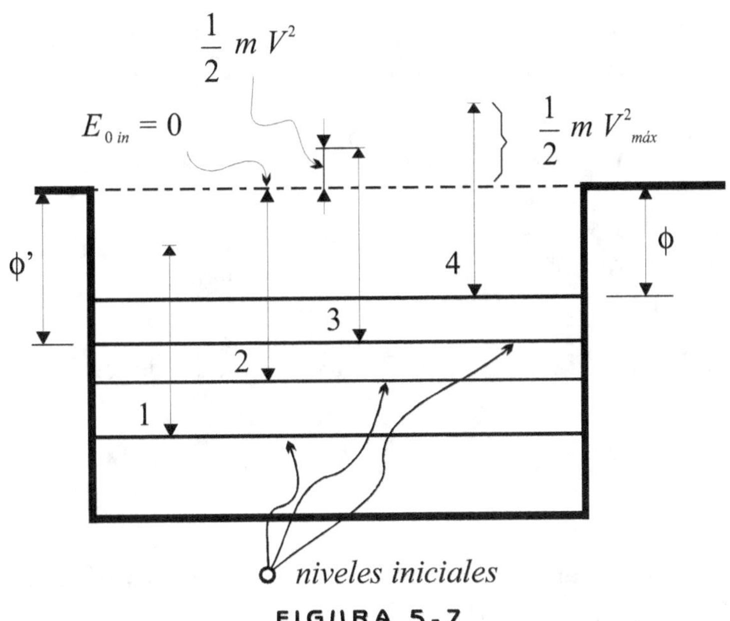

FIGURA 5-7

El 2 está en la situación límite: si hay un campo de atracción exterior, por débil que sea, sale. El 3 sale, inclusive con energía cinética $\frac{1}{2}mV^2$, cuyo valor es la diferencia ($hf\text{-}\Phi'$).

No confundir este valor de energía cinética "exterior" con las energías cinéticas que el electrón posee en el interior del emisor. El 4 sale con máxima energía cinética:

$$\frac{1}{2}mV^2_{\max} = hf - \Phi$$

dónde Φ, la "función trabajo" es el mínimo valor de Φ. Pues bien, esta última es la ecuación de Einstein para el efecto fotoeléctrico.

Precisamente, cuando con el cursor del potenciómetro, con la polaridad según se indica en la fig.5-2, logramos anular exactamente la corriente fotoeléctrica, es porque. hemos producido un campo eléctrico que ha frenado hasta los electrones emitidos más rápidos, convirtiendo la energía $\frac{1}{2}mV^2_{\max}$ en potencial eléctrica $e\Delta V_c$ y los electrones retroceden (análogamente a una bola lanzada hacia arriba en un plano inclinado). De modo que cuando $i=0$ **se puede escribir:**

$$\frac{1}{2}mV^2_{\max} = e\Delta V_c = hf - \Phi$$

que es precisamente la ecuación, de la recta de la fig.5-4. Ahora se comprende porque las pendientes son todas iguales, es que resulta ser la constante de Planck, que es universal:

$$h = \frac{e\Delta v_c + \Phi}{f} \simeq 6,6 \times 10^{-34} \, joule.seg$$

ó

$$h \simeq 6,6 \times 10^{-34} \times 1,6 \times 10^{19} \, eV.seg \simeq 4,1 \times 10^{-15} \, eV.seg \, .$$

Para $\Delta V_c = 0$ se tiene la **frecuencia umbral** para el dado material del emisor:

$$f_u = \frac{\Phi}{h}$$

Se comprende que en general al emisor ingresan numerosos fotones. Este número tiene que ver con la intensidad I de la luz que desde este punto de vista cuántico sería $I= N \times hf$ dónde N es el número de fotones por m^2 y por segundo, dando I en Watt/m^2.

E1 valor histórico del modelo de Einstein estriba en que reafirma la hipótesis cuántica, junto con otros fenómenos (como el efecto COMPTON) que luego veremos.

Comentario

El autor de estas líneas se ha dejado llevar por el usual modo de expresarse de la mayoría de los autores de libros respecto de la magnitud I. En rigor, en fotometría hemos hablado de iluminación (E), en lux, pues bien esta seria la magnitud que en realidad correspondería en lugar de I. Pero es claro que las magnitudes de la fotometría han sido creadas a propósito de la visión humana, por ello la mejor forma es trabajar con unidades derivadas del wattio (potencia) y no con las derivadas del Lumen, pues los emisores tienen una "sensibilidad" que nada tiene que ver con la visión humana.

5.3. EFECTO COMPTON

Se había experimentado que cuando la radiación electromagnética de la frecuencia de los rayos X incidía en un material aparte del efecto fotoeléctrico (emisión de electrones) se re-irradiaba desde el material rayos X de igual frecuencia que la incidente (radiación de THOMPSON) **pero además** se tenía en general otra radiación X de **menor** frecuencia (efecto Compton). Desde el punto de vista clásico sólo debería existir la radiación de igual frecuencia que la incidente pues ésta haría oscilar forzadamente a los electrones con su frecuencia y así, estos electrones oscilantes, emitirían ondas electromagnéticas de la frecuencia de la incidente. Pero.... ¿cómo se explica la radiación de frecuencia menor?

Compton admitió la existencia del FOTON de Einstein y supuso que ocurrían choques elásticos entre el fotón incidente y un electrón del material. En la fig.5-8 (a y b) se tiene gráficamente lo que ocurre según Compton. El fotón incidente cede parte de su energía al electrón cambiándole el estado de movimiento, pero claro está que el fotón, que siempre se mueve a velocidad C, para entregar energía tiene que cambiar su frecuencia.

Supondremos aquí para mayor sencillez que los electrones que son chocados por los fotones están inicialmente en reposo y libres. Esta suposición no implica gran error pues la energía que mantiene ligado a los electrones y. la energía cinética en el material son despreciables frente a la energía de los fotones de los rayos X (con más razón si son rayos γ). Luego comentaremos lo que ocurre cuando la energía de ligadura del electrón es tal que no se dispersa.

En las fig.5-8 (a y b) se indican los valores de cantidades de movimientos y energías antes del choque (subíndice i) y después del choque (subíndice f), tanto para el fotón como para el electrón.

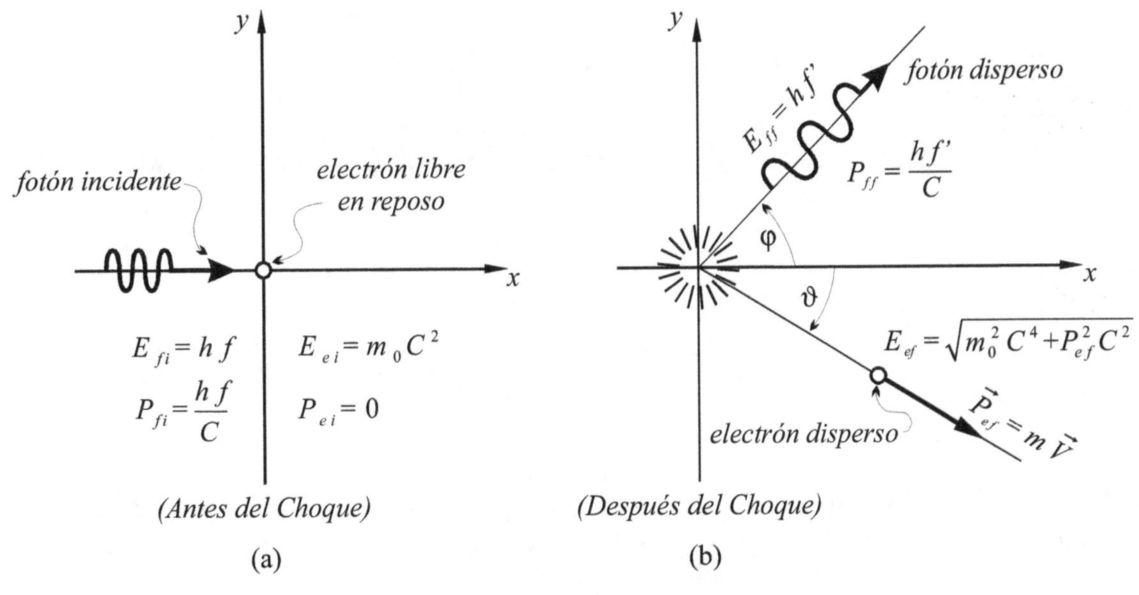

FIGURA 5-8

Antes de encarar los aspectos matemáticos de este fenómeno recordemos del Cáp. de Relatividad la magnitud cuadrivector impulso-energía. En la fig.5-9, se reproduce la fig.4-16 de dicho capítulo. De la figura vemos según teorema de Pitágoras es:

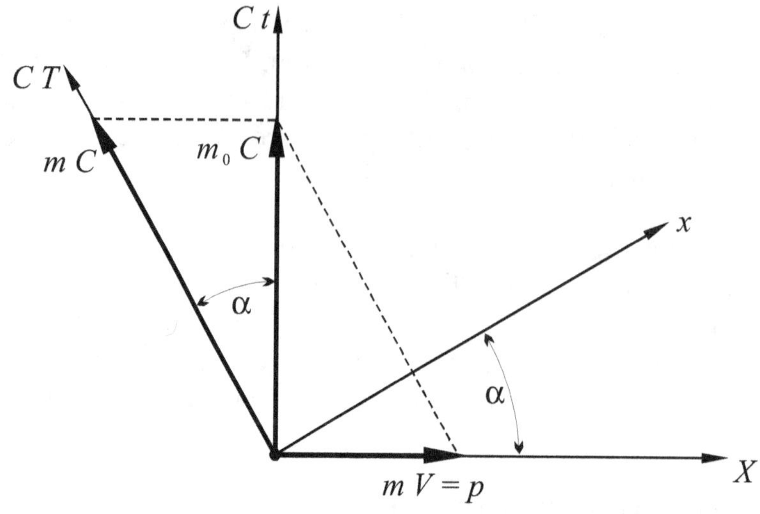

FIGURA 5-9

$$\left(m_0 C\right)^2 + p^2 = \left(mC\right)^2 \tag{5-1}$$

$m_0 C^2$ es la energía en reposo del electrón.

mC^2 es la energía total del electrón en movimiento; recordando que: $m = \dfrac{m_0}{\cos\alpha} = \dfrac{m_0}{\sqrt{1 - \left(\dfrac{V}{C}\right)^2}}$.

Para que aparezcan, las energías multiplicamos *m.a.m.* por C^2 la [5-1]

$$m^2 C^4 = E_{ef}^2 = m_0^2 C^4 + p_{ef}^2 C^2$$

dónde hemos puesto los subíndices correspondientes a los valores finales para el electrón, luego

$$E_{ef} = \sqrt{m_0^2 C^4 + p_{ef}^2 C^2} = \sqrt{E_{ei}^2 + p_{ef}^2 C^2}$$

Vamos a emplear ahora la **conservación** del cuadrívector impulso-energía del sistema fotón-electrón. Para ello calculamos previamente este cuadrivector, tanto antes del choque como luego del choque:

Antes del choque:

	Comp. x	Comp. y	Comp. Ct
fotón	$\dfrac{hf}{C}$	0	$\dfrac{hf}{C}$
electrón	0	0	$m_0 C$
total	$\dfrac{hf}{C}$	0	$\dfrac{hf}{C}+\dfrac{m_0 C^2}{C}$

Después del choque:

	Componente x	Componente y	Componente Ct
fotón	$\dfrac{hf\,'}{C}\cos\varphi$	$\dfrac{hf\,'}{C}sen\varphi$	$\dfrac{hf\,'}{C}$
electrón	$p_{ef}\cos\vartheta$	$-p_{ef}sen\vartheta$	$\dfrac{mC^2}{C}$
total	$\dfrac{hf\,'}{C}\cos\varphi + p_{ef}\cos\vartheta$	$\dfrac{hf\,'}{C}sen\varphi - p_{ef}sen\vartheta$	$\dfrac{hf\,'}{C}+mC$

de la conservación obtenemos las siguientes igualdades (según x, y, Ct):

$$s\,/\,x : \frac{hf\,'}{C}\cos\vartheta + p_{ef}\cos\vartheta = \frac{hf}{C}$$

$$s\,/\,y : \frac{hf\,'}{C}sen\vartheta - p_{ef}sen\vartheta = 0$$

$$s\,/\,Ct : \frac{hf\,'}{C}+mC = \frac{hf}{C}+m_0 C\ ,$$

está última es evidente, pues indica que la energía cedida por el fotón incrementa la energía del electrón, en efecto, multiplicando $m.a.m.$ por C y transponiendo términos:

$$hf - hf\,' = mC^2 - m_0 C^2$$

Tratemos de hallar el cambio de longitud de onda $\left(\Delta\lambda=\lambda'-\lambda\right)$ que experimenta el fotón. Este cambio es numéricamente más cómodo que el cambio $\Delta f = f - f'$ de frecuencia pues estos últimos números son muy elevados, de todos modos la relación entre λ y f ya la conocemos: $\lambda f = C$.

Si bien la última ecuación de la página anterior da el cambio de frecuencias, lo hace en base al cambio de energía o masa del electrón. Compton encontró que con las ecuaciones según x, y, t, es posible hallar $\Delta\lambda$ en función del ángulo de dispersión φ que es fácil de medir. Veamos:

s/x tenemos: $\quad P_{ef}\cos\vartheta = \dfrac{hf}{C} - \dfrac{hf'}{C}\cos\varphi$,

s/y tenemos: $\quad P_{ef}\,sen\vartheta = \dfrac{hf'}{C}\,sen\varphi$,

multiplicando *m.a.m.* por C, elevando *m.a.m.* al cuadrado y sumando ambas se tiene:

$$p_{ef}^2 C^2 = \left(hf\right)^2 - 2\left(hf\right)\left(hf'\right)\cos\varphi + \left(hf'\right)^2 \qquad\qquad [5\text{-}2]$$

Por otro lado sabemos que el cambio de energía del electrón se obtiene del cambio de energía del fotón:

$$mC^2 - m_o C^2 = hf - hf'$$

y que además como consecuencia de la [5-1]

$$p_{ef}^2 C^2 = E_{ef}^2 - E_{ei}^2,$$

por diferencias de cuadrados

$$p_{ef}^2 C^2 = \left(E_{ef}+E_{ei}\right)\left(E_{ef}-E_{ei}\right) = \left(E_{ef}+E_{ei}\right)\left(hf-hf'\right),$$

claro está que

$$E_{ef} = E_{ei} + \left(hf-hf'\right) = m_o C^2 + \left(hf-hf'\right)$$

luego:

$$p_{ef}^2 C^2 = \left[2m_o C^2 + \left(hf-hf'\right)\right]\left(hf-hf'\right)$$

reemplazando en [4-2] y desarrollando llegamos a:

$$m_o C^2 \left(hf - hf'\right) = \left(hf\right)\left(hf'\right)\left(1 - \cos\varphi\right)$$

poniendo $\dfrac{f}{C} = \dfrac{1}{\lambda}$, $\dfrac{f'}{C} = \dfrac{1}{\lambda'}$ se llega finalmente a:

$$\Delta\lambda = \lambda' - \lambda = \frac{h}{m_o C}\left(1 - \cos\vartheta\right)$$

h = cte. de Planck = $6,6\times10^{-34}$ joule.seg.

C = velocidad de la luz en el vacío $\cong 3\times10^8$ m/seg.

m = masa en reposo del electrón libre $\cong 9\times10^{-31}$ kg, de modo que

$\dfrac{h}{m_o C} = 0,024\,\overset{\circ}{A} = 2,4\times10^{-12}\,m$ se denomina **longitud de onda de Compton**: $\lambda_{C'}$, de

modo que $\Delta\lambda = \lambda_C \left(1 - \cos\vartheta\right)$ que pone en evidencia que el cambio no depende de la longitud de onda del fotón incidente.

Comentario

Si los electrones tienen energía de ligadura superior a la de los fotones incidentes no se desprenden y hay un "retroceso" de los átomos como un todo, inclusive "arrastrando" a átomos vecinos, así que en lugar de m_o el "objeto" chocado exhibirá una masa $m_o' >>> m_o$ (por ej. 10^4 veces) y así $\Delta\lambda \simeq 0$, es decir, el efecto Compton es despreciable. Esto ocurre por ej. con frecuencias del espectro visible. Más también ocurre siempre con electrones cercanos al núcleo pues éstos tienen energía de ligadura alta, así que además de la re-irradiación de rayos X con corrimiento en su longitud en $\Delta\lambda$ los hay sin corrimiento en su longitud.

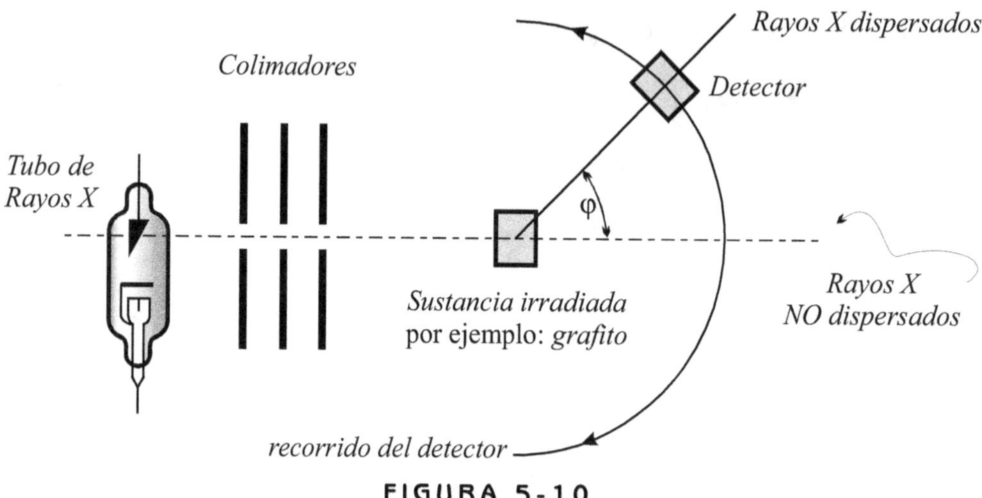

FIGURA 5-10

En la fig.5-10 se tiene un esquema del dispositivo que permite comprobar el efecto Compton y en la fig.5-11 los gráficos intensidad de rayos X longitud de onda para distintos ángulos φ. Se supone que los rayos X incidentes son "casi" monocromáticos.

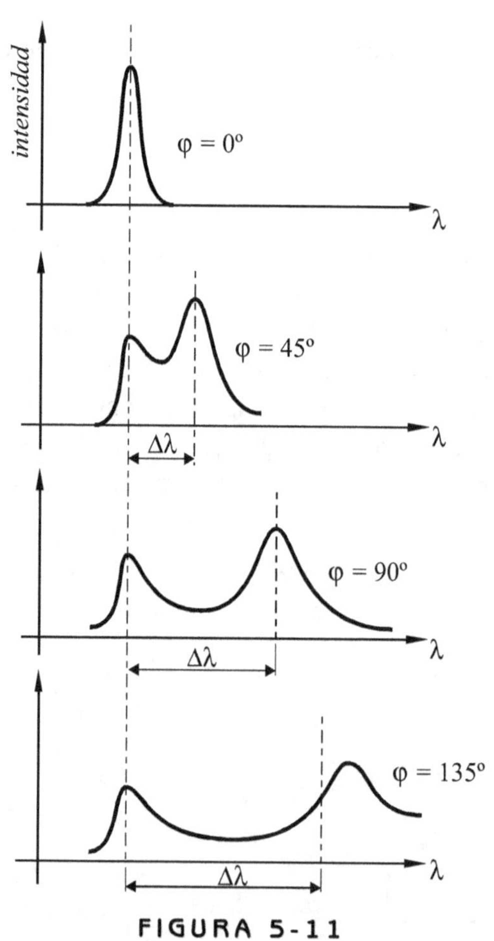

FIGURA 5-11

NOTA:

La longitud de onda de rayos X incidentes puede ser la correspondiente a la "línea K_α del molibdeno (ver luego radiación X). El molibdeno sería la sustancia del anticátodo A del tubo de rayos X. Otra sustancia puede ser el Wolframio o tungsteno.

5.4. PROPIEDADES ONDULATORIAS DE LAS PARTÍCULAS

Hemos dicho en la introducción que a las ondas electromagnéticas clásicamente se las concebía como un campo **continuo**, vibrante y en propagación; pero en el **efecto fotoeléctrico** y en el **de Compton** se manifiestan en cambio como poseyendo una estructura "granular", corpuscular. Los corpúsculos electromagnéticos son los ya mencionados FOTONES.

Los fotones poseen una **energía**:

$$E = hf$$

y poseen una **cantidad de movimiento**:

$$p = \frac{hf}{C} = \frac{h}{\lambda}$$

Ahora bien, por otra parte, hasta alrededor de 1920 todavía a los electrones se los consideraba como partículas, como a un proyectil (con masa en reposo $m_o \cong 9,1 \times 10^{-31} kg$ y carga eléctrica $e \cong -1,6 \times 10^{-19} Coul$), es decir que se los consideraba como a entes **sin ninguna propiedad ondulatoria**. Es así que las concepciones para ese entonces tenían algo de **asimetría**: las ondas exhibían propiedades de corpúsculos, pero a éstos (salvo claro está a los fotones) no se les atribuía ninguna propiedad ondulatoria, de modo que el movimiento de cualquier partícula con masa en reposo (electrones, protones, neutrones, mesones, etc.) podría ser estudiado con los recursos de la mecánica newtoniana (en todo caso con las correcciones relativísticas) sin echar mano a conceptos ondulatorios.

Apuntando en otro sentido es interesante aclarar que con el estudio de las partículas atómicas surgieron inconvenientes al tratar de concebirlas como partículas clásicas pues, si se les atribuían dimensiones (radio) no deberían ser rígidas, pues la rigidez al estilo de la mecánica teórica clásica (rigidez ∞) implica velocidades de propagación en el interior de ellas ∞, cosa prohibida por la relatividad, entonces deberían ser elásticas, "blandas", pero esto implica una estructura interna, no serian partículas "simples". (Hoy no se las considera en general simples). Si son estrictamente puntuales ($R = 0$) la "autoenergía" potencial eléctrica $\dfrac{e^2}{4\pi\varepsilon_0 R}$ tendería a ∞ y así la masa. Pero estas cuestiones que hoy en parte subsisten no serán tratadas aquí. Debemos apuntar más bien, aunque resumidamente, a las ideas y hechos que condujeron a **Louis de Broglie** a atribuir propiedades ondulatorias a las partículas.

Ya alrededor de 1830 Hamilton y Jacobi, en mecánica teórica, lograron demostrar que el movimiento de una partícula (o un haz de partículas isoenergéticas) puede ser estudiado con una ecuación a derivadas parciales utilizando una magnitud denominada acción (con dimensión de energía x tiempo o bien cantidad de movimiento x longitud, como son las dimensiones de la constante de Planck h). Las trayectorias de las partículas son perpendiculares a las superficies matemáticas constituidas por puntos de igual acción (superficies de "equi-acción"). Estas superficies se comportan desde un punto de vista matemático como **frentes de ondas** (puntos de igual fase), más aún, se las denominó "ondas de acción". El estudiante interesado en los detalles puede consultar libros de mecánica teórica (Mec. Teórica de Hertig, Principio de Mec. de Singe-Griffith ó Mec. Clásica de Goldstein). Es necesario para entender cabalmente haber hecho un curso de mecánica teórica como el de 3er año.

Todo lo dicho implica un estrechamiento entre las analogías de la mecánica con la óptica.

Para hacer notar estas analogías formales pensemos en un ejemplo sencillo: se tienen dos regiones (fig.5-12), la que está arriba del eje x posee una energía potencial (puede ser eléctrica) U_1, la inferior $U_2 < U_1$. La transición de U_1 a U_2 suponemos que ocurre en un intervalo muy pequeño dy. Una partícula con cantidad de movimiento $\vec{p}_1$ se dirige de una región a la otra, pasando por un punto 1. ¿Qué ocurrirá en la zona de transición? Aparecerá una fuerza sobre la partícula, en efecto, por el concepto de energía potencial y gradiente se tiene:

$$F_x = -\frac{\partial U}{\partial x} = 0 \to \frac{dP_x}{dt} = F_x = 0 \to P_x = cte$$

(U no varía a lo largo de x)

$$F_y = -\frac{\partial U}{\partial y} \cong -\lim_{\Delta y \to 0} \frac{U_2 - U_1}{\Delta y} \neq 0 \to \frac{dP_y}{dt} = F_y \neq 0,$$

de modo que la componente x de la cantidad de movimiento no varía, así $P_{1x} = P_{2x}$, pero cambia la componente y, aumentando al pasar de U_1 a U_2 pues la fuerza $\vec{F}_y$ apunta hacia abajo. Esto hace que la trayectoria de la partícula se "refracte". de la fig.5-12 obtenemos:

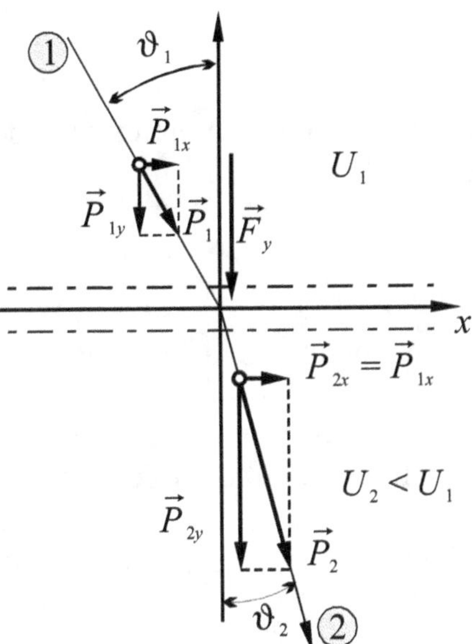

FIGURA 5-12

$$\operatorname{sen}\vartheta_1 = \frac{P_{1x}}{P_{2x}} \qquad\qquad \operatorname{sen}\vartheta_2 = \frac{P_{2x}}{P_2} = \frac{P_{1x}}{P_2}$$

dividiendo *m.a.m.*:

$$\frac{\operatorname{sen}\vartheta_1}{\operatorname{sen}\vartheta_2} = \frac{P_2}{P_1},$$

o sea:

$$P_1 \operatorname{sen}\vartheta_1 = P_2 \operatorname{sen}\vartheta_2$$

Expresión análoga a la ley de Snell para un rayo de luz que se refracta al pasar de un medio de índice n_1 a otro n_2:

$$n_1 \operatorname{sen}\vartheta_1 = n_2 \operatorname{sen}\vartheta_2$$

Nota

Hay una diferencia en los hechos: sabemos que si la velocidad del rayo es superior en el medio 2 se aleja de la normal $\left(\vartheta_2 > \vartheta_1\right)$, en cambio aquí para la partícula $\left(\vartheta_2 > \vartheta_1\right)$ Justamente esta situación dio lugar a una objeción de Huyghens a la teoría corpuscular de la luz de Newton.

En relación con estas analogías podemos agregar que en mecánica se tiene un **principio variacional**, llamado de "mínima acción" que para el caso sencillo anterior se escribe

$$\delta \int_1^2 p \, dr = 0$$

(variación de la integral de acción igual a cero). En óptica se tiene un principio análogo, llamado de "mínimo camino óptico (o eikonal)",de Fermat:

$$\delta \int_1^2 n \, dr = 0 \,,$$

dónde en ambos casos dr es un trozo elemental de recorrido de 1 a 2.

Seguramente que el perfecto conocimiento de estos antecedentes teóricos, el reciente éxito del concepto de fotón y cierta fe en la simetría de la naturaleza llevó a Louis de Broglie a proponer, en 1924, que las partículas distintas al fotón también deberían exhibir un comportamiento ondulatorio. Concretamente: así como un **fotón** posee una longitud de onda:

$$\lambda = \frac{h}{p}$$

una partícula con cantidad de movimiento p = m V tendría también una "onda asociada" de longitud

$$\lambda = \frac{h}{mV}$$

dónde V es la velocidad de la partícula ($V < C$) y m la masa relativista

$$m = \frac{m_o}{\sqrt{1 - \left(\dfrac{V}{C}\right)^2}}$$

Originalmente se las denominó "**ondas de materia**" o bien, con más propiedad "**ondas de acción**". Pero ... ¿cuál es la naturaleza de tales ondas? Por ahora diremos que NO SON electromagnéticas y luego veremos cómo se las interpretaron.

Así de Broglie dedujo que los haces electrónicos también deberían sufrir difracción como los rayos X, como los fotones. Esta deducción era revolucionaria para esa época. El supuesto fue confirmado experimentalmente: Davison y Germer, 3 años después, en los laboratorios de la Bell Telephone, comprueban que efectivamente los haces de electrones lanzados contra blancos de alguna sustancia cristalina difractan como los rayos X siguiendo la ley de Bragg que ya hemos analizado.

¿Porqué los cuerpos macroscópicos no exhiben un carácter ondulatorio? Por la pequeñez de la constante de Planck h.

En efecto, para un cuerpo de masa $m = 1$ kg, con velocidad $v = 10$ m/seg se tiene una longitud de onda de De Broglie:

$$\lambda = \frac{h}{mv} = \frac{6,6\times10^{-34}\,joule.seg}{1\,kg\times10\,m/seg} = 6,6\times10^{-35}\,m$$

es, decir $\lambda = 6,6\times10^{-25}\,\overset{o}{A}$ ¡prácticamente O $\overset{o}{A}$!, en cambio para un electrón con energía $E = \dfrac{p^2}{2m} = 100eV$ (su velocidad seria aproximadamente1/50 de la velocidad de la luz) se tiene

$$\lambda = \frac{h}{p} = \frac{h}{\sqrt{2mE}} = \frac{6,6\times10^{-34}}{\sqrt{2\times9,1\times10^{-31}\times100\times1,6\times10^{-19}}} \cong 1,2\,\overset{o}{A}$$

que ya es una longitud comparable a la de los rayos X, es medible.

5.4.1. Medición de las longitudes de ondas de los electrones.

Ya dijimos que en 1927 Davisson y Germer comprobaron que efectivamente los electrones difractan. Prepararon un ANODO formado por un monocristal de níquel, e hicieron incidir en él un haz de electrones de energía $E = 54$ eV apareciendo un fuerte máximo de electrones difractados para un ángulo $\phi = 50°$ (fig.5-13). Consideremos la difracción debida a un conjunto de planos cristalinos de Bragg (fig.5-14). La condición de Bragg para "interferencia constructiva" es:

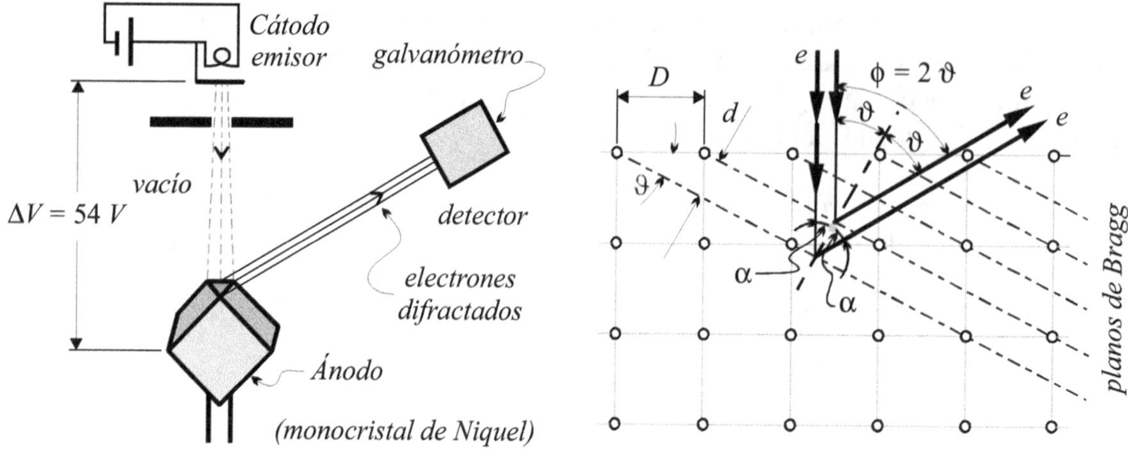

FIGURA 5-13   **FIGURA 5-14**

$$n\lambda = 2d\,sen\,\alpha = 2d\cos\vartheta$$

El espaciamiento d entre los planos de Bragg está relacionado con el espaciamiento D entre los átomos por:

$$d = D\,sen\vartheta$$

luego

$$n\lambda = 2Dsen\vartheta\cos\vartheta = Dsen2\vartheta$$

o bien con $\phi = 2\,\vartheta$:

$$n\lambda = D\,sen\,2\phi .$$

Por espectroscopia de rayos X de longitud λ conocida se sabe que $D = 2{,}15\,\overset{\circ}{A}$ para el níquel, luego para los electrones, tomando $n = 1$.

$$\lambda = 2{,}15\,\overset{\circ}{A}\,sen\,50^\circ = 1{,}65\,\overset{\circ}{A} .$$

Este valor empírico coincide muy bien con el predicho por la expresión de D'Broglie:

$$\lambda = \frac{h}{\sqrt{2mE}} = \frac{6{,}6\times10^{-34}}{\sqrt{2\times9{,}1\times10^{-31}\times54\times1{,}6\times10^{-19}}} \cong 1{,}67\,\overset{\circ}{A} .$$

Cabe agregar que si un haz de electrones incide sobre láminas muy delgadas (por ejemplo de Aluminio), policristalinas, al atravesarlas se producen, del otro lado de la lámina, figuras de difracción análogas a las producidas por la luz (o los rayos X) al pasar por un pequeño orificio (Experimento de G.P. Thomson en 1928), es decir resultan "halos" electrónicos concéntricos. Lo mismo se comprobó que ocurría con haces. de NEUTRONES.

Que las partículas como electrones, protones, neutrones, etc. exhiban comportamiento análogo a la luz (fotones) permite la construcción de dispositivos como el MICROSCOPIO ELECTRONICO (también hoy los hay protónicos, neutrónicos, etc.). Debido a que λ para estos haces es miles de veces menor que λ de la luz hace que la resolución de pequeños detalles sea miles de veces superior que en el microscopio óptico, (la difracción "molesta menos" que en la luz). En lugar de lentes de vidrio se utilizan campos eléctricos entre placas y campos magnéticos de bobinas especiales.

5.5. Ondas de D'Broglie. Velocidad de Fase y Velocidad de Grupo

Hasta ahora hemos hablado de la longitud de onda de D'Broglie pero no hemos hecho una descripción matemática de las ondas, es decir, no hemos hablado de cómo varían en el tiempo y en el espacio. Aquí supondremos que el alumno conoce algo de las matemáticas de las ondas, de lo contrario puede consultar Resnick-Halliday (mucho más extenso es Ondas, Tomo III del curso Berkeley).

El caso más sencillo es el de una onda armónica unidimensional (a lo largo de un eje X), que correspondería a prima fácie, al caso de una partícula (electrón) que se mueve a lo largo de dicho eje con velocidad v constante, luego veremos que hay algunas dificultades que se subsanan superponiendo ondas armónicas, es decir, trabajando con **grupos** o "**paquetes**" de ondas.

Una onda armónica, a lo largo del eje x está dada por:

$$\psi(x,t) = \psi_{max} \, \text{sen}\left(\frac{2\pi}{\lambda} x - \frac{2\pi}{T} t\right)$$

o bien:

$$\psi(x,t) = \psi_{max} \, \text{sen}\left(kx - \omega t\right)$$

dónde $k = \dfrac{2\pi}{\lambda}$ se denomina **número de onda** y $\omega = \dfrac{2\pi}{T} = 2\pi f$ es la **pulsación o frecuencia angular**. ψ_{max} es la amplitud. Se denomina VELOCIDAD de FASE (v_F) a la velocidad conque "avanza" un frente de onda, es decir, un plano normal a x constituido por puntos de igual fase, es decir puntos dónde se cumple

$$kx - \omega t = cte\,.$$

Derivando respecto al tiempo:

$$k\frac{dx}{dt} - \omega = 0$$

o sea

$$v_F = \frac{dx}{dt} = \frac{\omega}{k} = \lambda f$$

Pero hay dificultades: ¿puede una onda estrictamente armónica describir satisfactoriamente el movimiento de una partícula? Notemos que una onda armónica es idéntica desde $x = -\infty$ a $x = +\infty$ y desde $t = -\infty$ a $t = +\infty$ en cambio una partícula, si bien ya sabemos que no debe ser concebida como un proyectil macroscópico, al menos manifiesta ciertas propiedades localizadas. Además, una onda estrictamente armónica en todo el dominio de x y de t no tiene realidad física: no transporta ninguna información, al menos la onda debería empezar a existir a partir de un instante, por ej. $t = 0$ es decir $\psi(x,t) = 0$ para $t <$ 0 y $\psi(x,t) \neq 0$ para $t \geq 0$, pero esto ya no es una función estrictamente armónica. El "encendido" en $t{=}0$ ya es cierta información. Para transportar energía o información debe poseer cierta **MODULACION**.

Por otro lado, si $\lambda = \dfrac{h}{mv}$ dónde v es la velocidad de la partícula ($v < C$ pues $v = C$ implica $m \to \infty$), además por la cuantificación de la energía $E = m\,C^2 = hf$ resulta:

$$v_F = \lambda \cdot f = \left(\frac{h}{mv}\right)\cdot\left(\frac{mC^2}{h}\right) = \frac{C^2}{v}$$

¡Cómo $v < C$ entonces $v_F > C$! Aparentemente hay contradicción con la Relatividad de Einstein, pero no es así, pues ya dijimos que no hay transporte de energía o información. Estas ondas estrictamente armónicas se denominan **ondas de fase** y no poseen una correlación con algo "físico". Son una pura abstracción matemática, de modo que no hay dificultad en que: $v_F > C$. Por otro lado si se considera el caso clásico en que $E = \dfrac{1}{2}mv^2$ (sin energía potencial) resulta por el contrario que

$$v_F = \left(\frac{mv^2}{2h} \right) \cdot \left(\frac{h}{mv} \right) = \frac{v}{2}$$

es decir, la velocidad de fase ahora es la mitad de la velocidad de partícula y por ende menor que C.

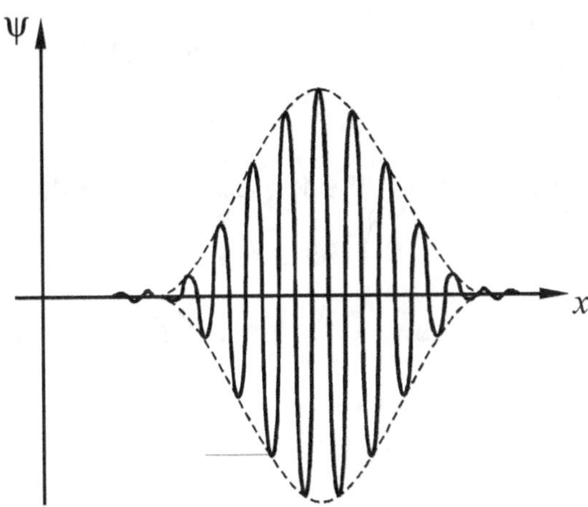

FIGURA 5-15

Una forma de **modular** y así transportar energía o información es superponer ondas de fases. En la fig.5-15 se tiene una posible "señal" modulada en amplitud. También a esta señal se le puede denominar **pulso, paquete o grupo de ondas**. En efecto, según la teoría de FOURIER este grupo se puede concebir matemáticamente como superposición de infinitas ondas de fase (ver series a integrales de Fourier). Para evitar entrar en detalles de la teoría de Fourier pensemos en un caso sencillo que igualmente conduce a resultados de valor general. Superpondremos sólo dos ondas de fase (de = amplitud):

$$\psi_1(x,t) = \psi_{max} \, \text{sen}\left(k_1 x - \omega_1 t \right)$$

$$\psi_2(x,t) = \psi_{max} \, \text{sen}\left(k_2 x - \omega_2 t \right)$$

sumando:

$$\psi(x,t) = \psi_1 + \psi_2 = \psi_{max} \left[\text{sen}\left(k_1 x - \omega_1 t \right) + \text{sen}\left(k_2 x - \omega_2 t \right) \right]$$

Se sabe que: $\text{sen}\, A + \text{sen}\, B = 2\cos\left(\dfrac{A-B}{2} \right) \cdot \text{sen}\left(\dfrac{A+B}{2} \right)$, luego:

$$\psi(x,t) = 2\psi_{max}\cos\left[\left(\frac{k_1-k_2}{2}\right)x - \left(\frac{\omega_1-\omega_2}{2}\right)t\right]\ \text{sen}\left[\left(\frac{k_1+k_2}{2}\right)x - \left(\frac{\omega_1+\omega_2}{2}\right)t\right]$$

Llamando con $\Delta k = K_1 - K_2$, $\Delta\omega = \omega_1 - \omega_2$, $k_m = \dfrac{k_1+k_2}{2}$, $\omega_m = \dfrac{\omega_1+\omega_2}{2}$.

$$\psi(x,t) = 2\psi_{max}\cos\left[\frac{\Delta k}{2}x - \frac{\Delta\omega}{2}t\right]\ \text{sen}\left[k_m x - \omega_m t\right].$$

Esta señal se puede interpretar coma de n° de onda K_m, pulsación ω_m, MODULADA en amplitud por $\cos\left[\dfrac{\Delta k}{2}x - \dfrac{\Delta\omega}{2}t\right]$. En la fig.5-16 está representada la señal para cierto instante, a lo largo del eje x. En líneas de trazos se ha dibujado la función $\cos\left[\dfrac{\Delta k}{2}x - \dfrac{\Delta\omega}{2}t\right]$, que "envuelve" a los máximos de la función seno

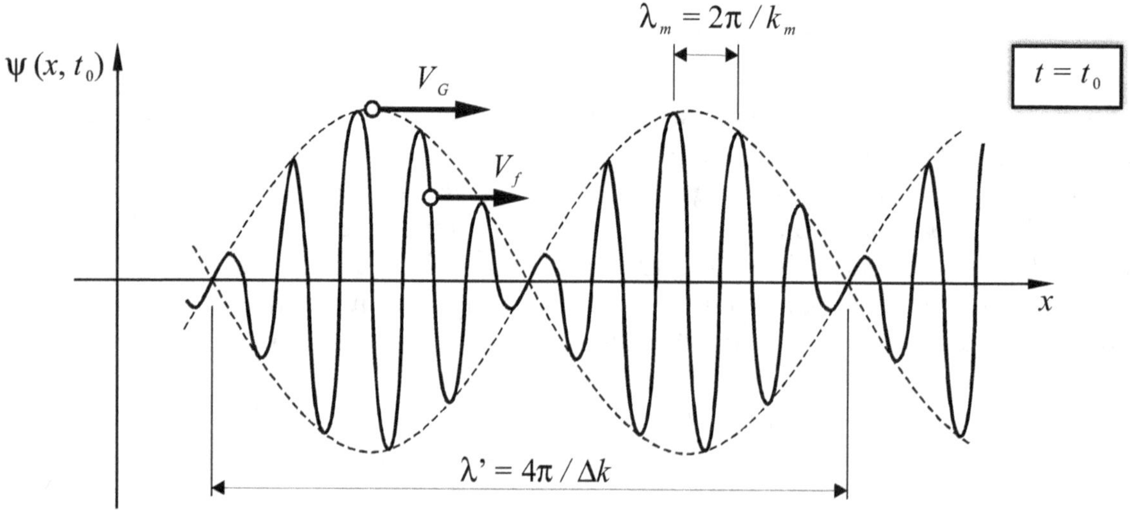

FIGURA 5-16

¿Qué longitud de onda λ' tiene la envolvente? Es claro que el número de onda es $\dfrac{\Delta k}{2} = \dfrac{2\pi}{\lambda'}$, luego $\lambda' = \dfrac{4\pi}{\Delta k} = \dfrac{4\pi}{k_1 - k_2}$. Podemos considerar uno de los "paquetes" de ancho $\dfrac{\lambda'}{2}$. ¿a qué velocidad viaja ese paquete o grupo? Es la velocidad de la señal en línea de trazos o envolvente. Para obtenerla hacemos como siempre:

$$\frac{\Delta k}{2} x - \frac{\Delta \omega}{2} t = cte$$

derivando respecto de t:

$$\frac{\Delta k}{2} \frac{dx}{dt} - \frac{\Delta \omega}{2} = 0 \, ,$$

luego

$$\frac{dx}{dt} = v_G = \frac{\Delta \omega}{\Delta k} = \frac{\omega_1 - \omega_2}{k_1 - k_2}$$

Esta velocidad se denomina VELOCIDAD DE GRUPO. Podemos pensar ahora en una señal o pulso constituido por muchísimas ondas de fase diferenciadas entre si por número de ondas $k_n = k_{n-1} + dk$ y pulsaciones $\omega_n = \omega_{n-1} + d\omega$.

La VELOCIDAD DE GRUPO será en este caso:

$$v_G = \frac{d\omega}{dk}$$

En un pulso de forma dada resulta $\omega = f(k)$, a esta función se le denomina "función DISPERSION".

Como $v_F = \dfrac{\omega}{k}$, $\omega = v_F \, k$, luego $\dfrac{d\omega}{dk} = K \dfrac{dv_F}{dK} + v_F$, si el medio es dispersivo resulta que v_F es función de k de modo que $v_G \neq v_F$, $v_G = k \dfrac{dv_F}{dK} + v_F$, si el medio no es dispersivo $\dfrac{dv_F}{dk} = 0$ y así $v_G = v_F$.

Retornemos a la teoría ondulatoria de D'Broglie con estos conocimientos elementales.

Sabemos que:

$$E = mC^2 = hf$$

$$p = mv = \frac{h}{\lambda}$$

así:

$$E = mC^2 = \hbar\omega$$

$$p = mv = \hbar k$$

con $\hbar = \dfrac{h}{2\pi}$ (se lee h barrada), luego:

$$\omega = \frac{mC^2}{\hbar}, \quad K = \frac{mv}{\hbar}$$

a su vez según la relatividad es $m = m_o \left(1-\beta^2\right)^{-\frac{1}{2}}$ con $\beta = \dfrac{V}{C}$. Así

$$\omega = \frac{m_o C^2}{\hbar}\left(1-\beta^2\right)^{-\frac{1}{2}} \qquad\qquad K = \frac{m_o C\,\beta}{\hbar}\left(1-\beta^2\right)^{-\frac{1}{2}}$$

tomando a β como variable (no "cabe otra"):

$$d\omega = \frac{m_o C}{\hbar}\left(-\frac{1}{2}\right)\left(1-\beta^2\right)^{-\frac{3}{2}}\cdot\left(-2\beta\right)d\beta$$

antes de diferenciar K hagamos: $k = \dfrac{m_o C}{\hbar}\left(\beta^{-2}-1\right)^{-\frac{1}{2}}$ (hemos introducido β como β^2), luego:

$$d\omega = \frac{m_o C}{\hbar}\left(-\frac{1}{2}\right)\left(\beta^{-2}-1\right)^{-\frac{3}{2}}\cdot\left(-2\beta^{-3}\right)d\beta,$$

así

$$\frac{d\omega}{dK} = C\,\beta\,\beta^3\left[1-\beta^2\right]^{-\frac{3}{2}}\left[\beta^2-1\right]^{\frac{3}{2}}$$

entrando β^3 como $\left(\beta^2\right)^{\frac{3}{2}}$ en el último corchete resulta:

$$v_G = \frac{d\omega}{dK} = C\beta = v$$

es decir la **velocidad de grupo** es la **velocidad de la partícula!**.

Según la teoría de FOURIER para formar un pulso como el de la fig.5-17 se necesitan infinitas ondas de fase cuyos números de ondas $K = \dfrac{2\pi}{\lambda}$ van de

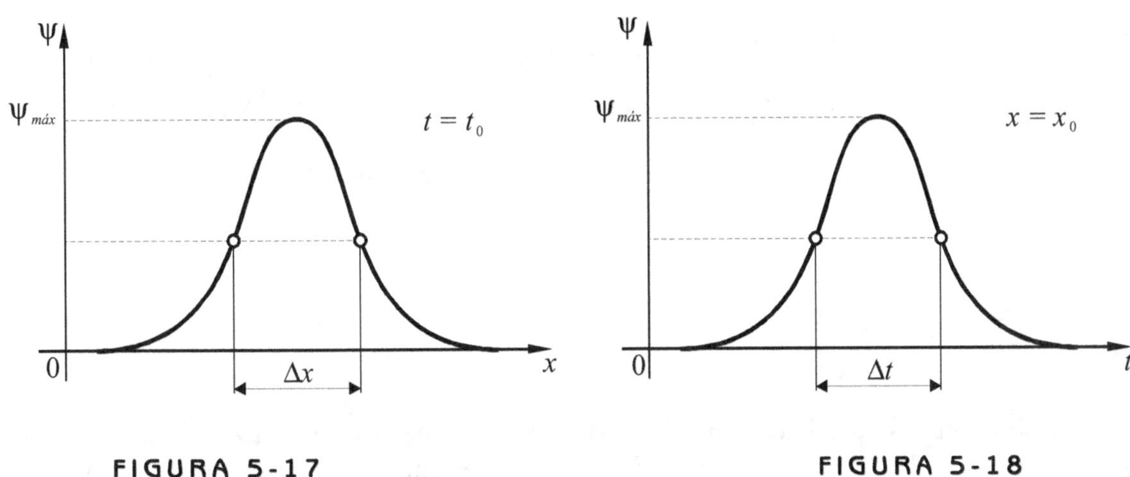

FIGURA 5-17   **FIGURA 5-18**

un cierto valor K_1 a otro K_2 pasando por todos los valores intermedios en forma continua. Si se adopta el criterio de denominar **ancho** del pulso al Δx correspondiente a la mitad de la amplitud (fig.5-17),en la teoría de Fourier se demuestra que el **ancho de banda** de los números de onda $\Delta K = K_2 - K_1$ guarda una relación con Δx tal que

$$\Delta x \cdot \Delta K \geq \frac{1}{2}$$

de modo que cuánto más estrecho es el pulso (Δx menor) mayor es el ancho de banda ΔK de las ondas de fase necesarias para formarlo. En el caso extremo de una sola onda (un sólo K) es $\Delta K = 0$ luego $\Delta x = \infty$ como es el caso de una armónica estricta. Análogamente ocurre en el tiempo (fig.5-18). Cuánto más breve es el pulso (menor Δt) más ancha debe ser la banda $\Delta\omega$ de frecuencias:

$$\Delta x \cdot \Delta\omega \geq \frac{1}{2}$$

Para una armónica es ω único, de modo que $\Delta\omega = 0$ y así $\Delta t = \infty$, es decir lo que ya sabemos: la armónica cubre todo el dominio del tiempo.

Estas relaciones serán útiles luego para comprender el **Principio de Indeterminación de Heisenberg** (o **principio de Incertidumbre**).

5.6. PRINCIPIO DE INDETERMINACIÓN DE HEISENBERG

ASPECTOS CONCEPTUALES: ya hemos dicho que en mecánica clásica dada una partícula de masa m, las fuerzas que actúan sobre ella $\left(\sum \vec{F}\right)$ y las condiciones iniciales de posición $\vec{r}_{(t_o)}$ y velocidad $\vec{v}_{(t_o)}$, la trayectoria queda perfectamente determinada y se puede calcular resolviendo la ec. diferencial de Newton

$$m\frac{d^2\vec{r}}{dt^2} = \sum \vec{F}$$

En este sentido la mecánica clásica es DETERMINISTA: al decir de LAPLACE si fuese posible conocer todas las N partículas del Universo y su estado de movimiento (posiciones y velocidades) en un instante, la resolución de las N ecuaciones diferenciales de Newton permitirían predecir el devenir del Universo. Hasta podríamos predecir el destino de cada persona!. El Universo sería así un "mecanismo clásico".

Ahora bien, al introducir M. Planck la cte. de acción h, al cuantificar la energía, y el descubrimiento de D'Broglie del carácter "dual" de la materia resulta por fuerza la introducción de cierto INDETERMINISMO en el comportamiento de los objetos de la física ¿qué significa esto?

No es fácil en pocas palabras dar una idea cabal del indeterminismo, sus consecuencias tanto físicas como filosóficas. Por suerte hoy hay buenos libros a nivel de divulgación que tratan este tema en sus diversas consecuencias (por ej. Otros Mundos, Dios y la Nueva Física, ambos de Paul Davies, De los Átomos a los Quarks de J. Trefil, todos de la colección de la "Biblioteca Científica Salvat" de venta en los Kioscos). Aquí sólo trataremos los aspectos exclusivamente técnicos y en forma resumida.

En física se trabaja con magnitudes MEDIBLES, al menos con experimentos idealizados equivalentes a otros factibles de realizar. Para medir hay que OBSERVAR. La observación es una INTERACCION entre el objeto y el observador. En la física clásica, ocupada con **objetos macroscópicos** (por ej. un planeta, proyectil, vehículo) esta interacción no modifica sensiblemente el estado de lo observado. No modifica sensiblemente la posición y cantidad de movimiento del objeto observado. Entonces, en la física clásica se da por supuesto que es factible MEDIR la posición y cantidad de movimiento de las partículas con total precisión. La imprecisión práctica de las medidas se atribuye a **dificultades técnicas, no de principio**. Heisenberg y Bohr meditaron sobre las consecuencias de las mediciones (u observaciones) efectuadas sobre objetos atómicos (fotones, electrones, protones, átomos, etc.) y concluyeron que la medición u observación perturba de tal modo al sistema medido que no es posible medir con absoluta precisión simultáneamente ciertas magnitudes "conjugadas" de la mecánica, por ej. posición y velocidad (o cantidad de movimiento), o momento cinético y ángulo, o energía y tiempo. Sólo se puede medir con cierta imprecisión o desviación estándar Δ: Esta **imprecisión o desviación no es atribuible** a dificultades prácticas, sino que **es de principio**. Implica cierta limitación en el conocimiento del futuro (o pasado) de un sistema, dado que implica cierta limitación en el conocimiento de su presente ("condiciones iniciales").

Algunos autores opinan que todo esto surge de utilizar magnitudes "inventadas" para la descripción de objetos macroscópicos en la descripción de objetos atómicos que nadie ha observado directamente o al menos poseído una imagen de los mismos.

Las ideas del indeterminismo fueron especialmente criticadas (y rechazadas) por A. Einstein. Para convencerlo (nunca lo lograron del todo) Bohr ideaba situaciones o experimentos idealizados muy ingeniosos que reforzaban el principio de indeterminación al punto que Einstein parecía refugiarse en un dogma de fe: "Dios no juega a los dados" decía, a lo que Bohr alguna vez replicó diciéndole "deja de decir a Dios lo que debe hacer".

Veamos una experiencia idealizada a fin de determinar la posición y cantidad de movimiento de los electrones. En la fig.4-19 se tiene una pantalla A con una ranura de ancho Δy que permite el paso de electrones que viajan desde la izquierda con cantidad de movimiento $\vec{p} = \vec{p}_x \left(\vec{p}_y = 0 \right)$ perfectamente conocida.

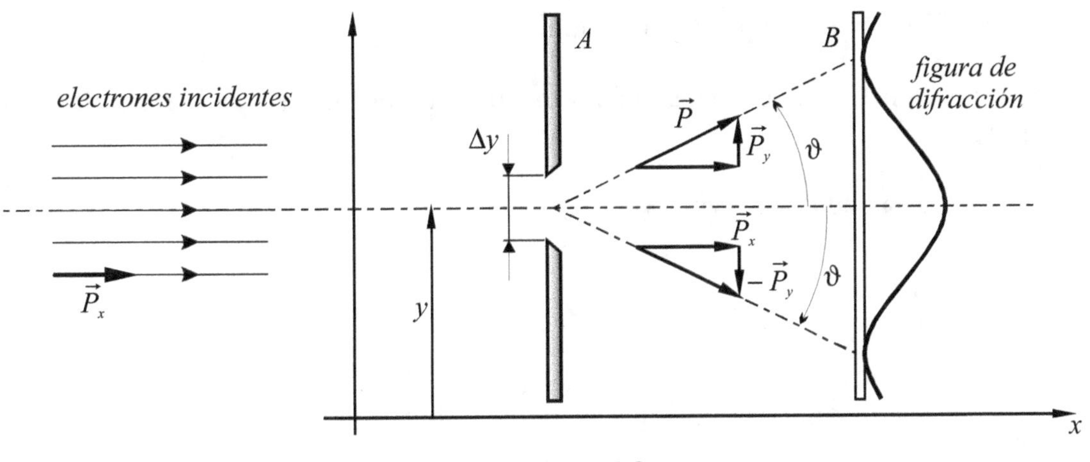

FIGURA 5-19

Se sabe así que $\vec{p}_y = 0$ antes de pasar por la ranura, pero no se sabe la coordenada y. Si el electrón pasa por la ranura sabremos que su coordenada y está dentro de los valores $\left(y \pm \dfrac{\Delta y}{2} \right)$, es decir, sabremos su coordenada (y) con la precisión o desviación Δy. Pero los electrones difractan como los rayos X, como la luz, de modo que los electrones que pasan, por la ranura formarán con el tiempo una figura de difracción como la que se indica en B. Esto quiere decir que al saber que pasó por la ranura la cantidad de movimiento p_y puede tener cualquier valor entre $-p \operatorname{sen}\vartheta$ y $+p \operatorname{sen}\vartheta$, es decir, el electrón puede incidir en cualquier parte de la pantalla B dentro de la "mancha" central de ancho angular 2ϑ Despreciamos los máximos laterales.

Sabemos de óptica ondulatoria que el ángulo ϑ correspondiente al 1er mínimo de difracción cumple con:

$$\Delta y \cdot \operatorname{sen}\vartheta = \lambda$$

donde λ es la longitud de onda de D'Broglie. Vemos así que si con el afán de aumentar la precisión en la coordenada y achicamos el ancho Δy aumenta el ángulo ϑ y así el rango $\Delta p_y = 2p\operatorname{sen}\vartheta$ de los valores de cantidad de movimiento s/y que puede tomar el electrón. Los electrones traían una cantidad de movimiento $p = \dfrac{h}{\lambda}$, luego la desviación $\Delta p_y = 2\dfrac{h}{\lambda}\operatorname{sen}\vartheta$, multip. con $\Delta y = \dfrac{\lambda}{\operatorname{sen}\vartheta}$ se tiene $\Delta y \cdot \Delta p_y = 2h$. He aquí lo que afirma HEISENBERG: el producto de la desviación de la medida simultánea de dos magnitudes conjugadas es siempre mayor o al menos igual a una constante del orden de la constante de Planck. Vemos que si aumentamos la presición en la coordenada y haciendo $\Delta y \to 0$ aumenta la desviación Δp_y tendiendo a ∞. La viceversa también es cierta. Notemos que la relación se establece entre componentes homónimas.

Hay diversas situaciones o experiencias más o menos complicadas que refuerzan estas conclusiones.

Desde el punto de vista ondulatorio vimos que

$$\Delta x \cdot \Delta k \geq \dfrac{1}{2}$$

ahora bien, según de Broglie $p_x = \hbar k$, luego $\Delta k = \dfrac{\Delta p_x}{\hbar}$, reemplazando:

$$\Delta x \cdot \Delta p_x \geq \frac{\hbar}{2} = \frac{h}{4\pi}$$

que es la expresión correcta del Principio de Indeterminación de Heisenberg. Para la energía E se tiene:

$$\Delta\omega \cdot \Delta t \geq \frac{1}{2}$$

y como $E = \hbar\omega$, $\Delta\omega = \dfrac{\Delta E}{\hbar}$ y así:

$$\Delta E \Delta t \geq \frac{h}{4\pi}$$

Este resultado es algo más difícil de interpretar, podemos hacerlo así: el nivel de energía de un sistema (por ej. un átomo) dentro del intervalo de tiempo $\left(t \pm \dfrac{\Delta t}{2}\right)$ sólo se puede medir con una desviación

$$\Delta E \geq \frac{h}{4\pi\Delta t}$$

es decir, el sistema tendrá energía entre $E \pm \dfrac{\Delta E}{2}$, como mínimo. Se puede interpretar que Δt es la mínima "demora" para medir la energía. Si uno imagina que el sistema posee una energía E perfectamente definida $\left(\Delta E = 0\right)$ debería permanecer indefinidamente $\left(\Delta t = \infty\right)$ en ese estado.

Es interesante hacer notar que el indeterminismo en la energía permite momentáneas "violaciones" a la conservación de la energía: podemos pensar que aparece una cierta cantidad de energía $E' = \Delta E$ de "la nada" con tal que desaparezca otra vez hacia "la nada" al menos después de un tiempo

$$\Delta t = \frac{h}{4\pi E}$$

Más aún, hasta se puede pensar en partículas con masa $m = \dfrac{E'}{C^2}$ que "viven" en término medio un tiempo Δt, salidas de "la nada"!

5.7. Primitiva teoría Cuántica del Átomo de Hidrogeno

Para familiarizarse con la historia del átomo lo mejor es leer pequeños libros de buena divulgación científica. Se puede encontrar aún en quioscos "De los Átomos a los Quarks" de James S. Trefil, de la Biblioteca Científica Salvat, Libro $N°$ 8,. Otros en librerías como "El Inquieto Universo" de Max Born, EUDEBA (con figs. animadas), "Alrededor del Cuanto", de L Ponomarion, Ed. MIR, etc: Aquí nosotros necesariamente debemos ser breves y apuntar directamente a los puntos del programa.

5.7.1. Modelos Atómicos

De J. J.THOMPSON: en 1910 aproximadamente J.J.Thomson (descubridor del electrón) propuso que el átomo estaría formado por una "masa" de carga eléctrica positiva que contenía a los electrones, negativos (fig.5-20). E1 conjunto es neutro. Se solía decir que el átomo era una especie de "Pudding", en dónde la pasta sería la carga positiva (+) y las pasas de uva los electrones. Esta concepción del átomo no funciona por dos aspectos principales:

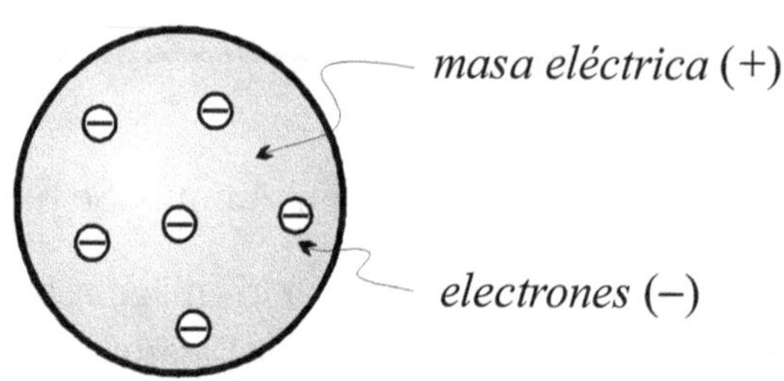

FIGURA 5-20

1) una tal mezcla de cargas estáticas no es **estable**, el mismo Thompson lo sabía,

2) si se le dispara con cargas positivas pesadas, como los iones de Helio (He^{4++}), de masa 4, llamados partículas alfa, no deberían desviarse mucho, pues el campo eléctrico que tal "pudding" produce, no es relativamente elevado, pero en realidad las partículas α lanzadas contra los átomos (por ej. átomos de oro) se desvían mucho más y aún "rebotan". Esto fue comprobado por GEIGER y MARSDEN, lo que indujo a pensar a RUTHERFORD que la carga positiva estaría concentrada casi puntualmente en el centro y los electrones alrededor. En las figs.5-21 y 5-22 se muestra la diferencia en

la desviación de las partículas α para un átomo de Thomson y otro de Rutherford, esto último es lo que ocurre realmente. Las trayectorias de los "proyectiles" α son hipérbolas de rama alejada como se estudia en fuerzas centrales en mecánica. En la fig.5-21 el círculo imaginario de radio b se denomina SECCION EFICAZ para la desviación ϑ. Toda partícula que incide en esta sección se desvía un ángulo mayor que ϑ.

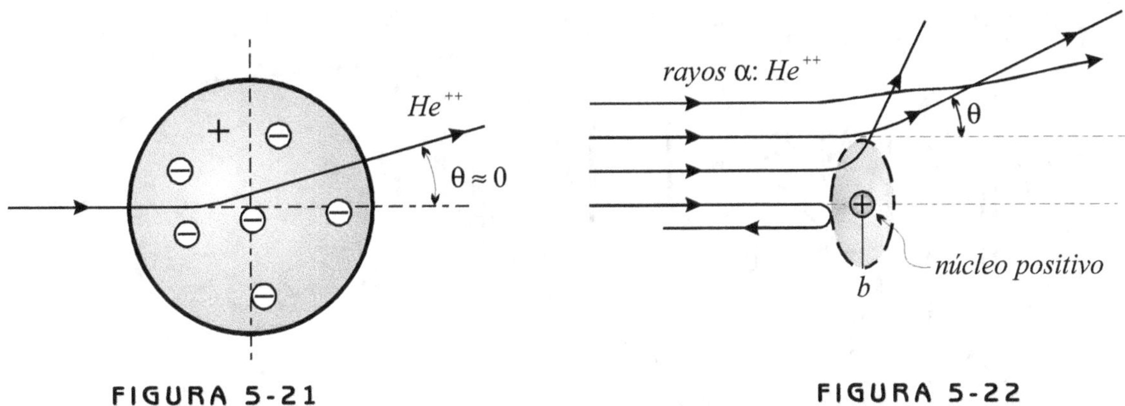

FIGURA 5-21   **FIGURA 5-22**

De modo que RUTHERFORD terminó pensando que el átomo estaría formado por un núcleo casi puntual positivo (+) alrededor del cual ORBITAN electrones negativos (-). El átomo de RUTHERFORD seria semejante a un sistema planetario. También este modelo adolece de serias dificultades: si bien la orbitación parece conducir a la estabilidad (como en el sistema planetario) se tiene que según MAXWELL las cargas eléctricas aceleradas (los electrones alrededor del núcleo tendrían aceleración por lo menos CENTRIPETA) emiten radiación electromagnética, es decir, energía. Esta tendría que salir del propio átomo y así rápidamente el (o los) electrones caerían en espiral hacia el núcleo, resultando así que el sistema así formado tampoco sería estable.

5.8. MODELO DE NIELS BOHR

5.8.1 Antecedentes experimentales. Espectros de Bandas (de emisión y absorción)

Gracias a los **espectroscópios** (de prisma o de red de difracción) se había comprobado que los gases a baja presión, "encendidos" por descarga eléctrica de alta tensión (por ejemplo en los tubos de Neón de carteles luminosos) emiten radiación electromagnética de frecuencias agrupadas en bandas (o intervalos) muy estrechos (líneas), separados por intervalos ,de frecuencias no existentes (oscuridad). Cada sustancia tiene su propio "espectro" que la identifica. En la fig.5-23 esquematizamos un espectroscopio descomponiendo la luz proveniente de un tubo (de PLÜKER) lleno de hidrógeno y se muestra el espectro obtenido (espectro visible). Las líneas para el hidrógeno se designan con la letra H y subíndices del alfabeto griego. Las longitudes de onda son $H_\alpha = 6562,8\,\overset{o}{A}$, $H_\beta = 4861,3\,\overset{o}{A}$, $H_\gamma = 4340,5\,\overset{o}{A}$, $H_\delta = 4101,7\,\overset{o}{A}$, ... etc.

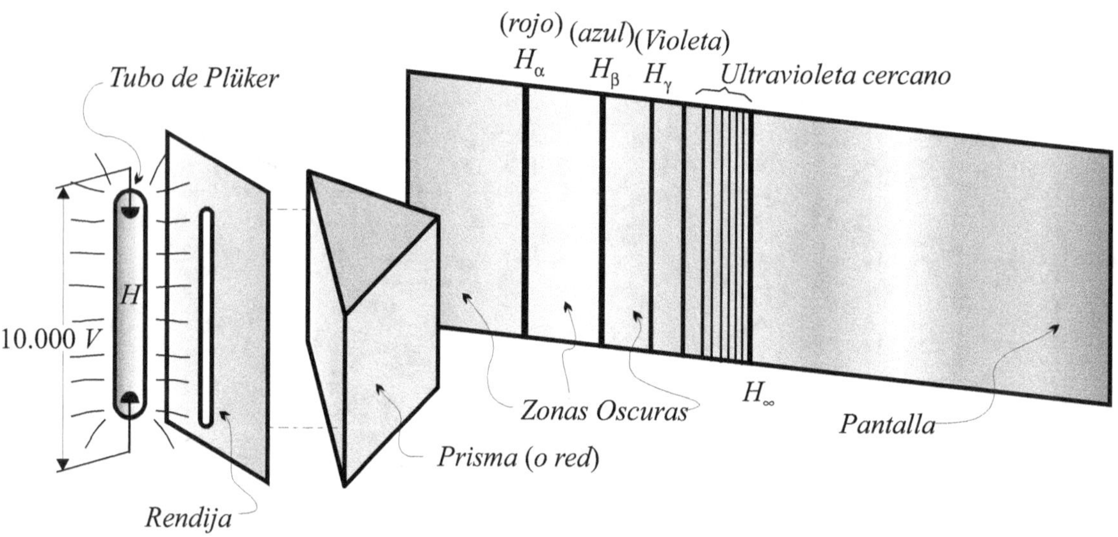

FIGURA 5-23

Un maestro de escuela suizo, BALMER, encontró que estas longitudes responden a usa serie cuyos elementos o **términos** responden a la expresión:

$$\lambda = 3646 \frac{n^2}{n^2 - 4},$$

donde n = 3, 4, 5, ... $\lim_{n\to\infty} \lambda = 3646\,\overset{o}{A}$. Esto fue en 1885. Los estudios fueron intensificados y extendidos a otros gases por RYDBERG. La expresión de BALMER se puede escribir con el número de onda $\dfrac{1}{\lambda}$ y una constante, llamada de Rydberg R, que para el hidrógeno es $R_H \cong 10,967\times10^6\,m^{-1}$, así:

$$\frac{1}{\lambda} = R_H\left(\frac{1}{2^2} - \frac{1}{n^2}\right), n = 3, 4, 5, \ldots$$

Recalcamos que estas expresiones que dan las longitudes de onda de las líneas visibles del espectro eran EMPIRICAS, es decir **no** eran obtenidas a partir de un modelo del átomo, aunque si inspiradas en la idea generalizada que la naturaleza responde a los números ....

Los espectros como el anterior lo podemos denominar de EMISION. También se tienen los espectros de **absorción**: cuando la luz blanca proveniente de un sólido incandescente (por ej. el filamento de una lámpara o el Sol) atraviesa un gas relativamente frío, del "otro lado" aparecen líneas oscuras que indican que el gas absorbió radiación de ciertas frecuencias: estas coinciden con algunas del espectro de emisión de tal gas. En la fig.5-24 se compara el espectro de absorción del sodio (Na) con el de emisión del mismo.

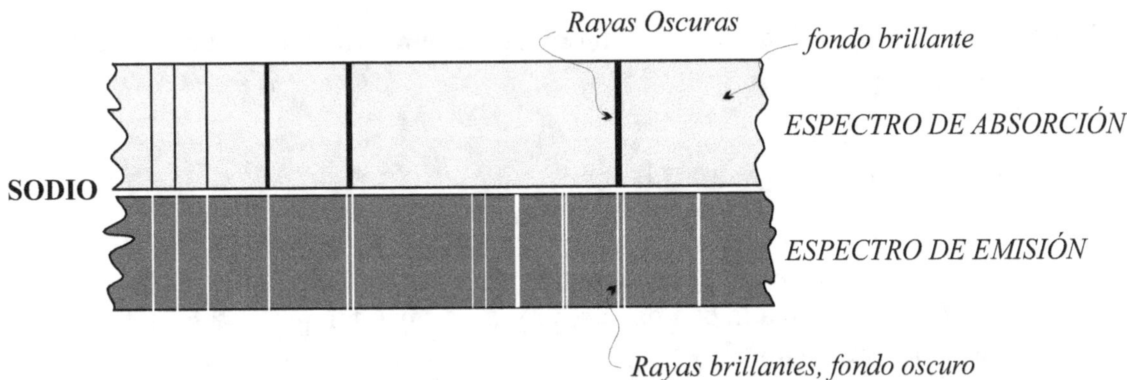

FIGURA 5-24

Todo está de acuerdo con la ley de KIRCHHOFF de la radiación estudiada en Física II: *a una dada temperatura, si una sustancia emite en una banda, debe absorber en esa misma banda. Lo contrario haría posible la rotura espontánea del equilibrio térmico.*

En síntesis, el panorama a comienzo del siglo XX, era así: el átomo de Thomson no era estable ni coincidía con las grandes desviaciones que experimentaban los "proyectiles" α que incidían sobre él. El átomo de RUTHERFORD, si bien explicaba las grandes desviaciones, según las ecuaciones de Maxwell debía radiar continuamente hasta colapsar cayendo los electrones hacia el núcleo. Además, había que explicar las series de líneas de emisión (y absorción)!.

Niels Bohr (físico DANES) en 1913 desarrolló un modelo de átomo de hidrógeno, que en realidad es aproximadamente válido para cualquier ION que tenga un sólo electrón y Z protones en el núcleo (Z se denomina $n°$ atómico), por ej. el propio átomo neutro de H° ($Z = 1$), el ION He$^+$ simplemente ionizado ($Z = 2$), el ión de Li^{++} doblemente ionizado ($Z = 3$), etc.

5.8.2. Hipótesis de Bohr

1) el electrón se mueve en órbita circular alrededor del núcleo, atraído por la fuerza central coulombiana $K_o \dfrac{e^2}{r^2}$

2) para que el átomo sea estable hay que suponer que hay órbitas dónde el electrón, a pesar que posee una aceleración centrípeta, NO RADIA. Esto es lo mismo que suponer que las ecuaciones de Maxwell no se cumplen del todo en el átomo.

   Las órbitas estables son aquéllas en que el **momento cinético** (o momentum angular) $\vec{\ell} = \vec{r} \times m\vec{V}$ está **cuantificado** así:

$$\left|\vec{\ell}\right| = rmV = n\hbar, \qquad (n = 1, 2, 3, \ldots).$$

3) El átomo radia cuando el electrón pasa de una órbita exterior a otra interior y absorbe a la inversa. Si E_i es la energía inicial del átomo y E_f la final, tal que $E_i > E_f$ se tiene que la frecuencia del **fotón emitido** es:

$$f = \frac{E_i - E_f}{h}$$

Bohr utiliza aquí la hipótesis de Einstein en el efecto fotoeléctrico.

Supondremos en primera instancia que el núcleo está fijo respecto a un sistema de referencia inercial. Esto es aproximadamente cierto dado que m masa es miles de veces superior a la del electrón satélite: podemos decir aproximadamente que la relación de masas es:

$$\frac{m_{nucleo}}{m_{electron}} \cong 1836 \times N$$

dónde N es el número másico = $n°$ de protones + $n°$ de neutrones. En el hidrógeno $N = 1$.

Veamos algunas consecuencias de estos postulados.

Radios "permitidos"

En la fig.5-25 se esquematiza a un átomo con carga eléctrica Ze en el núcleo, positiva (+) y **un** electrón en órbita circular de carga e, negativa (-). La fuerza de atracción coulombiana es:

$$\left|\vec{F}\right| = \frac{Ze^2}{4\pi\varepsilon_o r^2}$$

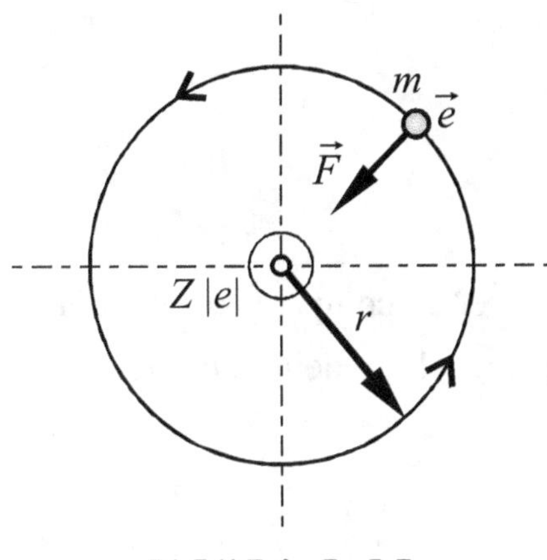

FIGURA 5-25

Las órbitas permitidas de Bohr son aquéllas que cumplen con la cuantificación del momento cinético:

$$\left|\vec{\ell}\right| = rmV = n\hbar \qquad\qquad [5\text{-}3]$$

Aplicando la ley de Newton de la dinámica:

$$\frac{Ze^2}{4\pi\varepsilon_o r^2} = m\frac{V^2}{r} \qquad\qquad [5\text{-}4]$$

de [4-3] $V = \dfrac{n\hbar}{mr}$, reemplazando en [5-4] y despejando r:

$$r = \left(4\pi\varepsilon_o \frac{\hbar^2}{mZe^2}\right)\cdot n^2 \qquad\qquad (n = 1, 2, 3,...)$$

Podemos calcular el menor radio del átomo de hidrógeno: $Z = 1$, $n = 1$ resulta:

$$r_1 = 5{,}3\times 10^{-11}\,m \cong 0{,}5\,\overset{o}{A}$$

Podemos también calcular la velocidad de orbitación en el estado $n = 1$ (fundamental):

$$V = \frac{n\hbar}{mr} = \frac{\not{n}\,\not{\hbar}\,\not{m}\,Ze^2}{\not{m}\,4\pi\varepsilon_o\,n^2\,\hbar^2}$$

$$V = \frac{Ze^2}{4\pi\varepsilon_o n\hbar}, \quad para \begin{cases} n = 1 \\ Z = 1 \end{cases}$$

$V_1 = 2,2\times10^6\, m/seg$ que es pequeña comparada con la velocidad de la luz $C \cong 3\times10^8\, m/seg$ (aproximadamente el 1%), de modo que se justifica haber utilizado la masa en reposo del electrón.

Energía total del átomo

La energía total E desde el punto de vista clásico es:

$$E = \frac{1}{2}mV^2 + U_{pot.},$$

en este caso la energía potencial corresponde a la eléctrica de dos cargas puntuales, que como sabemos es: $-\dfrac{Ze\times e}{4\pi\varepsilon_o r}$, así:

$$E = \frac{1}{2}mV^2 - \frac{Ze^2}{4\pi\varepsilon_o r}.$$

Eliminemos V^2 en base a la ley de Newton

$$\frac{Ze^2}{4\pi\varepsilon_o r^2} = m\frac{V^2}{r} \rightarrow V^2 = \frac{Ze^2}{4\pi\varepsilon_o mr},$$

reemplazando:

$$E = -\frac{Ze^2}{8\pi\varepsilon_o r}$$

(la mitad de la potencial), teniendo en cuenta la expresión del radio permitido resulta:

$$E = -\left(\frac{mZ^2 e^4}{(4\pi\varepsilon_o)2\hbar^2}\right)n^{-2} \qquad (n = 1,\ 2,...)$$

En la fig.5-26 se grafican los niveles de energía (para $Z = 1$), para $n \to \infty$, $E = 0$ y el electrón se aleja indefinidamente del núcleo, el átomo se ioniza.

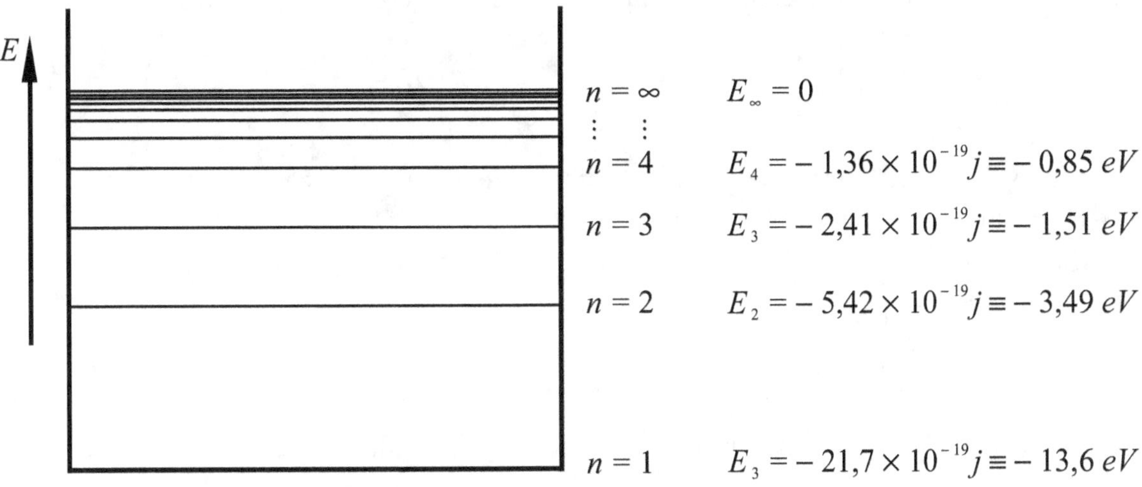

FIGURA 5-26

El nivel energético E_1 correspondiente al **número cuántico** $n = 1$ se denomina ESTADO FUNDAMENTAL, los demás son estados excitados.

Para el hidrógeno es $Z = 1$, de modo que el estado fundamental tiene una energía (es la energía de "ligadura" del electrón en el átomo):

$$E_1 = -\frac{me^4}{8\varepsilon_o^2 h^2} = -13,6\,eV$$

5.8.3. Explicación de las Series Espectrales

Hemos dicho que BALMER, basado en resultados empíricos encontró que la serie

$$R_H\left(\frac{1}{2^2} - \frac{1}{n^2}\right),\ n = 3,\ 4,\ 5...$$

da los "números" de onda $1/\lambda$ de las rayas espectrales VISIBLES del hidrógeno. Otros investigadores experimentales encontraron otras series: LYMAN en el ULTRAVIOLE-

TA, PASCHEN, BRACKETT Y PFUND en el INFRARROJO. Ahora bien, con el modelo de Bohr es factible **deducir** estas series, en efecto, por el postulado $n°$ 3 se tiene que la frecuencia del FOTON emitido por un átomo (o ION) mono electrónico es:

$$f = \frac{E_i - E_f}{h}$$

además como $\lambda f = C$ (C = velocidad de la luz en el vacío $\cong 3 \times 10^8 \, m/seg$) resulta

$$\frac{f}{C} = \frac{1}{\lambda} \qquad \text{y así} \qquad \frac{1}{\lambda} = \frac{E_i - E_f}{hC}$$

reemplazando E_i y E_f, es decir, las energías correspondientes a los niveles cuánticos $n = n_i$; $n = n_f$ (valor inicial y final, respectivamente) y sacando factor común, se tiene:

$$\frac{1}{\lambda} = \frac{mZ^2 e^4}{8\varepsilon_o^2 h^3 C} \left(\frac{1}{n_f^2} - \frac{1}{n_i^2} \right)$$

Para el hidrógeno, $Z = 1$, resulta que $\left(\dfrac{me^4}{8\varepsilon_o^2 h^3 C} \right)$ es precisamente la cte. de RYDBERG $R_H = 10,97 \times 10^8 \, m^{-1}$ lo que resulta un éxito notable del modelo.

La serie de BALMER surge al hacer $n_f = 2$, de modo que las rayas luminosas surgen por la emisión del átomo de hidrógeno al cambiar este de los niveles E_3, E_4, E_5, ... al E_2. Podemos decir que el electrón salta desde un nivel superior a la órbita correspondiente a $n_f = 2$.

También se explican así las demás series:

de LYMAN, en el ULTRAVIOLETA, $n_f = 1 : \dfrac{1}{\lambda} = R_H \left(\dfrac{1}{1^2} - \dfrac{1}{n_i^2} \right)$, $n_i = 2,\ 3,\ 4...$

de BALMER, en el VISIBLE, $n_f = 2 : \dfrac{1}{\lambda} = R_H \left(\dfrac{1}{2^2} - \dfrac{1}{n_i^2} \right)$, $n_i = 3,\ 4,\ 5...$

de PASCHEN, en el INFRARROJO, $n_f = 3 : \dfrac{1}{\lambda} = R_H \left(\dfrac{1}{3^2} - \dfrac{1}{n_i^2} \right)$, $n_i = 4,\ 5,\ 6...$

de BRACKETT, en el INFRARROJO, $n_f = 4 : \dfrac{1}{\lambda} = R_H \left(\dfrac{1}{4^2} - \dfrac{1}{n_i^2} \right)$, $n_i = 5,\ 6,\ 7...$

de PFUND, en el INFRARROJO, $n_f = 5 : \dfrac{1}{\lambda} = R_H\left(\dfrac{1}{5^2} - \dfrac{1}{n_i^2}\right)$, $n_i = 6,\ 7,\ 8...$

Algunas rayas espectrales de estas tres últimas del infrarrojo se SOLAPAN.

5.8.4. Relación entre el modelo de Bohr y la teoría ondulatoria de *D'*Broglie

Recordando que según *D'*Broglie el electrón también se comporta como una onda de longitud

$$\lambda = \frac{h}{p} = \frac{h}{mV}$$

podemos pensar que las órbitas estables de Bohr son aquéllas cuya longitud $(2\pi r)$ coinciden con un número entero n de longitudes de onda λ:

$$2\pi r = n\lambda = n\ \frac{h}{mV}.$$

En efecto, transponiendo términos reencontramos el 2° postulado de Bohr:

$$r\ m\ V = \left|\vec{\ell}\right| = n\ \frac{h}{2\pi} = n\hbar$$

Esto implica una notable armonía entre las dos teorías.

Gráficamente el átomo resulta **análogo** a anillos delgados elásticos vibrando en sus modos principales (figs.5-27) (anillos de distintos radios).

Si n es fraccionario, es decir no entra un número entero de λ en el perímetro de las órbitas la onda resultante no es estacionaria y se desvanece por interferencia "destructiva".

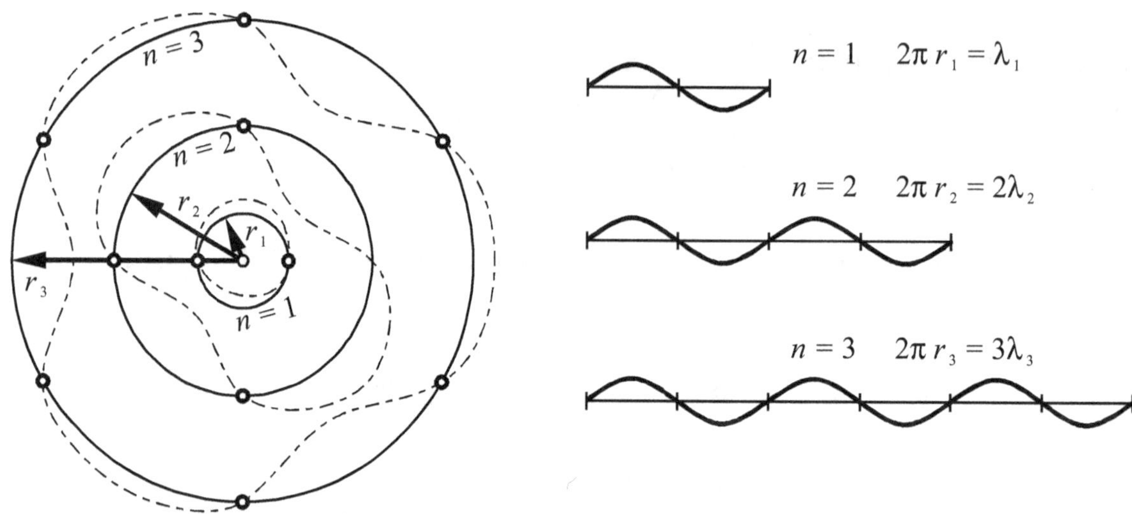

FIGURA 5-27

Nota

Se ha supuesto en el modelo que la masa M del núcleo es tan grande comparada con la del electrón, *m*, en órbita, que respecto a un referencial inercial el núcleo no se mueve (como en primera aproximación se supone para el Sol y los planetas). Pero sabemos en rigor que ambas masas orbitan alrededor del CENTRO DE MASAS común. Podemos seguir suponiendo que el núcleo está fijo en un referencial especial (no inercíal) con tal de tomar en lugar de la masa *m* del electrón la **masa reducida** del sistema:

$$\mu = \frac{Mm}{M+m}$$

Por lo tanto es fácil demostrar que la constante de Rydberg para el hidrógeno (o cualquier elemento) se puede escribir

$$R_{H\mu} = \frac{\mu e^4}{8\varepsilon_o^2 h^3 C} = \frac{Mm}{(M+m)} \cdot \frac{e^4}{8\varepsilon_o^2 h^3 C} = \frac{M}{(M+m)} \cdot R_{H\infty}$$

dónde $R_{H\infty}$ es la constante supuesto el núcleo ∞ masivo (fijo), en un referencial inercial. Es claro que

$R_{H\mu} < R_{H\infty}$, aunque muy poco (haga el alumno el cálculo numérico con M $\simeq$ 1836 *m*).

El DEUTERIO

El deuterio es un ISOTOPO del hidrógeno, posee un **protón** más un **neutrón** en el núcleo, de modo que la masa nuclear del deuterio es $M_D \simeq 2M_H$. En el hidrógeno natural hay $\simeq 1/6000$ parte de deuterio. Con el oxigeno forma "AGUA PESADA D_2O".

¿Cómo son las longitudes de onda λ del espectro del deuterio, en comparación con el hidrógeno? Comparemos las constantes de Rydberg respectivas:

$$R_{\mu H} \cong \left(\frac{M_H}{M_H + m} \right) \cdot R_{H\infty} \qquad R_{\mu D} \cong \left(\frac{2M_H}{2M_H + m} \right) \cdot R_{H\infty},$$

de modo que resulta $R_{\mu D} \geq R_{\mu H}$, aunque no mucho, esto hace que los números de ondas $1/\lambda$ para el deuterio sean algo mayores que para el hidrógeno, es decir el deuterio tiene las rayas espectrales **algo corridas hacia las MENORES** longitudes λ. Así puede identificarse el deuterio mezclado con el hidrógeno, en un análisis espectroscópico.

Por ejemplo la raya H_α del hidrógeno tiene una longitud $\lambda_\alpha = 6563\,\overset{\circ}{A}$, mientras que la raya D_α del deuterio es $\lambda_\alpha' = 6561\,\overset{\circ}{A}$, sólo $2\,\overset{\circ}{A}$ menos, pero la precisión de los espectroscopios permite detectarla.

5.9. EXPERIENCIA DE FRANCK Y G. HERTZ (1914)

Franck y G. Hertz (sobrino de H. Hertz, el de las ondas "hertzianas") comprobaron, por un medio distinto al espectroscopio, que efectivamente los átomos tenían sus energías cuantificadas. Esto fue logrado por ellos "bombardeando" cierto gas (por ej. vapor de Hg a baja presión) con electrones acelerados por un sistema cátodo - placa. En la fig.5-28 se tiene un esquema del dispositivo.

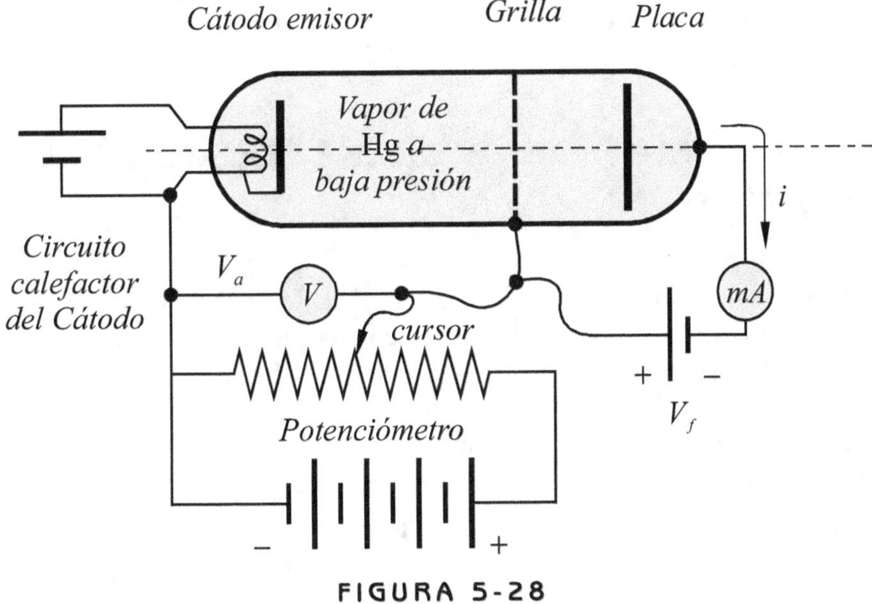

FIGURA 5-28

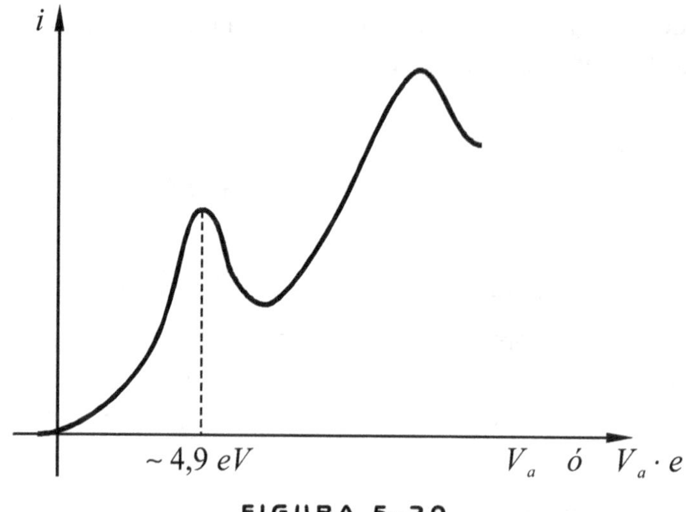

FIGURA 5-29

Cuando se va elevando la tensión entre cátodo-grilla (V_a) la corriente i entre cátodo-placa aumenta, lo que indica que los electrones tienen energía cinética suficiente como para vencer la barrera de potencial que provoca la tensión V_f de polaridad invertida entre placa-grilla. Pero de pronto, cuando $V_a = 4,9\ V$ la corriente i decae abruptamente (fig.5-29). Se interpreta que al comienzo los electrones chocaban "elásticamente" con los átomos de Hg (o lo que se halle en el tubo), más de pronto llegan a tener la energía suficiente (4,9 eV) para excitar el átomo de Hg desde su estado fundamental al 1er estado excitado, perdiendo así la energía cinética que traían (choque inelástico). La poca energía que les puede quedar no es suficiente para vencer la barrera y retroceden. Confirma esta interpretación el hecho que el vapor de mercurio emite en esta situación una raya espectral de

$2536\ \overset{o}{A}$ que corresponde a una energía hf de 4,9 eV (esto lo hace al desexcitarse). Si se sigue aumentando V_a aparecen nuevos picos de i debido a los otros niveles de excitación y además se suman las corrientes de los primeros.

5.10. GENERALIZACIÓN DE LA CUANTIFICACION SEGUN SOMMERFELD

Apenas apareció la teoría de BOHR, el gran físico SOMMERFELD adhirió a la misma y estudió la posible generalización a la luz de la mecánica analítica. En este punto conviene que el estudiante consulte su apunte de mecánica en el tema Método de Lagrange.

Decimos que la órbita circular de BOHR es de un grado de libertad   pues al ser el radio $\rho = r = cte$. para determinar la posición del electrón basta dar una coordenada generalizada, por ej. el ángulo $q = \varphi$ (fig.4-30-a). Pero si la órbita es elíptica hay que dar dos coordenadas,   por ej. $q_1 = \rho$, $q_2 = \varphi$ (fog.4-30-b). En general un sistema puede tener ℓ

grados de libertad. Se denomina **Lagrangeana** L del sistema a la energía cinética T **menos** la potencial U (la suma es la energía mecánica):

$$L = T - U$$

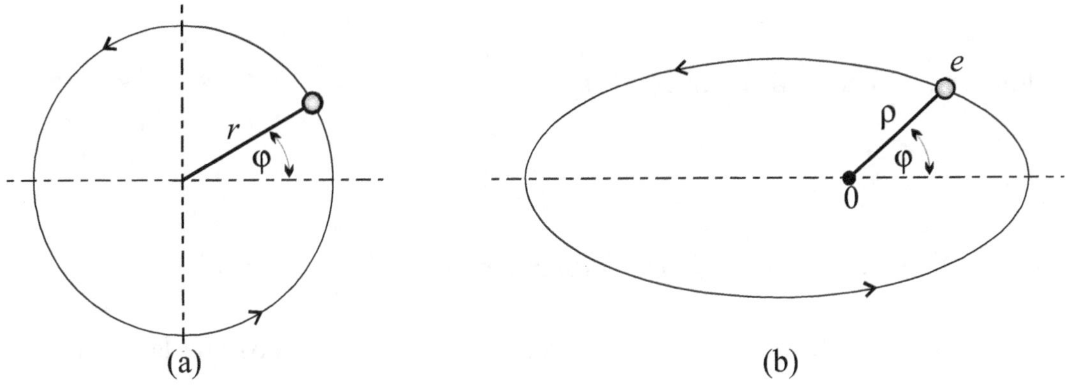

FIGURA 5-30

Se denomina "cantidad de movimiento generalizada P_q" a:

$$P_q = \frac{\partial L}{\partial \dot{q}} = \frac{\partial T}{\partial \dot{q}} - \frac{\partial U}{\partial \dot{q}}$$

Como generalmente la energía potencial U no es función de la velocidad $\dot{q}$ se tiene $pe = \dfrac{\partial T}{\partial \dot{q}}$. Por ejemplo, la energía T en el movimiento circular es:

$$\frac{1}{2}m\left(\dot{\varphi}r\right)^2$$

luego:

$$P_\varphi = m\dot{\varphi}r^2 = m\dot{\varphi}rr = mVr$$

que es la conocida expresión del momento cinético o angular.

En la elipse es $T = \dfrac{1}{2}m\left(\dot{\varphi}^2\rho^2 + \dot{\rho}^2\right)$, luego se tienen dos cantidades de movimiento, angular y radial:

$$P_\varphi = \frac{\partial T}{\partial \dot{q}} = m\dot{\varphi}\rho\rho = mV\rho = \text{momento angular.}$$

$$P_\rho = \frac{\partial T}{\partial \dot{\rho}} = m\dot{\rho} \quad \text{(cantidad de movimiento lineal radial).}$$

Sommerfeld cuantizó cada grado de libertad así:

$$\oint p_q dq = n_q h \,,$$

dónde la integral se extiende a lo largo de la órbita (integral cíclica) y $n_q = 0,\ 1,\ 2,...$

Supuso para el hidrógeno (también para cualquier ión monoelectrónico) que las órbitas son elípticas (dos grados de libertad) de modo que:

$$\oint \frac{\partial T}{\partial \dot{\varphi}} d\varphi = n_\varphi h\,; \qquad\qquad \oint \frac{\partial T}{\partial \dot{\rho}} d\rho = n_\rho h$$

dónde n_φ es el número cuántico angular y n_ρ el radial.

La primera arroja la condición de BOHR ya conocida:

$$2\pi mV\rho = n_\varphi h \ \ \text{ó} \ \ mV\rho = n_\varphi \hbar$$

La segunda conduce a una relación entre el "semieje" mayor $\underline{a}$ y el menor $\underline{b}$ de las elipses, así:

$$\frac{b}{a} = \frac{n_\varphi}{n_\varphi + n_\rho}$$

Esto es lo mismo que decir que define la excentricidad de la elipse. A la suma de los números cuánticos angular y radial se lo denomina número principal: $n = n_\varphi + n_\rho$. Este $n°$ juega el mismo rol que el de BOHR, como veremos. El semieje mayor a depende de n:

$$\boxed{\ a = \frac{4\pi\varepsilon_o n^2 \hbar^2}{\mu Z e^2}\ }$$

idéntica a la de la fig.5-25, de modo que a es lo mismo que el radio r de las órbitas circulares de BOHR. La relación b/a se puede poner así:

$$\frac{b}{a} = \frac{n_\varphi}{n}$$

Si $n_\varphi = 0$ resulta $b = 0$ y la elipse degenera en una recta que pasa por el núcleo, de modo que el valor $n_\varphi = 0$ se evita.

La energía de las órbitas sólo depende del $n°$ principal n:

$$E = -\left(\frac{1}{4\pi\varepsilon_o}\right)^2 \frac{\mu Z^2 e^4}{\hbar^2 n^2}$$

Como $n = n_\varphi + n_\rho$ resulta que las combinaciones de n_φ y n_ρ que dan el mismo n implican igual energía, por ej. sea $n = 3$ entonces puede ser:

n	n_φ	n_ρ	
3	1	2	$b/a = 1/3$
3	2	1	$b/a = 2/3$
3	3	0	$b/a = 1$ (círculo).

En la fig.5-31 se representan las órbitas (se ha eliminado $n_\varphi = 0$, $b/a = 0$, recta). Todas tienen igual semieje a y energía E. Se denomina "degeneración" al hecho de tener distintas órbitas con igual energía. El grado de degeneración aquí es 3.

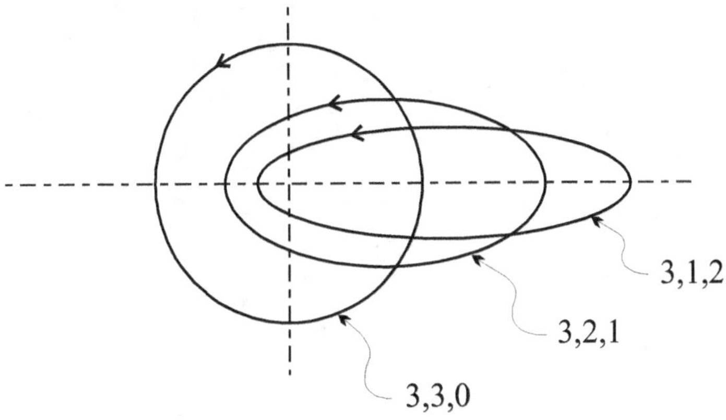

FIGURA 5-31

Según la relatividad restringida, en cambio, las energías de estas órbitas son algo diferentes (se elimina la "degeneración"), esto se debe a que el electrón tiene velocidades distintas y así masas distintas y por ende la energía es distinta. Esto ha explicado (aunque no algunos detalles) la llamada ESTRUCTURA FINA de los espectros. La estructura fina consiste en el hecho de que observado los espectros con redes de **gran dispersión y poder resolutivo** las rayas espectrales se notan constituidas por múltiples rayas muy juntas.

Sommerfeld demostró utilizando la relatividad que la energía E depende también de n_φ:

$$E = -\frac{\mu Z^2 e^4}{\left(4\pi\varepsilon_o\right)^2 2n^2 h^2}\left[1+\frac{\alpha^2 Z^2}{n}\left(\frac{1}{n_\varphi}-\frac{3}{4n}\right)\right]$$

La constante α se denomina **constante de estructura fina**, es adimensional y vale

$$\alpha = \frac{e^2}{4\pi\varepsilon_o \hbar C} \simeq \frac{1}{137}$$

(Se puede demostrar que la constante α tiene un significado más profundo pues también se obtiene como cociente entre la energía potencial electromagnética (U) de un par de cargas e separadas por una distancia igual a la longitud de onda Compton sobre 2π, $\left(\frac{\lambda_C}{2\pi}\right)$, y la energía $E = m_o C^2$ en reposo, en efecto:

$$\alpha = \frac{U}{E} = \frac{\dfrac{e^2}{4\pi\varepsilon_o\left(\dfrac{\lambda_C}{2\pi}\right)}}{m_o C^2}$$

y como hemos visto

$$\lambda_C = \frac{h}{m_o C}$$

resulta:

$$\alpha = \frac{e^2}{4\pi\varepsilon_o \hbar C} \cong \frac{1}{137}$$

En la fig.5-32(a) se representan 3 niveles de energía del átomo de hidrógeno según BOHR (n = 1, 2, 3) y en la fig.4-32(b) la estructura fina según SOMMRFELD, con separaciones muy exageradas.

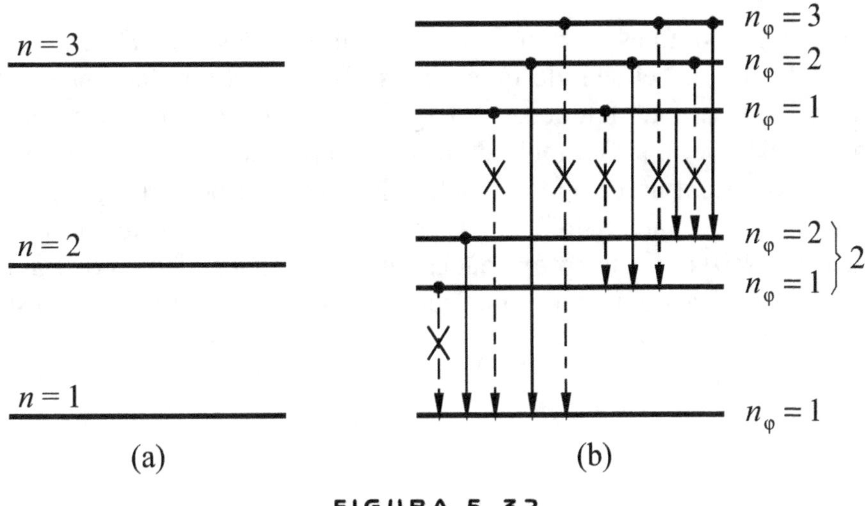

FIGURA 5-32

Las rayas espectrales **efectivamente** observadas son aquéllas que corresponden a los "saltos" energéticos marcados con flechas de trazo continuo, pero los saltos marcados con flechas de trazos y "tachadas" $\left(\cancel{}\right)$ no se observan experimentalmente.

Note el alumno que las primeras son aquellas que cumplen con:

$$\left(n_{\varphi final} - n_{\varphi inicial}\right) = \pm 1 \,.$$

¿Porqué?

No hay respuesta en el marco de estas teorías "semi-clásicas". Esto era aceptado como hechos experimentales "misteriosos", sin explicación en el modelo. Se denominan **REGLAS DE SELECCION** a las reglas que establecen cuáles rayas sí, cuáles no. Las reglas de selección se explicaron en el marco de la MECANICA CUANTICA DE SCHRÖDINGER, totalmente fuera del marco clásico.

Diremos por último que el modela de BOHR; con el perfeccionamiento de SOMMERFELD ha permitido explicar satisfactoriamente el espectro de los átomos monoelectrónicos (o hidrogenoides); y otras cuestiones como hemos visto pero no alcanza a explicar otros aspectos (efecto ZEEMAN, periodicidad de las propiedades químicas, intensidad de las rayas espectrales, etc,). El modelo de BOHR-SOMMERFELD puede ser caratulado como semi-clásico, en el sentido que utiliza conceptos de la mecánica clásica (trayectorias, velocidad, posición, ...) que no se ajustan en el mundo atómico. La teoría de SCHRÖDINGER, que veremos en el próximo capitulo, ya es un intento más importante y efectivo en el logro de una mecánica cuántica más general, que inclusive contiene a la clásica como caso particular.

Una teoría o modelo atómico no es otra cosa que el intento de desentrañar el interior de una "caja negra", el átomo, en el sentido que si a esa "caja" entran electrones rápidos pueden "salir" rayos X, si "entran" fotones de energía elevada (por ej. ultravioleta) salen electrones (efecto fotoeléctrico), si "entran" fotones térmicos pueden salir electrones y/o luz espectral, si se la somete a un campo magnético las cargas espectrales se desdoblan (efecto ZEEMAN "normal y anómalo"), si a un campo eléctrico (efecto STARK), además debe poder armonizar con las propiedades químicas de los elementos (tabla periódica de MENDELEEV) y los fenómenos nucleares como la radioactividad, transmutación de los elementos, etc.

CAPÍTULO **6**

FUNDAMENTOS DE FÍSICA CUÁNTICA

6.1. FUNCIÓN DE ONDA (ψ) Y DENSIDAD DE PROBABILIDAD

Ya hemos mencionado el llamado "dualismo" onda-corpúsculo. Hemos hecho además notar cómo Louis D'Broglie, conocedor de los principios variacionales de la mecánica y de la óptica postuló el comportamiento ondulatorio para las partículas (como el electrón), aumentando así la simetría entre materia y energía (electrón y fotón).

Recordemos que para el FOTON la energía es $E = \hbar\omega$ y la cantidad de movimiento $p = \dfrac{E}{C} = \hbar K$ dónde $K = \dfrac{2\pi}{\lambda}$ es el $n°$ de onda.

Análogamente para el electrón se tiene que

$$p = \hbar K$$

pero como además el electrón tiene masa en reposo m_o se tiene que

$$p = mV$$

dónde

$$m = \frac{m_o}{\sqrt{1 - \left(\dfrac{V}{C}\right)^2}}$$

luego la longitud de onda de D'Broglie del electrón es:

$$\lambda = \frac{h}{p} = \frac{h}{mV}$$

Todavía no hemos discutido la "*naturaleza*" de esta onda de longitud λ. En realidad no es posible concebirla como se concibe a una onda macroscópica en un gas, líquido, o sólido, ni siquiera como a una electromagnética. La interpretación que daremos (debida a Max Born y en concordancia con el principio de indeterminación de Heisenberg) es sui-generis, no corresponde a nada propio del mundo macroscópico o clásico.

Resumamos la situación que tenemos:

1) los campos electromagnéticos que responden a las ecuaciones.de Maxwell son eficaces para describir cómo se **distribuyen los fotones** acorde a las condiciones de contorno (lentes, ranuras, etc.) pero no se deduce de dichas ecuaciones que la energía electromagnétIca esté cuantificada, es decir, que exhiba un comportamiento corpuscular.

2) las ecuaciones de la mecánica, en especial la relativist a, describen correctamente ciertas propiedades de corpúsculos con ma- sa en reposo (como electrones, protones, etc.) pero no se deduce de ellas el comportamiento ondulatorio (como previó D'Broglie).

El problema estaba entonces planteado: asi como Einstein se ajustó a los hechos experi- mentales y efectuando una aguda crítica de los procedimientos de medición arribó a la relatividad como una teoría coherente, varios físicos de la "decada del veinte" (el mismo D'Broglie, Niels Bohr, Heisenberg, Max Born, Dirac, Schrödinger, etc.) elaboraron la Mecánica Cuántica, también denominada Mecánica Ondulatoria por tratar como ondas lo que la mecánica clásica trataba como partículas.

¿Cómo elaboraron esta mecánica, de modo que armonice el "doble" comportamiento de la materia y energía?. No en un modo único, sino que podemos decir que en tres modos de apariencias distintas, pero en realidad equivalentes entre sí:

a) Louis D'Broglie-Schrödinger establecieron una ecuación diferencial a de- rivadas parciales que debe ser satisfecha por ciertas funciones de onda ψ. Será tratado aquí someramente.

b) W. Heisenberg, Max Born y Jordan elaboraron una **mecánica matricial**, utilizando magnitudes medibles en los espectros, sin presuponer un mode- lo concreto, gráfico digamos, para los átomos. No la trataremos aquí.

c) Paul A. M. Dirac formula la mecánica cuántica utilizando operadores vec- toriales en un espacio matemático denominado de HILBERT. No la trata- remos aquí.

Todas éstas variantes fueron creadas alrededor de 1925 y como los vectores, las matrices y las ecuaciones diferenciales lineales tienen propiedades comunes todas estas mecánicas son equivalentes. Además estos autores por ser contempóraneos (europeos la mayoría) estaban en intensa intercomunicación y así efectuaban aportes recíprocos, como por ejemplo la interpretación de Max Born de la onda ψ de Schrödinger.

Abordaremos el modo de D'Broglie-Schrödinger

Este modo puede ser entendido con ayuda de los métodos de la óptica ondulatoria clásica: si los electrones **difractan**, como lo hacen los fotones, es que el "estado de movimiento" debe poder ser descripto por funciones que al menos posean dos datos: amplitud y fase, por ello conviene la utilización de **funciones complejas** (los **complejos siempre** conviene utilizarlos cuando hay que "arrastrar" en el cálculo la **doble información sobre módulo y fase**; en corriente alterna es común su uso).

Si las partículas fuesen "clásicas", un flujo de ellas, al pasar por dos ranuras (fig.6-1) deberían distribuirse sobre una pantalla que las reciba en la forma aproximada indicada en la fig.6-1, es decir, que si I_1 e I_2 son las intensidades de los flujos que pasan por las ranuras la intensidad I_R resultante en la pantalla debería ser simplemente la suma de las dos intensidades: $I_R = I_1 + I_2$, dónde las I son simples **números reales**. Pero sabemos que para las partículas atómicas no es así, éstas forman figuras de difracción (fig.6-2), lo que significa que PRIMERO hay que sumar ciertas funciones ondulatorias ψ_1, ψ_2 para hallar $\psi_R = \psi_1 + \psi_2$ y LUEGO elevar al cuadrado para obtener la intensidad resultante I_R:

$$I_R \propto \psi_R^2 = \left(\psi_1 + \psi_2\right)^2 = \psi_1^2 + \psi_2^2 + 2\psi_1\psi_2$$

ψ_1 y ψ_2 son funciones complejas con amplitud y fase, por ejemplo las más simples son del tipo

$$\psi_{max}e^{i\left(\omega t - \vec{k}\cdot\vec{r}\right)} \quad \text{(en una dimensión } x \text{ es } \psi_{max}e^{j\left(\omega t - k\cdot x\right)})$$

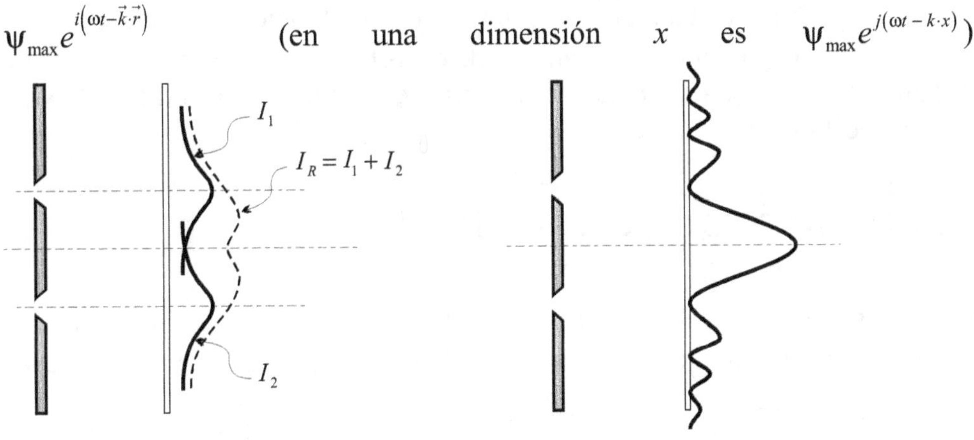

FIGURA 6-1   FIGURA 6-2

Ahora bien, para los fotones podríamos pensar que estas funciones no son otra cosa que las componentes del campo eléctrico $\vec{E}$ y magnético $\vec{B}$, máxime si recordamos que la densidad volumétrica de energía electromagnética ρ es (para el vacio)

$$\rho = \left(\frac{\varepsilon_o E^2}{2} + \frac{B^2}{2\mu_o} \right)$$

de modo que en el entorno de volumen dv de un punto se tiene una energía

$$d\varepsilon = \rho dv$$

Si esta idea la combinamos con la cuántica que nos dice que la energía de UN FOTON es $\hbar\omega$ en ese entorno del punto se tendría un número de fotones

$$N = \rho \frac{dv}{\hbar\omega}$$

Si el campo electromagnético es tan débil que este valor es fraccionario se puede interpretar que da la PROBABILIDAD de que en el entorno dv se manifieste corpuscularmente un fotón.

Para los electrones no se tenía nada parecido, pero se pensó en algo análogo: si los electrones difractan debe existir una función ψ (xyz, t) compleja cuyo cuadrado da, o bién la densidad de electrones, o la probabilidad de hallarlos en un entorno de volumen dv. Como la difracción (tanto de fotones como de electrones) se produce tanto si arriban al obstáculo (por ejemplo las ranuras) de "a millones" como de "uno en uno" se prefiere pensar que la $\psi^2\, dv$ puede dar la probabilidad de que uno de estos entes se manifieste como corpúsculo.

En definitiva: en mecánica ondulatoria se introduce una función de onda compleja ψ (resultante en general de la combinación lineal de otras ψ_n) tal que $\psi^2 = \psi\psi^*$ da la densidad de probabilidad de que en un punto se manifieste localmente un electrón (o cualquier partícula en cuestión).

6.2. Ecuación de Schrödinger

Ahora es necesario establecer qué ecuación diferencial debe ser satisfecha por las funciones de onda ψ. La ecuación se denomina de Schrödinger y es la base de la mecánica cuántica, como $\vec{F} = \dfrac{d\vec{p}}{dt}$ es la básica de la mecánica clásica (de Newton). En realidad entonces debería ser escrita la ecuación de Schrödinger sin más trámites, como se escribe la de Newton, pero como aquélla tiene una forma más complicada no es fácil de recordar por lo tanto es habitual en la bibliografia hacerla plausible por sencillas consideraciones, a saber:

la energía total, **no relativista**, para un electrón de masa m_0 es, en un campo con potencial V:

$$\frac{p^2}{2m_o} + V = E$$

Además, y como ya se hizo en una oportunidad, se puede suponer que el electrón debe poseer una función de onda $\psi\,(x,\,t)$ (por ahora la suponemos sólo según x, luego es fácil generalizar en $x,\,y,\,z)$, del tipo

$$\psi\left(x,t\right) = \psi_{\max} e^{i\left(k\,x-\omega t\right)} = \psi_{\max} \cdot e^{i\,k\,x} \cdot e^{-i\,\omega t}$$

Introduciendo las condiciones cuánticas

$$E = \hbar\omega \qquad\qquad p = \hbar\,k$$

despejando

$$\omega = \frac{E}{\hbar} \qquad\qquad k = \frac{p}{\hbar}$$

se tiene

$$\psi\left(x,t\right) = \psi_{\max} \cdot e^{i\frac{p}{\hbar}x} \cdot e^{-i\frac{E}{\hbar}t}$$

Para combinar esto con la energía derivemos respecto a x dos veces

$$\frac{\partial\psi}{\partial x} = \psi_m\, i\ \frac{p}{\hbar}\ e^{i\frac{p}{\hbar}x} \cdot e^{-i\frac{E}{\hbar}t}$$

$$\frac{\partial^2\psi}{\partial x^2} = \psi_m \left(i\frac{p}{\hbar} \right)^2 e^{i\frac{p}{\hbar}x} \cdot e^{-i\frac{E}{\hbar}t} = \left(i\frac{p}{\hbar} \right)^2 \psi\left(x,t\right)$$

de modo que

$$p^2 = -\frac{h^2}{\psi}\frac{\partial^2\psi}{\partial x^2}$$

derivando una vez respecto al tiempo se tiene:

$$\frac{\partial\psi}{\partial t} = -\frac{iE}{\hbar}\psi$$

despejando E:

$$E = -\frac{\hbar}{i\psi}\frac{\partial\psi}{\partial t}$$

o bien

$$E = i\hbar\psi^{-1}\cdot\frac{\partial\psi}{\partial t}$$

reemplazando todo en

$$\frac{p^2}{2m_0}+V = E$$

se tiene

$$-\frac{h^2}{2m_o\psi}\cdot\frac{\partial^2\psi}{\partial x^2}+V = \frac{i\hbar}{\psi}\frac{\partial\psi}{\partial t}$$

multiplicando m.a.m por ψ

$$-\frac{h^2}{2m_o}\cdot\frac{\partial^2\psi}{\partial x^2}+V\psi = i\hbar\frac{\partial\psi}{\partial t}$$

que es la ecuación diferencial de SCHRÖDINGER. Para tres dimensiones espaciales, teniendo en cuenta el laplaciano $\nabla^2\psi$ se tiene:

$$-\frac{h^2}{2m_o}\cdot\nabla\psi+V\psi = i\hbar\frac{\partial\psi}{\partial t}$$

6.2.1. Caso estacionario (independiente del tiempo)

Las formas anteriores son las más generales pues sirven para resolver casos en que la densidad de probabilidad $\psi^2 = \psi\,\psi^*$ es función del tiempo (casos NO estacionarios), pero en el caso estacionario, es decir, cuando ψ^2 no depende del tiempo la ecuación de Schrödinger adquiere una forma distinta. Para que $\psi\,\psi^*$ no depende de t, ψ debe tener la forma:

$$\psi(x,y,z,t) = \varphi(x,y,z) \cdot e^{-i\frac{E}{\hbar}t}$$

en efecto, asi se tiene:

$$\psi\psi^* = \varphi^2 \cdot e^{-i\frac{E}{\hbar}t} \cdot e^{+i\frac{E}{\hbar}t} = \varphi^2$$

reemplazando en la ecuación de SCHRÖDINGER

$$-\frac{\hbar^2}{2m_o} e^{-i\frac{E}{\hbar}t} \cdot \nabla^2\varphi + V\varphi e^{-i\frac{E}{\hbar}t} = i\hbar\left(-i\frac{E}{\hbar}\right) e^{-i\frac{E}{\hbar}t} \cdot \varphi$$

simplificando:

$$-\frac{\hbar^2}{2m_o}\nabla^2\varphi + V\varphi = E \cdot \varphi$$

o bién

$$\frac{\hbar^2}{2m_o}\nabla^2\varphi + (E-V)\varphi = 0$$

llamada ecuación de SCHRÖDINGER independiente de t, dónde φ es sólo función del punto.

6.3. Utilización de Operadores

Sin pretender abocarnos al estudio detallado de los operadores en mecánica cuántica, daremos algunas nociones que puedan "*iniciar*" al estudiante en tal estudio.

El estudiante seguramente ya conoce el, uso de algún operador matemático, como por ej. El "*operador nabla*", en coordenadas cartesianas:

$$\nabla = \frac{\partial}{\partial x}\vec{i} + \frac{\partial}{\partial y}\vec{j} + \frac{\partial}{\partial z}\vec{k}$$

Aplicado a una función escalar ψ da el gradiente:

$$\nabla\psi = \frac{\partial\psi}{\partial x}\vec{i} + \frac{\partial\psi}{\partial y}\vec{j} + \frac{\partial\psi}{\partial z}\vec{k}$$

Si se aplica cómo producto escalar a una función vectorial da la divergencia:

$$\nabla \cdot \vec{A} = div\vec{A} = \frac{\partial A_x}{\partial x} + \frac{\partial A_y}{\partial y} + \frac{\partial A_z}{\partial z} \; ; \; etc$$

Otro operador, el **laplaciano** Δ ó ∇^2 se puede interpretar como el producto escalar de nabla consigo mismo

$$\nabla^2 = \nabla.\nabla = \frac{\partial^2}{\partial x^2} + \frac{\partial^2}{\partial y^2} + \frac{\partial^2}{\partial z^2}$$

La ecuación de onda de D'Alembert:

$$\nabla^2\psi - \frac{1}{V^2} \cdot \frac{\partial^2\psi}{\partial t^2} = 0$$

se puede escribir, con el operador "dalembertiano",

$$\square = \nabla^2 - \frac{1}{V^2} \cdot \frac{\partial^2}{\partial t^2}$$

asi $\square\psi = 0$.

En general, cualquier símbolo que se convenga actúe de una determinada manera sobre una función puede ser considerado un operador. La misma derivada (total o parcial) puede ser considerada un operador.

Denotaremos con $\hat{f}$ a un operador cualquiera.

Un operador lineal es aquél que cumple dos cosas:

1) el operador de la suma de funciones es la suma de las funciones "operadas":

$$\hat{f}\left(\psi_1 + \psi_2 + ...\right) = \hat{f}\psi_1 + \hat{f}\psi_2 + ...$$

2) el operador aplicado al producto de una constante por una función es igual al producto de la constante por la función operada:

$$\hat{f}\left(c\psi\right) = c.\hat{f}\psi$$

Estas dos propiedades se pueden resumir así:

$$\hat{f}\left(c_1\psi_1 + c_2\psi_2 + ...\right) = c_1.\hat{f}\psi_1 + c_2.\hat{f}\psi_2 + ...$$

Los operadores pueden actuar sobre otros operadores. por ej.

$$\nabla.\nabla = \nabla^2 \, , \, \frac{d}{dt}\left(\frac{\partial}{\partial x}\right), \text{ etc.}$$

Se pueden tratar "productos" de operadores, pero en general (aunque sí en algunos casos particulares) el producto de operadores NO CONMUTA, es decir, en general se tiene que si f y g son operadores $\hat{f}\hat{g} \neq \hat{g}\hat{f}$ (Recuerde el alumno que en general también ocurre así con las matrices, que, dicho sea de paso, se pueden considerar como operadores).

6.4. OPERADORES EN MECÁNICA CUÁNTICA

6.4.1. Operador "cantidad de movimiento p"

Recordando que

$$\psi(x,t) = \psi_{max} \cdot e^{i\frac{P}{\hbar}x} \cdot e^{-i\frac{E}{\hbar}t}$$

se tiene

$$\frac{\partial \psi}{\partial x} = \frac{i\,P}{\hbar}\,\psi$$

despejando $p\psi$

$$p\,\psi = \frac{\hbar}{i}\,\frac{\partial \psi}{\partial x} = -i\,\hbar\,\frac{\partial \psi}{\partial x}$$

Esta igualdad se puede interpretar operacionalmente así:

$$\widehat{p}\psi = -i\hbar\frac{\partial \psi}{\partial x}$$

dónde $\widehat{p}$ es un operador: $\widehat{p} = -i\hbar\dfrac{\partial}{\partial x}$. Para las.tres coordenadas x, y, z se tiene

$$\boxed{\widehat{p} = -i\hbar\nabla}$$

$\widehat{p}$ es el "operador Cantidad de movimiento".

6.4.2. Operador energía total $\widehat{E}$

Tenemos que $\dfrac{\partial \psi}{\partial t} = -\dfrac{iE}{\hbar}\cdot\psi$, despejando $E\psi$: $E\psi = i\hbar\dfrac{\partial \psi}{\partial t}$, de modo que siguiendo la idea anterior resulta el operador energía total:

$$\boxed{\widehat{E} = i\hbar\frac{\partial}{\partial t}}$$

6.4.3. Operador de Hamilton $\widehat{H}$

Ya hemos dicho que en mecánica **no relativista** la energía de una partícula en un campo de potencial V se puede escribir así:

$$\frac{p^2}{2m_o} + V = E$$

Si en esta ecuación reemplazamos

$$p \to \widehat{p} \equiv i\hbar\nabla$$

$$V \to \widehat{V} = V \left(no\ cambia\right)$$

$$E \to \widehat{E} = i\hbar\frac{\partial}{\partial t}$$

se tiene

$$-\frac{\hbar^2}{2m_0}\nabla^2 + V = i\hbar\frac{\partial}{\partial t}$$

Se denomina operador de Hamilton a

$$\widehat{H} = \frac{-\hbar^2}{2m_o}\nabla^2 + V$$

Con este operador y el de energía, la ecuación de SCHRÖDINGER se puede escribir así:

$$\widehat{H}\psi = \widehat{E}\psi$$

Nota:

En muchos libros de mecánica cuántica (más bién para carreras de doctorado en física). se utilizan profusamente estos operadores, por ej. en la Mecánica Cuántica, Tomo III del curso de Física Teórica de LANDAU y LIFSHITZ. Aquí sólo serán utilizados cuando sea imprescindible pues opino que de to contrario el alumno encontraría algo abstracta la teoría.

6.4.4. Resumen de operadores elementales cuánticos

Aceptada la ecuación de SCHRÖDINGER y la interpretación probabilística de Max BORN de la **función de onda ψ** veremos que muchos problemas de física atómica y nuclear se resuelven "menos forzadamente" que en la primitiva física cuántica (aquélla iniciada por la hipótesis de Max Planck y continuada en la explicación del efecto fotoeléctrico (Einstein), efecto Compton y emisión de radiación espectral de gases de BOHR-SOMMERFELD. Más aún, la teoría de SCHRÖDINGER permite deducir las REGLAS

DE SELECCION $\left(\Delta\ell = \pm 1,\ \Delta m_\ell = \pm 1, 0\right)$ y el efecto TUNEL. Permitió a Paul A. M. DI-RAC, combinándola con la relatividad predecir la existencia de las ANTIPARTICULAS (por ej. el POSITRON).

Posición	$\vec{r} \quad \rightarrow$	$\hat{r} = \vec{r} \quad \left(no\ cambia\right)$
Cantidad de movimiento	$\vec{p} \quad \rightarrow$	$\hat{p} = -i\hbar\nabla$
Energía total	$E \quad \rightarrow$	$\hat{E} = i\hbar\dfrac{\partial}{\partial t}$
Energía potencial	$V \quad \rightarrow$	$\hat{V} = V \quad \left(no\ cambia\right)$
Energía cinética	$T \quad \rightarrow$	$\hat{T} = -\dfrac{\hbar^2}{2m}\nabla^2$
Hamiltoniano	$H \quad \rightarrow$	$\hat{H} = \hat{T} + \hat{V} = -\dfrac{\hbar^2}{2m_o}\nabla^2 + V$

6.5. APLICACIONES A CASOS SENCILLOS PERO IMPORTANTES

6.5.1. "Pozo" rectangular de energía potencial

En muchas situaciones físicas se tiene que una partícula atómica (por ej. un electrón, un neutrón) se encuentra , "atrapada" por fuerzas atractivas ejercidas por otras partículas (por ej. fuerzas coulombianas). Desde el punto de vista de la mecáncia clásica la partícula podría "escapar" si posee un nivel de energía total suficiente (superior a la potencial negativa). Recuerde aqui el alumno el caso gravitacional y la velocidad de escape (consultar el apunte de mecánica en el tema "órbitas").

Cuando las fuerzas son atractivas el potencial conviene representarlo como un "*pozo*", de profundidad $V_0 < 0$, pero como este pozo puede ser trasladado hacia arriba o hacia abajo un valor arbitrario V sin que cambie el problema, haremos que el fondo esté en $V = 0$ y así $V_0 > 0$ es ahora "la altura" del pozo, además lo simplificaremos al punto de suponerlo "rectangular", fig.6-3.

La longitud L depende del caso en cuestión y también su altura, por ej. si se trata de un electrón de conducción en un trozo de metal, L es la longitud de dicho trozo y V_0 es del orden de algunos electrón-volts $\left(\approx 10 eV\right)$ Si se trata de un neutrón en un núcleo atómico (por ej. de *He*), *L* es aproximadamente del orden de 10^{-14} *m* y V_0 de unos millones de *eV* $\left(\approx 50\,MeV\right)$.

La relativa sencillez de este problema, máxime cuando hagamos idealmente $V_0 \to \infty$, permite comprender cómo "funciona" la ecuación de SCHRÖDINGER, cómo aparecen los niveles cuánticos de energía *E* (como **autovalores**) y cómo aparecen las correspondientes **autofunciones** ψ_n, y así el cálculo de las densidades de probabilidades $\psi\,\psi^*$. Además el contraste con los resultados de la mecánica clásica.

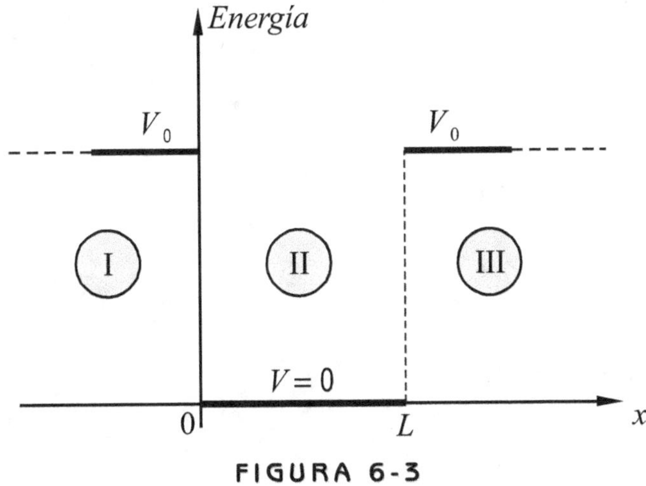

FIGURA 6-3

Buscamos las soluciones estacionarias, es decir independientes del tiempo.

Para ello utilizamos la ecuación de Schrödinger.

$$\frac{\hbar^2}{2m_o}\nabla^2\varphi + \left(E - V\right)\varphi = 0$$

o bien multiplicando m. a. m. por $2\,m_0/\hbar^2$ y pensando sólo en *x*:

$$\frac{\partial^2\varphi}{\partial x^2} + \frac{2m_o}{\hbar^2}\left(E - V\right)\varphi = 0$$

Supondremos además que $E < V_0$ (clásicamente la partícula estaría confinada entre 0 y *L*).

Tenemos tres zonas: I, II y .III (fig.6-3), en cada una de ellas se tiene:

Zona I:

$$x < o \qquad V_I = V_o \qquad \frac{\partial^2 \varphi}{\partial x^2} - \frac{2m_o}{\hbar^2}(V_o - E)\varphi = 0$$

hemos cambiado el signo para que $\dfrac{2m_o}{h^2}(V_o - E) = K_I^2$ sea. positivo, resulta asi:

$$\frac{\partial^2 \varphi}{\partial x} - K_I^2 \varphi = 0$$

haciendo $\varphi = e^{rx}$;

$$\frac{\partial \varphi}{\partial x^2} = r \cdot e^{rx} \qquad \frac{\partial^2 \varphi}{\partial x^2} = r^2 \cdot e^{rx}$$

reemplazando:

$$r^2 - K_I^2 = 0 \qquad \rightarrow \qquad r_1 = K_I \qquad r_2 = -K_I$$

luego la solución general es

$$\varphi_I(x) = A_I e^{K_I x} + B_I e^{-K_I x}$$

Pero como $\lim\limits_{x \to -\infty} \varphi_I(x) = \infty$ debido al sumando $B_I e^{-K_I x}$ desde el punto de vista físico no es admisible, pues implicaría que la partícula tiene probabilidad infinita de estar en el infinito!, de modo que debemos hacer $B_I = 0$ para que este sumando conflictivo desaparezca, en definitiva tenemos:

$$\varphi_I(x) = A_I e^{K_I x} = A_I \exp \cdot \frac{\sqrt{2m_o(V_o - E)}}{\hbar} x$$

Zona II:

$$0 < x < L, \qquad V_{II} = 0 \qquad \frac{\partial^2 \varphi}{\partial x^2} + \frac{2m_o}{\hbar^2}E\varphi = 0$$

(es la conocida ecuación diferencial del movimiento armónico), ya sabemos que la solución general se puede escribir asi:

$$\varphi_{II}(x) = A_{II} \cos \frac{\sqrt{2m_o E}}{\hbar} x + B_{II} \ \operatorname{sen} \frac{\sqrt{2m_o E}}{\hbar} x$$

Zona III:

$$L < x, \ V_{III} = V_o, \qquad K_{III} = K_I, \qquad \frac{\partial^2 \varphi}{\partial x^2} - K_I^2 \varphi = 0 ;$$

de modo que

$$\varphi_{III}(x) = A_{III} e^{K_I x} + B_{III} e^{-K_I x}$$

pero ahora es el $\lim\limits_{x \to +\infty} \varphi_{III}(x) = \infty$ por el sumando $A_{III} e^{K_I x}$, por lo que debemos hacer $A_{III} = 0$ resultando

$$\varphi_{III}(x) = B_{III} e^{-K_I x} = B_{III} \exp - \frac{\sqrt{2m_o(V_o - E)}}{\hbar} x$$

Quedan así cuatro constantes indeterminadas: A_I, A_{II}, B_{II} y B_{III}. Para intentar determinarlas se utiliza el requistto físico que en $x = 0$, $x = L$ las φ y sus derivadas $\dfrac{\partial \varphi}{\partial x}$ deben "empalmar" sin discontinuidad, es decir, se impone que

$$\varphi_I(0) = \varphi_{II}(0) ; \ \varphi_{II}(L) = \varphi_{III}(L)$$

y además

$$\frac{\partial \varphi_I(0)}{\partial x} = \frac{\partial \varphi_{II}(0)}{\partial x} ; \ \frac{\partial \varphi_{II}(L)}{\partial x} = \frac{\partial \varphi_{III}(L)}{\partial x}$$

Este sistema de cuatro ecuaciones conduce a ecuaciones trascendentes sólo resolubles por métodos de aproximación númerica. Para evitar engorrosos cálculos sólo presentaremos algunos resultados (los detalles pueden consultarse en el libro de Física Cuántica de R. Eisberg y R. Resnick, edit. LIMUSA, apéndice G, pág.795). Es decir, no nos interesa aquí los valores numéricos sino sólo el aspecto cualitativo: a) la energía E resulta CUANTIZADA para todo $E < V_o$. En la fig.6-4 se representan tres niveles E_1, E_2, E_3; b) la energía NO resulta cuantizada pare $E > V_o$ (la particula se "libera"), se tiene un "espectro continuo" de energía, representado por una zona sombreada en la fig.6-4.

En la fig.6-5 se representan las **autofunciones** φ_1, φ_2, φ_3 correspondientes a los **autovalores** de energías E_1, E_2, E_3.

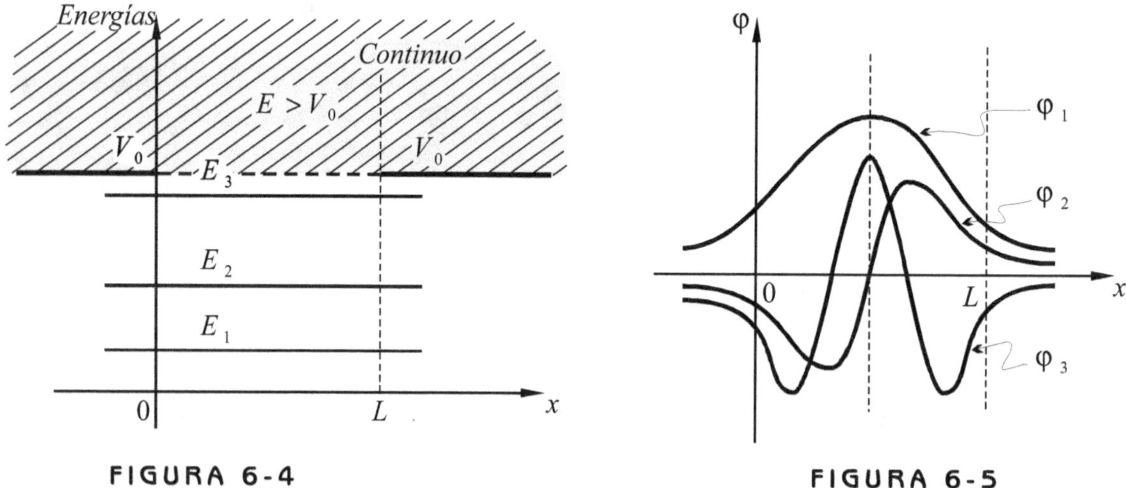

FIGURA 6-4   **FIGURA 6-5**

Lo **notable** de las φ es que no son nulas fuera del pozo lo que implica que apesar de ser $E < V_0$ la partícula tiene probabilidad NO NULA de estar fuera del pozo, cosa que clásicamente es inadmisible. Se dice en la "gerga" técnica que la "partícula" (recordar que tiene propiedades de ondas) **penetra** la barrera de potencial o que efectuó un TUNEL por el cual "pasa".

Los **DIODOS de efecto "túnel"** pueden ser satisfactoriamente explicados con estos resultados de la mecánica cuántica.

Límite $V_0 = \infty$. Los aspectos matemáticos se simplifican notablemente para el limite $V_0 = \infty$ pues entonces se **anulan** φ_I y φ_{III} pues se hace K_I **infinito**. Resulta φ distinto de cero en la zona II, ahora bién, al ser la solución general

$$\varphi_{II}(x) = A_{II} \cos \frac{\sqrt{2m_o E}}{\hbar} x + B_{II} \ \mathrm{sen} \ \frac{\sqrt{2m_o E}}{\hbar} x$$

debemos determinar las constantes A_{II} y B_{II}, pero ahora es fácil, pues en $x = 0$ debe ser $\varphi_{II}(x) = 0$ y.así $A_{II} = 0$, quedando:

$$\varphi_{II}(x) = B_{II} \ \mathrm{sen} \ \frac{\sqrt{2m_o E}}{\hbar} x$$

también debe ser $\varphi_{II}(L) = 0$, pero si $B_{II} = 0$ no tenemos, función φ que es lo mismo que decir que no tenemos partícula (solución trivial) .lo mismo ocurriría si $E = 0$, nos queda el recurso

$$(x = L): \quad \text{sen}\left(\frac{\sqrt{2m_oE}}{\hbar}L\right) = 0$$

cosa que se cumple para

$$\frac{\sqrt{2m_oE}}{\hbar}L = n\pi \qquad \text{con} \qquad n = 1, 2, 3$$

(he aquí la cuantificación de E), teniendo en cuenta que $\hbar = \dfrac{h}{2\pi}$ resulta:

$$E_n = \left(\frac{h^2}{8m_oL^2}\right)\cdot n^2 \qquad n = 1, 2, 3$$

Si no tuviésemos "*pared*" en $X = L$ no se produce la cuantificación que acabamos de encontrar. En la fig.6-6(a) se tiene una gráfica auxiliar (parábola) para dibujar correctamente los niveles de energía en el "pozo infinito" fig.6-6(b).

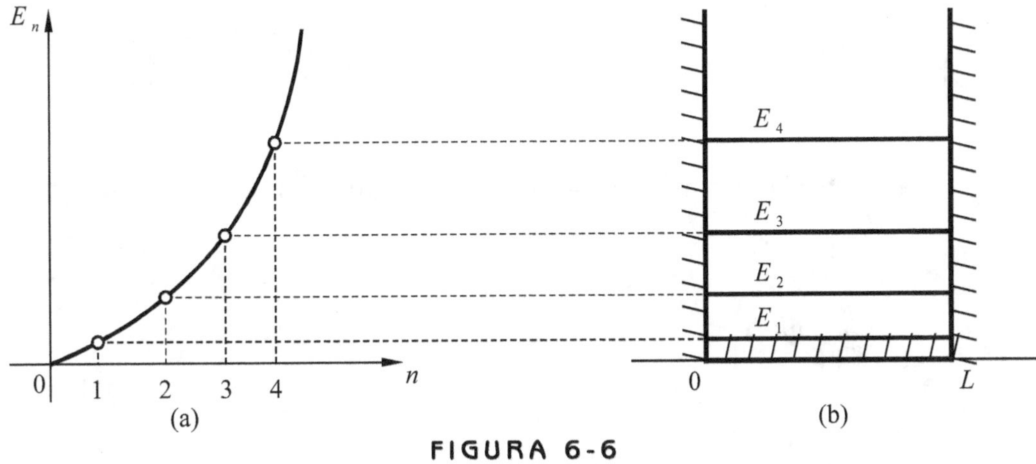

FIGURA 6-6

Por ejemplo, si la partícula es un electrón "encerrado" en una caja de $L = 1$ $\mathring{A} = 10^{-10}m$ resulta, en electrón-voltios:

$$E_n \cong 38n^2 \, (eV)$$

En cambio, para un sistema macroscópico constituido por una bolita de masa $m = 10\ gr.$ en una caja de 10 $cm.$ resulta:

$$E_n \cong 3,43 \times 10^{-45} n^2 \ (eV)$$

de modo que n debe ser del orden de ¡10^{46}! para que se tenga energías apreciables y para n tan alto la distancia entre niveles es despreciable, de modo que la cuantización es imperceptible.

Autofunciones: cada valor E_n es un AUTOVALOR que le corresponde una autofunción φ_n ;

$$\varphi_n = B\ \mathrm{sen}\ \frac{\sqrt{2m_o E_n}}{\hbar} x = B\ \mathrm{sen}\ \frac{n\pi}{L} x$$

Normalización: como φ^2 es la densidad de probabilidad, es decir, que $\varphi_n^2 dx$ da la probabilidad de "encontrar" la partícula en un intervalo dx centrado en x^3 , la existencia de la partícula obliga a pensar que:

$$\int_{-\infty}^{\infty} \varphi_n^2\ dx = \int_0^L \varphi_n^2\ dx = 1$$

es decir, la partícula debe encontrarse con CERTEZA entre 0 y L, de modo que

$$B^2 \int_0^L \mathrm{sen}^2 \frac{n\pi}{L} x = 1$$

resolviendo la integral resulta $B = \sqrt{\dfrac{2}{L}}$. Ahora tenemos las **autofunciones normalizadas**:

$$\varphi_n = \sqrt{\frac{2}{L}}\ \mathrm{sen}\left(\frac{n\pi}{L} x\right)$$

En las figs.6-7 tenemos: en (a) tres autofunciones correspondientes a los autovalores E_1, E_2, E_3 y en (b) sus cuadrados que dan la densidad de probabilidad.

---

[3] En rigor ¿qué significa $\varphi^2 dx$? diriamos mejor que da la probabilidad que en el intervalo dx centrado en x se manifieste localmente el electrón en algún detector (los detectores en general son sistemas **macroscópicos, clásicos**).

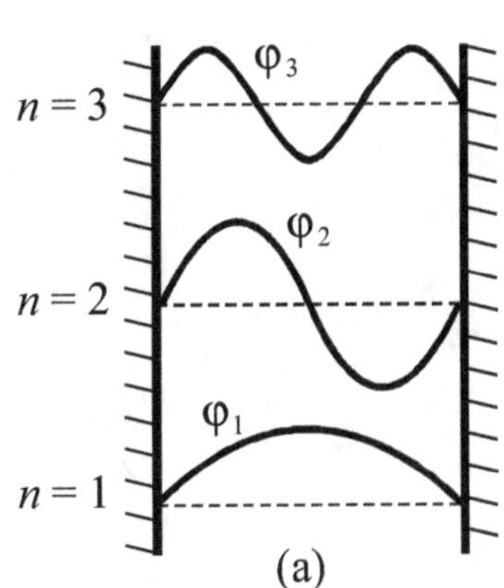
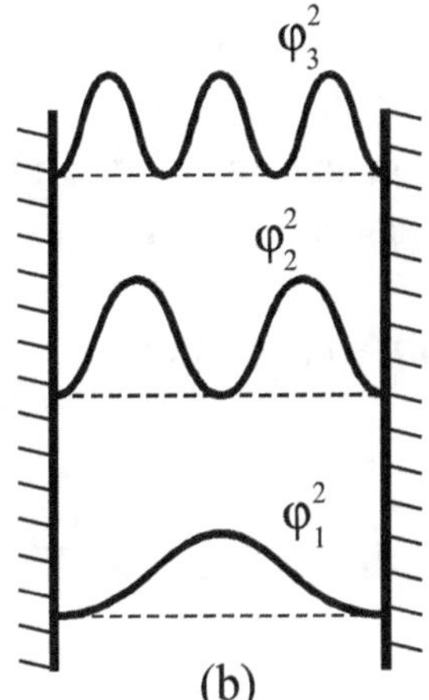

FIGURA 6-7

También son soluciones de la ecuación de Schrödinger las funciones de onda

$$\psi_n(x,t) = \varphi_n(x)\, e^{-i\frac{E_n}{\hbar}t}$$

y una combinación lineal de todas ellas:

$$\psi_n(x,t) = \sum a_n \psi_n$$

De modo que las autofunciones φ_n son MODOS "puros" o "estados puros" como se denominan en la gerga técnica.

Energía mínima: para la física clásica es posible que $E = 0$ (partícula en reposo) pero aquí no, pues el mínimo valor se tiene para $n = 1$:

$$E_1 = \frac{h^2}{8m_o L^2}$$

(claro está que si m_o y L corresponden a objetos macroscópicos es $E_1 \approx 0$).

Que E_1 no pueda ser cero es también consecuencia del **Principio de Indetermninación de Heisenberg**, en efecto, recordemos que

$$\Delta x \Delta p_x \geq \frac{h}{4\pi}$$

La indeterminación de la posición Δx es L, además como lo único medible es φ_1^2, es decir, la densidad de probabilidad, y esta no depende del sentido de "movimiento" de la partícula resulta que la indeterminación en Δp resulta del hecho que la partícula puede estar moviéndose a derecha: $+p_1$ o a la izquierda: $-p_1$, de modo que

$$\Delta p \cong p_1 - \left(-p_1\right) \cong 2p_1$$

así

$$L \cdot 2p_1 \ge \frac{h}{4\pi} \qquad \rightarrow \qquad p_1 \ge \frac{h}{8\pi L}$$

es decir $\left(\dfrac{h}{8\pi L}\right)$ es el **mínimo** valor que se acepta para p_1 según el Principio de Indeterminación de Heisenberg. Por otro lado

$$E_1 = \frac{h^2}{8m_o L^2} = \frac{p_1^2}{2m_o} \qquad \rightarrow \qquad p_1 = \frac{h}{2L}$$

que efectivamente es mayor que $\left(\dfrac{h}{8\pi L}\right)$. Sólo si $L \rightarrow \infty$ (**partícula libre**) puede ser $E_{\min} = 0$ pues $p_1 = 0$.

6.4.2. "Pozo" parabolico de Energía Potencial

Oscilador Cuántico

E1 alumno puede consultar en el apunte de mecánica el tema vibraciones, movimiento armónico simple u oscilador lineal (clásico), allí encontrará que cuando la energía potencial (elástica, por ej.) tiene la forma $V(x) = \dfrac{Kx^2}{2}$ (fig.6-8) una partícula oscila con movimiento armónico alrededor de 0, con amplitud $x_{\max}$ dado por el nivel de la energía mecánica

$$E = \frac{1}{2}mx^2 + V(x) = cte$$

Es claro que como E no depende de x (cuando no hay disipación) es

$$E = \frac{1}{2}Kx_{\max}^2$$

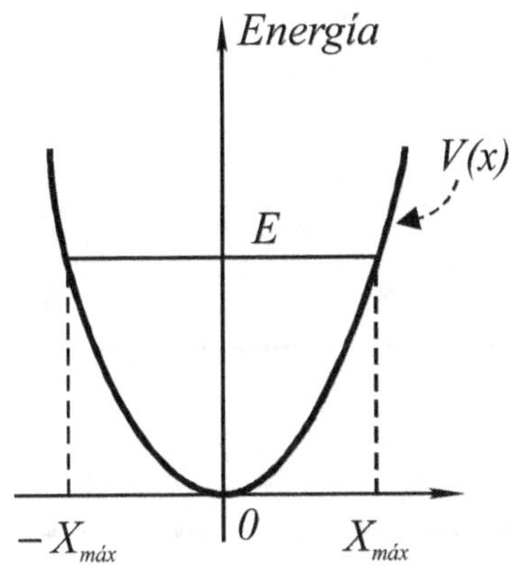

FIGURA 6-8

Desde el punto de vista clásico E y por ende x_{max} pueden tomar cualquier valor real continuo (no hay cuantificación). Eso sí, la frecuencia de oscilación $\omega = 2\pi f = \sqrt{\dfrac{K}{m_o}}$

El pozo parabólico de energía potencial se presenta en varios casos de la física atómica: vibración de átomos en moléculas, en el modelo microscópico que se efectúa para explicar la radiación (Max Planck), las propiedades térmicas (por ej. calor específico, A. Einstein) acústicas y magnéticas en los sólidos, etc. Sin embargo, dada la extensión matemática (aunque no dificil) sólo presentaremos los resultados sobresalientes (para mayores detalles consultar bibliografia mencionada).

La ecuación de Schrödinger resulta al poner

$$V = \frac{1}{2}Kx^2 :$$

$$\frac{d^2\varphi}{dx^2} + \frac{2m_o}{\hbar^2}\left(E - \frac{Kx^2}{2} \right)\varphi = 0$$

Se acostumbra hacer:

$$y = 2\pi\sqrt{\frac{m_o f}{h}} \cdot x \qquad\qquad \alpha = \frac{2E}{hf}$$

y así:

$$\frac{d^2\varphi}{dy^2} + \left(\alpha - y^2 \right)\varphi = 0 \qquad\qquad \text{(ver BEISER)}$$

Resultan los **autovalores**

$$\alpha_n = \frac{2E_n}{hf} = 2n+1$$

o sea los niveles de energías:

$$E_n = \left(n+\frac{1}{2}\right)hf$$

(observe que hf es el CUANTUM de Max Planck, sólo que él **suponía** que $E_n = nhf$, aquí queda **deducido** y además, lo que es más correcto, aparece $\frac{1}{2}hf$ para $n = 0$ ¡existe el medio cuantum!).

Las **autofunciones** φ_n son:

$$\varphi_n = \left(\frac{4\pi m_o f}{h}\right)^{\frac{1}{4}} \cdot \left(2^n n!\right) H_n(y) e^{-\frac{y^2}{2}}$$

dónde H_n son los polinomios de Hermite (se suele dar en Análisis o teoría de funciones), estos son:

$n_o = 0$	$H_o = 1$	$\alpha_o = 1$	$E_o = \dfrac{hf}{2}$
$n_1 = 1$	$H_1 = 2y$	$\alpha_1 = 3$	$E_1 = \dfrac{3hf}{2}$
$n_2 = 2$	$H_2 = 4y^2 - 2$	$\alpha_2 = 5$	$E_2 = \dfrac{5hf}{2}$
$n_3 = 3$	$H_3 = 8y^3 - 12y$	$\alpha_3 = 7$	$E_3 = \dfrac{7hf}{2}$

En la fig.6-9 se visualizan los niveles de energía E_n y en la fig.5-10 las autofunciones φ_n: se han marcado los límites clásicos $\left(\pm X_{max}\right)$ del movimiento (aumenta la amplitud cuando aumenta E).

Aquí se tiene nuevamente un resultado típico de la mecánica cuántica: la **penetración** de la función de onda en la "pared" del pozo, lo que ya sabemos implica tener cierta posibilidad $\left(\varphi^2\right)$ de que la partícula "salga" del pozo (**clásicamente** imposible).

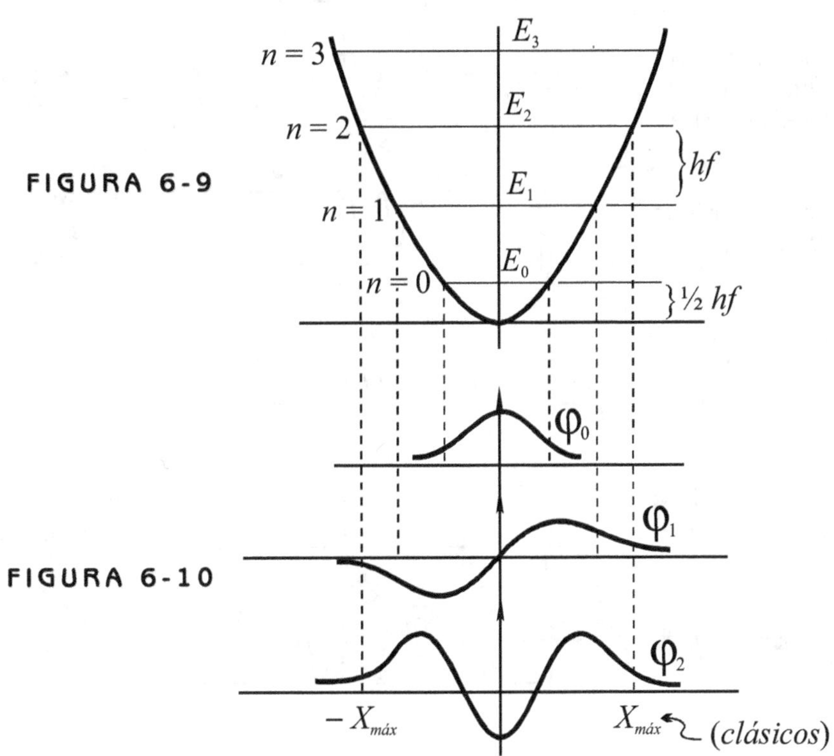

Max Planck no encontró el "medio cuantum", pero como en general se trabaja con los "saltos" entre niveles $\Delta E = E_j - E_k = nhf$ el medio cuantum no interviene. Si, en otras cuestiones, por ejemplo en la ENERGÍA DEL PUNTO CERO, en efecto, para $n = 0$ $E_o = \dfrac{hf}{2}$, no resulta cero (esto también está de a cuerdo con el Principio de Indeterminación de Heisemberg. Fisicamente implica que aún en el cero absoluto $(0°K)$ hay que pensar que el átomo tiene energía $\rightarrow$ esto hace por ejemplo que el Helio **no solidifique** cerca de $0°K$ a la presión de saturación sino por encima de $\simeq 27$ *atm...* (por ello se le suele denominar al He "liquido cuántico"). La dispersión de Rayos X por cristales cerca de $0°K$ también se explica por esta energía E_0, etc.).

Reproducimos un resumen de varios tipos de pozos o "barreras" extraidos del libro Fisica Cuántica de R. Eisberg y R. Resnick. Las gráficas $\psi^* \psi = \psi^2$ corresponden sólo a algunas autofunciones (a las primeras). En ese libro se pueden estudiar otros fenómenos como reflexión, refracción de partículas.

Nombre del Sistema	Ejemplo físico	Energías potencial y total	Densidad de probabilidad	Rasgo importante
Potencial cero	Protón en haz de luz	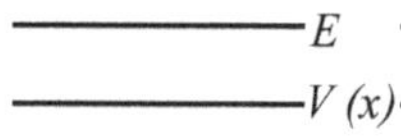	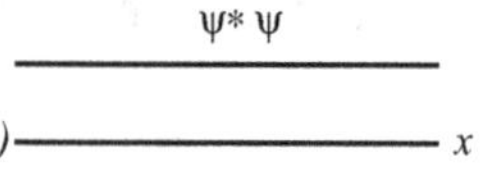	Resultados utilizados por otros sistemas
Potencial escalón (energía bajo la cima)	Electrón de conducción cerca de la superficie del metal	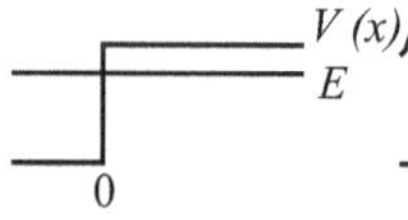	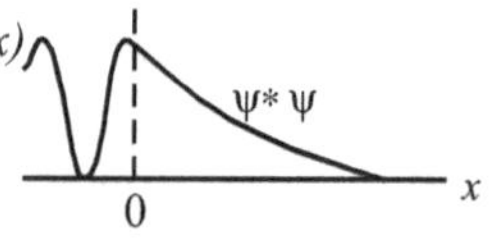	Penetración de la región excluída
Potencial escalón (energía bajo la cima)	Neutrón intentando escapar del núcleo	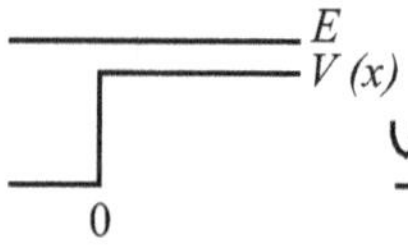	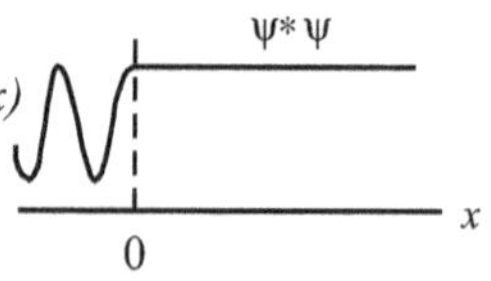	Reflexión parcial en la discontinuidad del potencial
Barrera de Potencial (energía bajo la cima)	Prtícula tratando de escapar de la barrera de Coulomb	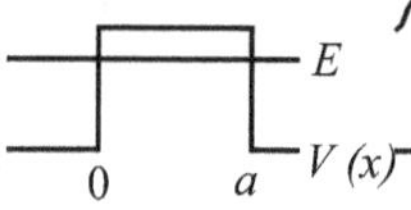	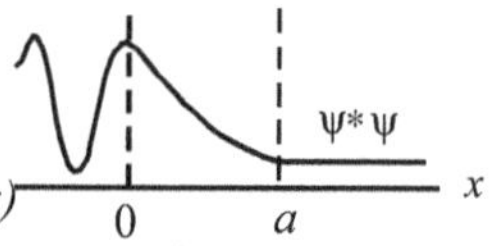	Tunelamiento
Barrera de Potencial (energía bajo la cima)	Dispersión de electrón por átomo ionizado negativamente	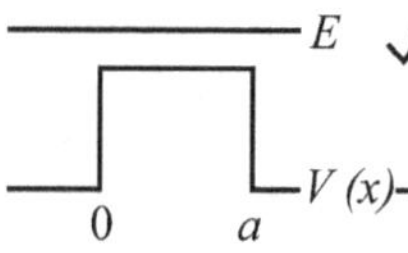	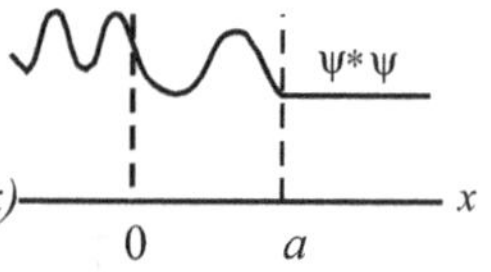	No hay reflexión para ciertas energías
Pozo de Potencial cuadrado finito	Neutrón ligado al núcleo	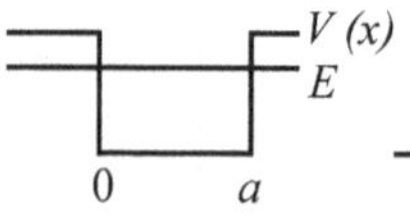	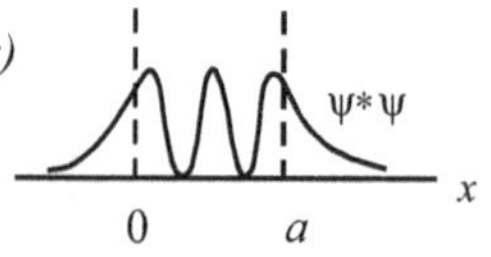	Cuantización de la energía
Pozo de Potencial cuadrado infinito	Molécula estrictamente confinada a la caja	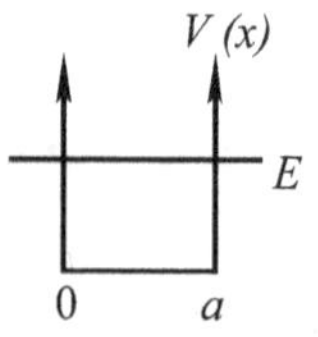	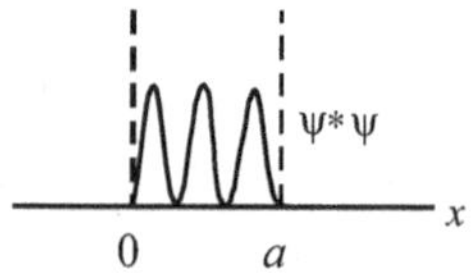	Aproximación al pozo cuadrado finito
Potencial de oscilador armónico simple	Átomo de molécula diatómica vibrante	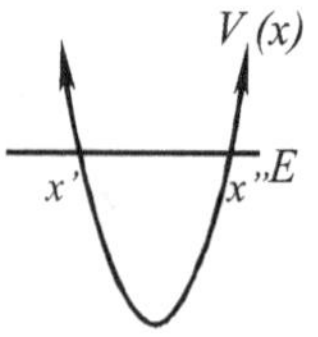	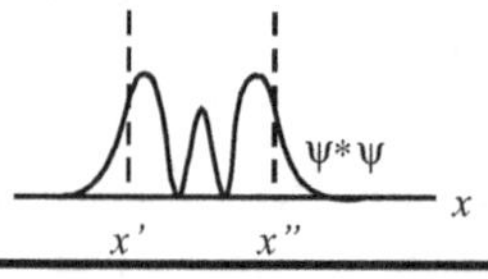	Energía del punto cero

6.5. APLICACION DE LA ECUACIÓN DE SCHRÖDINGER AL ÁTOMO DE HIDRÓGENO

6.5.1. Introducción

Antes de estudiar al átomo de hidrógeno (o cualquier ión monoelectrónico) desde el punto de vista de la mecánica ondulatoria cuántica, es interesante estudiar un caso que no es otro que la generalización en tres dimensiones del "*pozo*" unidimensional ya visto: el caso es el de una particula encerrada en un "cubo" de paredes impenetrables, tal que la energía potencial V es cero dentro del cubo a infiníta fuera de él. Sea L la longitud de las aristas. Este caso es interesante de analizar antes del átomo de hidrógeno porque es análogo en los siguientes aspectos:

- el tratamiento matemático inicial es análogo, pero mucho más sencillo.

- muestra que en tres dimensiones aparecen tres números cuánticos.

- resulta fácil de entender el concepto de "grado de degeneración".

Por lo demás el problema del átomo de hidrógeno posee muchos más aspectos particulares.

Hemos comprobado que para una partícula encerrada en una caja unidimensional, de longitud L la energía E está cuantificada y su valor queda determinado por un número cuántico entero n:

$$E_n = \left(\frac{h^2}{8m_o L^2} \right) n^2 \qquad (n = 1, \ 2 \ , \ 3, \ldots)$$

E_n son autovalores y corresponden autofunciones normalizadas $\varphi_n(x)$:

$$\varphi_n = \sqrt{\frac{2}{L}} \ \operatorname{sen}\left(\frac{n\pi}{L} x \right)$$

Todo ésto significa que el estado de la particula queda definida por un número cuántico. Equivale al concepto de grado de libertad. Ahora, generalizando con el cubo, siendo dentro de él $V = 0$, la energía E es cinética y vale (supuesta clásica):

$$E = \frac{p^2}{2m_o} = \frac{p_x^2}{2m_o} + \frac{p_y^2}{2m_o} + \frac{p_z^2}{2m_o}$$

que podemos escribir como:

$$E = E_x + E_y + E_z$$

La ecuación de Schrödinger independiente del tiempo (caso estacionario) y dentro del cubo ($V = 0$) es

$$\frac{\hbar^2}{2m_o} \nabla^2 \varphi(x,y,z) + E\varphi(x,y,z) = 0$$

$$\nabla^2 \varphi = \frac{\partial^2 \varphi}{\partial x^2} + \frac{\partial^2 \varphi}{\partial y^2} + \frac{\partial^2 \varphi}{\partial z^2}$$

de modo que reemplazando $\nabla^2 \varphi$ y E queda

$$\frac{\hbar^2}{2m_o}\left(\frac{\partial^2 \varphi}{\partial x^2} + \frac{\partial^2 \varphi}{\partial y^2} + \frac{\partial^2 \varphi}{\partial z^2}\right) + \left(E_x + E_y + E_z\right)\varphi = 0$$

Puede ser interpretada como suma de tres ecuaciones:

$$\frac{\hbar^2}{2m_o} \cdot \frac{\partial^2 \varphi}{\partial x^2} + E_x\varphi = 0 \text{, etc.}$$

Suponemos que resultará útil para solucionar estas ecuaciones hacer

$$\varphi(x,y,z) = X(x)\cdot Y(y)\cdot Z(z)$$

es decir, suponemos que φ es el producto de tres funciones cada una de ellas función de una variable. Así, es:

$$\frac{\partial^2 \varphi}{\partial x^2} = Y\cdot Z\frac{\partial^2 X}{\partial x^2}; \qquad \frac{\partial^2 \varphi}{\partial y^2} = X\cdot Z\frac{\partial^2 Y}{\partial y^2}; \qquad \frac{\partial^2 \varphi}{\partial z^2} = X\cdot Y\frac{\partial^2 Z}{\partial z^2},$$

y en definitiva conduce a tres ecuaciones diferenciales como en el caso unidimensional:

$$\frac{\hbar^2}{2m_o} \cdot \frac{\partial^2 X}{\partial x^2} + E_x X = 0$$

$$\frac{\hbar^2}{2m_o} \cdot \frac{\partial^2 Y}{\partial y^2} + E_y Y = 0$$

$$\frac{\hbar^2}{2m_o} \cdot \frac{\partial^2 Z}{\partial z^2} + E_z Z = 0$$

Resulta asi evidente que

$$E_x = \frac{n_x^2 h^2}{8m_o L^2}, \qquad E_y = \frac{n_y^2 h^2}{8m_o L^2}, \qquad E_z = \frac{n_z^2 h^2}{8m_o L^2}$$

Es decir que

$$E = E_x + E_y + E_z = \frac{h^2}{8m_o L^2}\left(n_x^2 + n_y^2 + n_z^2\right)$$

y las autofunciones normalizadas son:

$$X(x) = \sqrt{\frac{2}{L}} \; \mathrm{sen}\left(\frac{n_x \cdot \pi}{L} \cdot x\right)$$

$$Y(y) = \sqrt{\frac{2}{L}} \; \mathrm{sen}\left(\frac{n_y \cdot \pi}{L} \cdot y\right)$$

$$Z(z) = \sqrt{\frac{2}{L}} \; \mathrm{sen}\left(\frac{n_z \cdot \pi}{L} \cdot z\right)$$

resultando que $\varphi(x,\,y,\,z)$ es

$$\varphi(x,y,z) = XYZ = \left(\sqrt{\frac{2}{L}}\right)^3 \mathrm{sen}\left(\frac{n_x \cdot \pi}{L} \cdot x\right) \mathrm{sen}\left(\frac{n_y \cdot \pi}{L} \cdot y\right) \mathrm{sen}\left(\frac{n_z \cdot \pi}{L} \cdot z\right)$$

Es interesante destacar que un cierto valor de E puede ser determinado por varios valores de la.terna $n_x,\, n_y,\, n_z$, por ejemplo, haciendo

$$E_1 = \frac{h^2}{8 m_o L^2}$$

se tiene

$$E = E_1 \left(n_x^2 + n_y^2 + n_z^2 \right)$$

Si

$$n_x = n_y = n_z = 1 \qquad \rightarrow \qquad E = 3E_1 \quad \text{(única posibilidad), pero para}$$

$$n_x = 2, \quad n_y = 1, \quad n_z = 1 \qquad \rightarrow \qquad E = 6E_1 \quad \text{se tienen otras posibilidades}$$

$$n_x = 1, \quad n_y = 2, \quad n_z = 1 \qquad \rightarrow \qquad E = 6E_1$$

$$n_x = 1, \quad n_y = 1, \quad n_z = 2 \qquad \rightarrow \qquad E = 6E_1$$

en total tres posibilidades.

Para el caso $n_x = 1$, $n_y = 2$, $n_z = 3 \rightarrow E = 14E_1$ hay seis combinaciones (compruebe el alumno).

Vemos así que ciertos niveles de energía tienen varias combinaciones de números cuánticos que los determinan: el número de estas combinaciones se denomina "*grado de degeneración*" del nivel en cuestión. Como para cada combinación se tiene una autofunción distinta, por ejemplo:

para $n_x = 2$, $n_y = 1$, $n_z = 1$ se tiene

$$\varphi_{2,1,1}(x,y,z) = \left(\sqrt{\frac{2}{L}} \right)^3 \cdot \mathrm{sen}\left(\frac{2\pi}{L} x \right) \cdot \mathrm{sen}\left(\frac{\pi}{L} y \right) \cdot \mathrm{sen}\left(\frac{\pi}{L} z \right)$$

para $n_x = 1$, $n_y = 2$, $n_z = 1$:

$$\varphi_{1,2,1}(x,y,z) = \left(\sqrt{\frac{2}{L}} \right)^3 \cdot \mathrm{sen}\left(\frac{\pi}{L} x \right) \cdot \mathrm{sen}\left(\frac{2\pi}{L} y \right) \cdot \mathrm{sen}\left(\frac{\pi}{L} z \right)$$

que no es igual a la anterior, podemos decir también que el "*grado de degeneración*" de un nivel de energía es el número de autofunciones independientes que le corresponden.

Resumen:

- se ensaya la solución $\varphi(x, y, z) = XYZ$
- resultan tres números cuánticos n_x, n_y, n_z.
- existen "grados de degeneración" de ciertos niveles de energía.

Ahora abordemos el estudio del átomo de hidrogeno

Este estudio es válido para cualquier ión que tenga un sólo electrón: en estos casos el núcleo, positivo, atrae al electrón con una fuerza de Coulomb $\left|\vec{F}\right| = \dfrac{ze^2}{4\pi\varepsilon_o r^2}$ (z = número atómico = número de protones), de tipo central. La energía potencial eléctrica es $V = -\dfrac{ze^2}{4\pi\varepsilon_o r}$. Supondremos que el núcleo está fijo en un referencial inercial (como hemos supuesto en el átomo de hidrógeno del modelo de BOHR). Dada la "*simetria*" esférica de esta energía, conviene utilizar en este caso coordenadas esféricas r, φ, θ (fig.6-11).

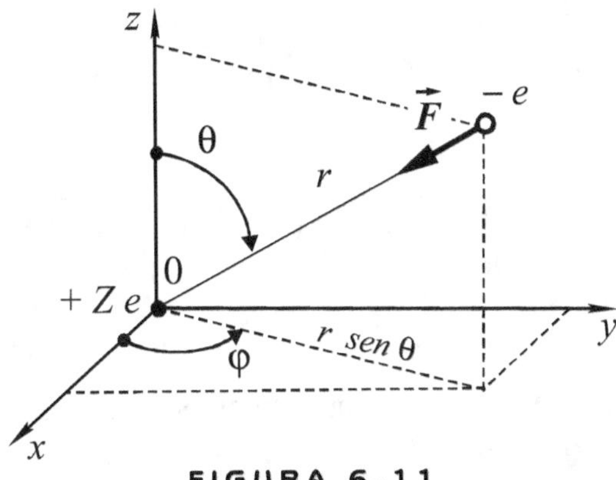

FIGURA 6-11

Expresando el operador ∇^2 en coordenadas esféricas y reemplazando la energía V en la ecuación de Schrödinger independiente del tiempo se tiene: (el alumno no necesita memorizarla)

$$\operatorname{sen}^2\theta\frac{\partial}{\partial r}\left(r^2\frac{\partial\psi}{\partial r}\right) + \operatorname{sen}\theta\frac{\partial}{\partial\theta}\left(\operatorname{sen}\theta\frac{\partial\psi}{\partial\theta}\right) + \frac{\partial^2\psi}{\partial\varphi^2} + \frac{8\pi^2 m_o r^2 \operatorname{sen}^2\theta}{h^2}\left[\frac{e^2}{4\pi\varepsilon_o r} + E\right]\psi = 0$$

(se ha reemplazado el símbolo φ por ψ pues ahora tenemos el ángulo φ, se han transpuesto términos y no se han desarrollado las derivadas, como se puede ver).

Aquí también se propone que $\psi(r,\varphi,\theta)$ sea igual al producto de tres funciones, cada una de ellas de una variable:

$$\psi(r,\varphi,\theta) = R(r) \times \Phi(\varphi) \times \Theta(\theta)$$

reemplazando en la Ecuación de Schrödinger y operando resulta:

$$\frac{\operatorname{sen}^2\theta}{R}\cdot\frac{\partial}{\partial r}\left(r^2\frac{\partial R}{\partial r}\right) + \frac{\operatorname{sen}\vartheta}{\Theta}\cdot\frac{\partial}{\partial\theta}\left(\operatorname{sen}\vartheta\frac{\partial\Theta}{\partial\theta}\right) + \frac{8\pi^2 m_o r^2 \operatorname{sen}^2\theta}{h^2}\left[\frac{e^2}{4\pi\varepsilon_o r}+E\right] = -\frac{1}{\Phi}\frac{\partial^2\Phi}{\partial\varphi^2} \qquad [$

Que estos cocientes de funciones sean iguales para cualquier valor de las variables, implica que a su vez son constantes. Las designaciones de estas constantes se las hace de modo que se justifica a posteriori. Para empezar hacemos

$$-\frac{1}{\Phi}\frac{\partial^2\Phi}{\partial\varphi^2} = m_\ell^2 = cte\,.$$

Sustituyendo en [6-1], dividiendo por $\operatorname{sen}^2\theta$ y reagrupando se llega a:

$$\frac{1}{R}\cdot\frac{\partial}{\partial r}\left(r^2\frac{\partial R}{\partial r}\right) + \frac{8\pi^2 m_o r^2}{h^2}\left[\frac{e^2}{4\pi\varepsilon_o r}+E\right] = \frac{m_\ell^2}{\operatorname{sen}^2\theta} - \frac{1}{\Theta\operatorname{sen}\theta}\cdot\frac{\partial}{\partial\theta}\left(\operatorname{sen}\theta\frac{\partial\Theta}{\partial\theta}\right)$$

de modo que esta igualdad también debe ser una constante, la designaremos por $\ell(\ell+1)$.

Todo lo dicho conduce a tres ecuaciones, cada una de ellas de una sola variable independiente (ecuaciones diferenciales ordinarias):

$$\frac{d^2\Phi}{d\varphi^2} + m_\ell^2\Phi = 0 \qquad\qquad [6\text{-}2]$$

$$\frac{1}{\operatorname{sen}\theta}\frac{d}{d\theta}\left(\operatorname{sen}\theta\frac{d\Theta}{d\theta}\right) + \left[(\ell)(\ell+1) - \frac{m_\ell^2}{\operatorname{sen}^2\theta}\right]\Theta = 0 \qquad\qquad [6\text{-}3]$$

$$\frac{1}{r^2}\frac{d}{dr}\left(r^2\frac{dR}{dr}\right) + \left[\frac{8\pi^2 m_o}{h^2}\left(\frac{e^2}{4\pi\varepsilon_o r}+E\right) - \frac{\ell(\ell+1)}{r^2}\right]R = 0 \qquad\qquad [6\text{-}4]$$

La [6-2] es como las del cubo, pero las [6-3] y [6-4] son "algo" más complicadas.

La [6-2] posee una solución particular ya conocida:

$$\Phi_{m_\ell}(\varphi) = A e^{im_\ell\varphi}$$

dónde A es una constante que se determina por normalización. A la letra Φ le agregamos el subíndice m_ℓ para indicar que aparte de la variable independiente φ depende del parámetro m_ℓ. Como es periódica debe cumplirse:

$$A e^{im_\ell\varphi} = A e^{im_\ell(\varphi+2\pi)} = A e^{im_\ell\varphi} \cdot e^{im_\ell 2\pi}$$

es decir que

$$e^{im_\ell 2\pi} = 1 \qquad \text{que se cumple para}$$

$$m_\ell = 0,\ \pm1,\ \pm2,\ \pm3,\ \ldots$$

La [6-3] tiene como solución las "funciones asociadas de Legendre" que no veremos en detalle, sólo la simbolizaremos por $\Theta_{\ell,m_\ell}(\theta)$. Los subíndices ℓ y m_ℓ indican que aparte de ser f unción de θ lo es de los parámetros ℓ y m_ℓ. La solución existe si ℓ **es entero** y tal que $\ell \geq |m_\ell|$ esto se puede decir también así: $m_\ell = 0,\ \pm1,\ \pm2,\ \ldots,\ \pm\ell$. Por ejemplo, si $\ell = 3$ se tiene que m_ℓ puede ser –3, -2, -1, 0, 1, 2, 3.

La [6-4] tiene solución dada por las *"funciones asociadas de Laguerre"*, siempre que $E > 0$ o bien negativo, dado por

$$E_n = -\frac{m_o e^4}{8\varepsilon_o^2 h^2}\left(\frac{1}{n^2}\right) \qquad \text{dónde} \qquad n = 1,\ 2,\ 3,\ \ldots$$

Se reencuentra el resultado obtenido por BOHR. Además debe cumplirse que $n \geq \ell+1$, que se puede escribir también así

$$1 = 0,\ 1,\ 2,\ \ldots,(n-1)$$

En cuanto a las funciones asociadas de:Laguerre no entraremos en detalles, las simbolizaremos con $R_{n,\ell}(r)$ indicando que aparte de ser función de la variable r depende de los parámetros n y ℓ.

En **resumen**, tenemos.las funciones $R_{n,\ell}(r), \Theta_{\ell,m_\ell}(\theta), \Phi_{m_\ell}(\varphi)$, de modo que

$$\psi_{n,1,m_\ell}(r,\varphi,\vartheta) = R_{n,\ell} \cdot \Theta_{\ell,m_\ell} \cdot \Phi_{m_\ell}\text{, y los números cuánticos}$$

$$\left\{ \begin{array}{c} n = 1,\ 2,\ 3,\ \ldots \\ \ell = 0,\ 1,\ 2,\ \ldots, (n-1) \\ m_\ell = -\ell,\ -\ell+1,\ \ldots, -1,\ 0,\ 1,\ 2,\ \ldots, \ell \end{array} \right\}$$

Es habitual representar por letras a los valores de ℓ :

$\ell = 0$	1	2	3	4	5	...
$\ell = s$	p	d	f	g	h	...

Un estado del átomo tal que $n = 2$, $\ell = 0$ se anota $2\,s$, si $n = 3$, $\ell = 1$ se anota $3p$. En átomos con varios electrones si hay por ej. 2 electrones con $n = 2$, $\ell = p$ se anota $2p^2$.

Sabemos que la función de onda ψ permite hallar la densidad de probabidad: $\dfrac{dP}{dvol} = \psi^2 = \psi \cdot \psi^*$; de modo que $dp = \psi^2 dvol$ es la probabilidad de que el electrón se manifieste corpuscularmente en el volumen dvol. en el entorno de cierto punto (r, φ, θ) del espacio.

En base a las funciones R, Θ, Φ tenemos:

$$\psi^2 = \psi \cdot \psi^* = RR^* \cdot \Theta\Theta^* \cdot \Phi\Phi^*$$

Ahora bién $\Phi\Phi^*$ no depende de φ, es una constante, en efecto:

$$\Phi\Phi^* = A \cdot e^{im_\ell\varphi} \cdot A \cdot e^{-im_\ell\varphi} = A^2 = cte.$$

Esto permite afirmar que por complicada que sea la representación gráfica de ψ^2 tiene simetría de revolución alrededor del eje z. Podemos escribir entonces

$$\psi^2(r,\theta) = A^2 \cdot R_{n,\ell}^2 \cdot \Theta_{\ell,m_\ell}^2$$

Las representaciones más simples se tienen para $\ell = 0$,

Caso $\ell = 0\,(\text{ó s})$. Si $\ell = 0$, también debe ser $m_\ell = 0$. La función Θ es tal que para $\ell = 0$, $m_\ell = 0$, Θ^2 se reduce a una constante, llamándola B^2 se tiene

$$\psi_{n,0,0}^2 = A^2 B^2 \cdot R_{n,0}^2(r)$$

Ahora bién, elijamos como elemento de volumen dvol una cáscara esférica de radio r y espesor dr, de modo que

$$dvol = 4\pi r^2 dr$$

Entonces la probabilidad dp es $4\pi r^2 dr \cdot \psi_{n,0,0}^2$. Podemos definir así la probabilidad "*repartida*" a lo largo de r, es decir, la **densidad radial de probabilidad**:

$$\frac{dp}{dr} = 4\pi r^2 \psi_{n,0,0}^2$$

En las figs.6-12 se representan estas funciones para $n = 1$, 2 y 3. En todos los casos es $\ell = 0$, $m_\ell = 0$.

Como en estos casos la densidad radial no depende de θ, sólo de r, podemos imaginar figuras espaciales que representan la "*nube de probabilidad*", (que también es interpretada como "nube electrónica", como si el electrón estuviese repartido en el espacio), por esferas más o menos densas (figs.6-13). Con estas figuras sólo se pretende dar una idea de los cambios que implica este modelo respecto al de BOHR: **no más** órbitas circulares ó elípticas de un electrón puntual, ahora se tiene distribuciones espaciales continuas, con máximos.

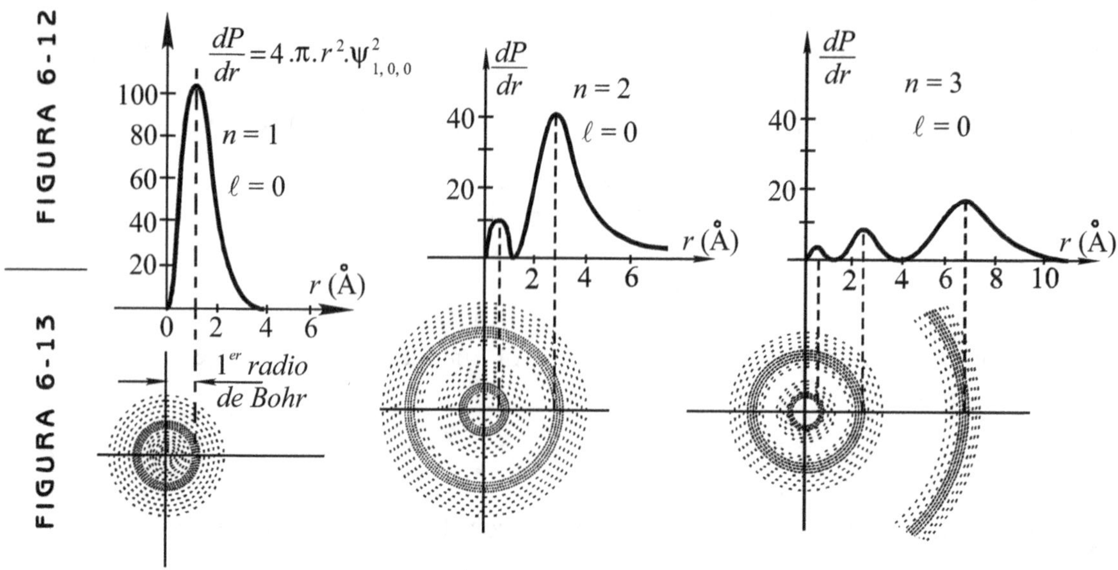

FIGURA 6-12

FIGURA 6-13

Sólo en los casos en que dado un valor de n, ℓ toma el máximo valor posible $(n-1)$, por ejemplo

$n = 1, \ell = 0$; $n = 2$, $\ell = 1$; etc., los máximos de la densidad radial de probabilidad coinciden con los radios del modelo de BOHR. En las figs.5-12 el caso $n = 1$, $\ell = 0$ da el primer radio de BOHR.

En las figs.6-14 están las gráficas para $n = 2$, $\ell = 1$ y $n = 3$, $\ell = 2$.

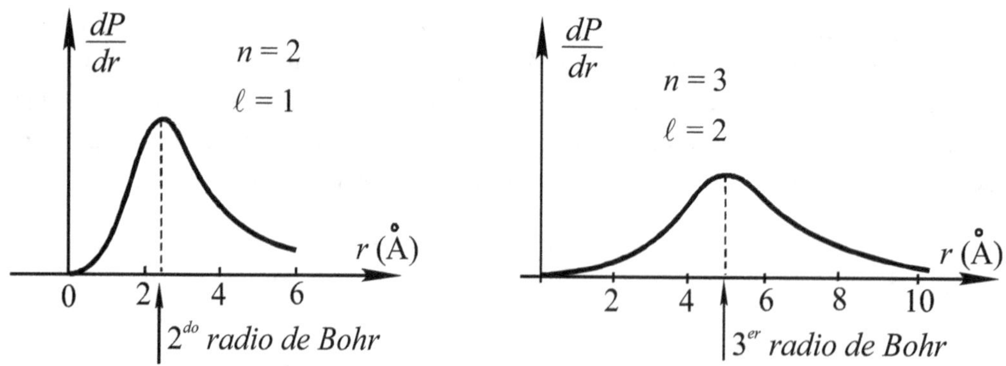

FIGURA 6-14

Pero en realidad en este modelo para $\ell \neq 0$ no se tienen figuras espaciales esféricas pues Θ^2 para $\ell \neq 0$ no es más constante. Sin entrar en detalles, en la fig.6-15 se tiene una representación espacial de densidad de probabilidad o "*nube electrónica*" para el caso $n = 2$, $\ell = 1$, $m_\ell = \pm 1$, es como una "*rosquilla*" sin limites definidos, de eje z.

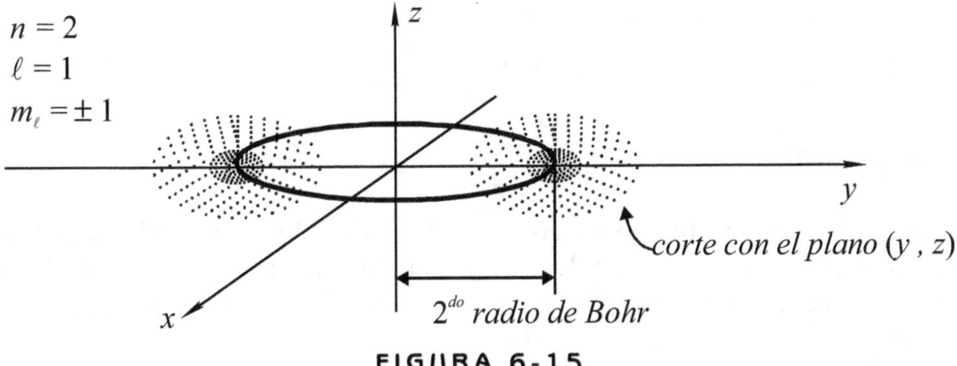

FIGURA 6-15

Es interesante señalar que estas distribuciones espaciales para este átomo (H) u otros átomos más complicados ha permitido explicar el porqué de las estructuras moleculares. También se suelen denominar ORBITALES.

En el libro de Beiser, pág.180 se puede observa una lámina que contiene distribuciones espaciales de probabilidad para diversos estados del átomo de hidrógeno.

Comentario sobre los ejes coordenados

Al comenzar el estudio del átomo de hidrógeno hemos supuesto ejes coordenados elegidos arbitrariamente en el espacio, con el núcleo del átomo en el origen. El ángulo θ que forma el vector posición del electrón se mide respecto del eje z. La simetría esférica del campo central de Coulomb no permite ninguna dirección espacial preferencial, sin embargo la distribución de probabilidades, como por ejemplo la de fig.6-15 (n=2, $\ell = 1$, $m_\ell = \pm 1$), parece indicar una preferencia por el eje z. No es así, porque para cada n que define la energía del átomo hay varias funciones ψ de distribución, por ejemplo para $n = 2$, tene

probabilidades ($\psi\psi^*$) mediríamos sólo el promedio entre esas cuatro distribuciones y se puede demostrar que ese promedio resulta esféricamente simétrico.

La aplicación de un campo (magnético o eléctrico) sí incorporaría una dirección preferencial, al tiempo que se eliminan ciertos grados de degeneración y se pierde la simetría esférica.

6.5.2. Resumen de números cuánticos para el caso de un átomo ó ión monoelectrónico

La ecuación de SCHRÖDINGER aplicada a un átomo o ión con un solo electrón (por ejemplo el H) ha permitido encontrar tres números cuánticos:

n: número cuántico **principal**

ℓ : número cuántico azimutal u **orbital**

m_ℓ : número cuántico **magnético orbital**

Valores y significados

"n" puede tomar los valores enteros positivos 1, 2, 3, ... indicados también con las letras K, L, M, ... DETERMINA el valor de la energía total E del átomo cuando éste está AISLADO, es decir, cuando sobre él no actúa un campo electromagnético externo.

En este caso se tiene:

$$E = - \frac{cte}{n^2} \qquad\qquad\qquad [6\text{-}5]$$

dónde la constante es.

$$\left(\frac{\mu z^2 e^4}{8\varepsilon_o^2 h^2} \right)$$

dónde μ es la masa reducida del electrón:

$$\mu = \frac{mM}{M+m}$$

(M = masa del núcleo) y z es el número atómico (número de protones del núcleo). Para el hidrógeno, haciendo $\mu \approx m$, $z = 1$, resolviendo se tiene

$$cte \cong 13,6 eV$$

de modo que

$$(\text{hidrógeno}) \ \ E = - \frac{13,6 eV}{n^2}$$

13,6 eV es la energía de ionización del hidrógeno: el electrón se libera del núcleo $(n \to \infty, \ E \to 0)$.

"ℓ" puede tomar los valores positivos o nulo: 0, 1, 2, ...,(*n*-1).

Se acostumbra a representar con letras minúsculas a estos números (notación espectral):

0	1	2	3	4	5	...
s	*p*	*d*	*f*	*g*	*h*	...

Por ejemplo, si $n = 3$: $\ell = 0, 1, 2$.

DETERMINA el valor del módulo del momento cinético orbital $\left(\vec{L}\right)$ respecto del centro de masas del átomo:

$$\left|\vec{L}\right| = \sqrt{\ell\left(\ell+1\right)} \cdot \hbar \qquad\qquad [6\text{-}6]$$

A su vez L determina el momento dipolar magnético orbital $\vec{M}_L$:

$$\vec{M}_L = -\left(\frac{|e|}{2m}\right)\vec{L} \qquad\qquad [6\text{-}7]$$

Se ha explicitado el signo de la carga del electrón. La constante $\left(\dfrac{|e|}{2m}\right) = g_L$ se denomina "razón giromagnética orbital".

La expresión [6-7] se puede demostrar sin necesidad de recursos cuánticos: en la fig.6-16 se tiene un electrón orbitando circularmente alrededor del núcleo, con velocidad $\vec{V}$, el módulo del momento cinético es $L = m\,V\,r$, por otro lado el momento magnético M_L se puede considerar igual al de una espira circular, de radio *r*, con corriente $I = \left(\dfrac{|e|}{T}\right)$, dónde *T* es el período de revolución:

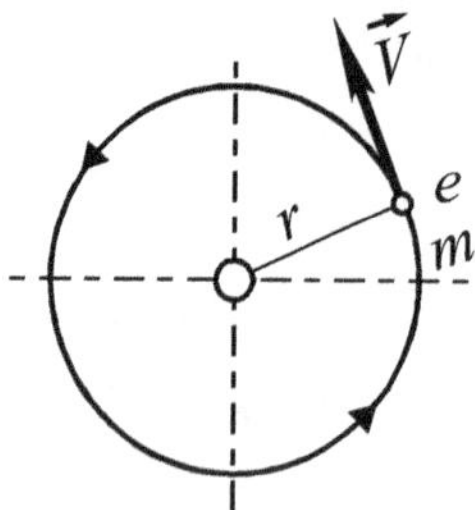

FIGURA 6-16

$$M_L = I\left(\pi r^2\right) = \frac{|e|}{T}\pi r^2$$

además

$$V = \frac{2\pi r}{T} = \frac{L}{mr}$$

reemplazando

$$T = \frac{2\pi r^2 m}{L}$$

en M_L se tiene la expresión [6-7], en módulo.

Sabemos que si un dipolo de momento $\vec{M}_L$ se encuentra en campo magnético externo $\vec{B}$ (fig.6-17), de modo que $\vec{M}_L$ forme un ángulo θ, la energía potencial campo-dipolo resulta:

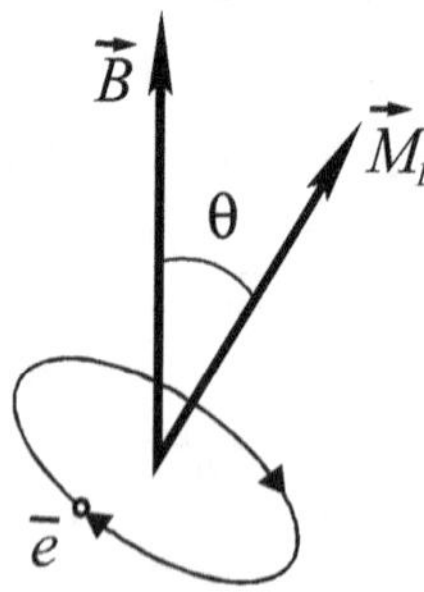

FIGURA 6-17

$$U_L = -\ \vec{M}_L \cdot \vec{B} \qquad\qquad [6\text{-}8]$$

tomando $U_L = 0$ para el caso en que el dipolo se encuentre en posición perpendicular al campo. En base al concepto de producto escalar la [6-8] es:

$$U_L = -\left|\vec{M}_L\right|\left|\vec{B}\right|\cos\theta = -\frac{|e|}{2m}\left|\vec{L}\right|\left|\vec{B}\right|\cos\theta$$

por [5-6] es $\left|\vec{L}\right| = \sqrt{\ell(\ell+1)}\cdot\hbar$, luego

$$U_L = -\frac{|e|\hbar}{2m}\sqrt{\ell(\ell+1)}\cdot B\cos\theta$$

Se denomina MAGNETON de BOHR a

$$\mu_m = \frac{|e|\hbar}{2m} = g_L\,\hbar$$

$$\mu_m \cong 9,27\times10^{-24}\left(\frac{joule}{Tesla}\right)$$

de modo que

$$U_L = -\ \mu_m\sqrt{\ell(\ell+1)}\cdot B\cos\theta \qquad\qquad [6\text{-}9]$$

"m_ℓ" **puede tomar los valores enteros positivos, nulos y negativos:**

$$\ell,\ \ell-1,\ \ldots,\ 2,\ 1,\ 0,\ -1,\ -2,\ \ldots,\ (-\ell+1),\ -\ell$$

es decir de ℓ hasta $-\ell$ pasando por todos los valores intermedios enteros, por ejemplo, si

$\ell=3$, $m_\ell=3,\ 2,\ 1,\ 0,\ -1,\ -2,\ -3$, que constituyen siete valores, en general, el número de valores que puede tomar m_ℓ es $(2\ell+1)$.

DETERMINA: en presencia de un campo magnético $\vec{B}$, las componentes de $\vec{L}$ posibles en esa dirección de $\vec{B}$, que llamaremos eje z (fig.6-18). Podemos afirmar que:

$$L_z = m_\ell\, \hbar \qquad\qquad\qquad\qquad\qquad [6\text{-}10]$$

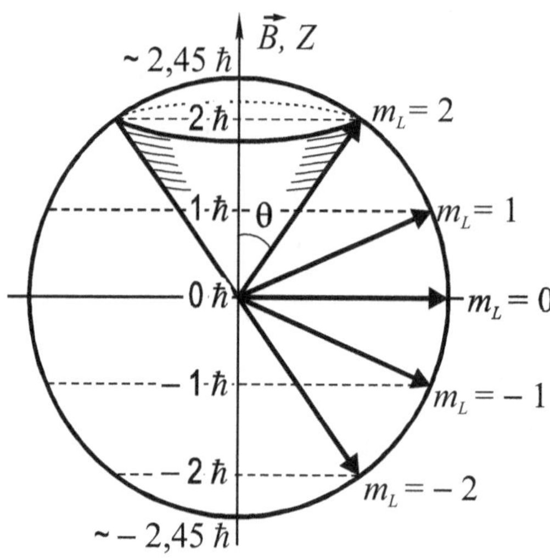

FIGURA 6-18

De modo que la componente de L_z de $\vec{L}$ está cuantificada, lo que implica que no sólo el módulo de $\vec{L}$ está cuantificado por el número (ℓ) sino también la dirección del vector $\vec{L}$, como se indica en la fig.6-18. $\vec{L}$ no puede tomar otras posiciones que las indicadas en esa fig. Se ha supuesto que $\ell = 2$, luego

$$\left|\vec{L}\right| = \sqrt{\ell(\ell+1)}\cdot\hbar = \sqrt{6}\cdot\hbar \approx 2,45\hbar$$

$$m_\ell = 2, 1, 0, -1, -2. \text{ (cinco valores)}$$

Debido a la "torca" de fuerza $\left(\vec{M}_L \times \vec{B}\right)$ que aparece sobre el dipolo magnético éste precesiona (como un trompo) alrededor de $\vec{B}$, de modo que el vector $\vec{L}$ describe conos de vértice O (fig.6-18). Vemos que $\vec{L}$ no puede quedar exactamente alineado con $\vec{B}$ como en física clásica.

Además de establecer las direcciones posibles de $\vec{L}$ respecto de $\vec{B}$, m_ℓ determina las energías dipolares posibles en el campo $\vec{B}$; de (5-9) tenemos

$U_L = -\mu_m \sqrt{\ell(\ell+1)} \cdot B \cos\theta$, pero $L\cos\theta = L_Z$, luego combinando [6-10]:

$$U_L = -\mu_m \cdot m_\ell \cdot B \qquad\qquad [6\text{-}11]$$

6.5.3. Efecto ZEEMAN normal

Cuando un átomo pasa del estado de energía especificado por $n = 3$ a $n = 2$ (por ejemplo), debe emitir un fotón de energía $hf = E_3 - E_2$, es decir, de frecuencia

$$f = \frac{E_3 - E_2}{h}$$

Esto es así efectivamente cuando el átomo está aislado, sin campo externo $\vec{B}$, pues en este caso n basta para especificar el nivel de energía del átomo. Tenemos así en el espectroscopio **una sola** raya espectral correspondiente a este salto. Pero si ahora se aplica un campo magnético $\vec{B}$ la raya espectral se TRIPLICA. Esto lo pudo explicar Zeeman antes de la física cuántica con electromagnetismo clásico, pero la física cuántica explica también este efecto y además otro efecto llamado de Zeeman ANORMAL, que luego veremos.

La explicación de efecto Zeeman NORMAL, por medio de la cuántica, se realiza.con el número cuántico m_ℓ que cuantifica la dirección de $\vec{L}$ y especifica las energías posibles de un dipolo en el campo $\vec{B}$ y con las <u>REGLAS DE SELECCION</u> que limitan las posibilidades de variar de ℓ y m_ℓ en una transición de estado. En efecto, con las ecuaciones de SCHRÖDINGER dependiente del tiempo, se puede demostrar que cuando el átomo emite radiación dipolar, sólo se pueden producir variaciones de ℓ y m_ℓ tales que

$$\text{reglas de selección} \begin{pmatrix} \Delta\ell = \pm 1 \\ \Delta m_\ell = \pm 1,\ 0 \end{pmatrix}$$

En la fig.6-19(a) se tiene esquematizado el "salto cuántico" del electrón, sin campo $\vec{B}$, desde el estado *(n = 3, ℓ = 2)* a *(n = 2, ℓ = 1)*. Sin $\vec{B}$, ℓ no determina la energía, sólo la determina n. Se ha representado debajo la única raya espectral, de frecuencia f.

En la fig.6-19(b) se muestra la multiplicación de los niveles de energías en presencia de un campo $\vec{B}$ y la triplificación de las rayas espectrales.

Aparece una raya central de frecuencia f igual que sin campo, pero además otras dos de frecuencias

$$f' = \frac{hf + \mu_m B}{h} = f + \frac{\mu_m B}{h} > f$$

y

$$f'' = \frac{hf - \mu_m B}{h} = f - \frac{\mu_m B}{h} < f$$

(μ_m es el magnetón de BOHR).

Vemos que la separación entre ellos aumenta a mayor $\vec{B}$. Se muestra un salto "imaginado", en líneas de trazos, tal que viola la regla de selección $\Delta m_\ell = \pm 1, 0$ pues es $\Delta m_\ell = 2$. Este salto no se da realmente.

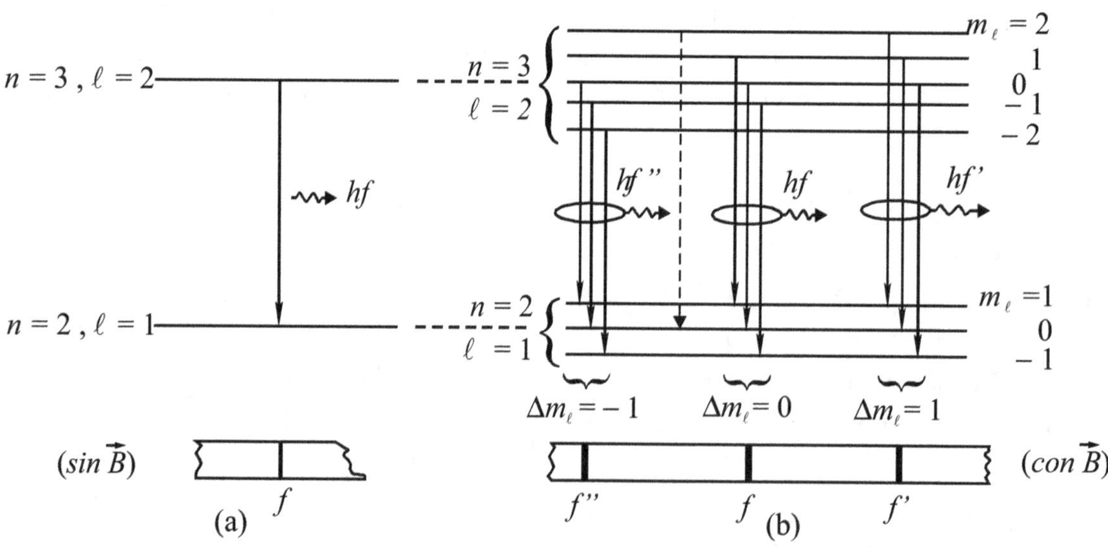

FIGURA 6-19

Efecto Zeeman Anormal. Número cuántico de SPIN

Un análisis espectral más fino muestra una mayor multiplicidad de rayas espectrales que implica una mayor multiplicidad de niveles de energía por acción de un campo magnético, que la indicada en la fig.6-19(b). Esto no se explica con recursos clásicos, ni con sólo los tres números cuánticos $\left(n, \ell, m_\ell\right)$, sino que hubo que agregar un **cuarto número cuántico** $\left(m_S\right)$.

Goudsmit y Uhlembeck (1925) para explicar el efecto Zeeman anormal propusieron la existencia de un **momento cinético rotacional o de "SPIN"** $\left(\vec{S}\right)$ para el electrón. La idea no fue bien acogida porque implica considerar que el electrón tiene dimensiones propias, no es puntual. Pero la experiencia y luego la teoría cuántica-relativista confirma la idea de Goudsmit y Uhlembeck. Como el electrón posee carga eléctrica, también tiene un **momento dipolar magnético de SPIN** $\left(\vec{M}_S\right)$. Se establecen cuantificaciones análogas a los parámetros orbitales, que luego veremos.

La experiencia de STERN-GERLACH confirma la cuantificación del **momento dipolar de SPIN** comprobándose que éste tiene dos posiciones posibles en relación a un campo $\vec{B}$: "casi" paralelo a él o "casi" en contra de él. Lo de "casi" luego se explicará.

En la fig.6-20 se muestra un esquema del experimento: del hornillo H sale un haz de átomos neutros de Plata, que para este fin se comporta como un dipolo de un átomo monoelectrónico. El haz es colimado por el diafragma con ranura e ingresa al espacio entre los polos N-S que producen un campo NO uniforme que desplaza a los dipolos magnéticos (si fuese uniforme sólo los orientaría sin desplazar). Si el momento dipolar $\vec{M}_S$ no estuviese,cuantificado en dirección y módulo el haz se dispersaría desordenadamente produciendo una mancha llena en una placa fotográfica como se indica en fig.6-20(b), pero en realidad se producen dos lineas finas fig.6-20(a) que corresponden a $\vec{M}_S$ casi paralelo a $\vec{B}$ y $\vec{M}_S$ casi "antiparalelo".

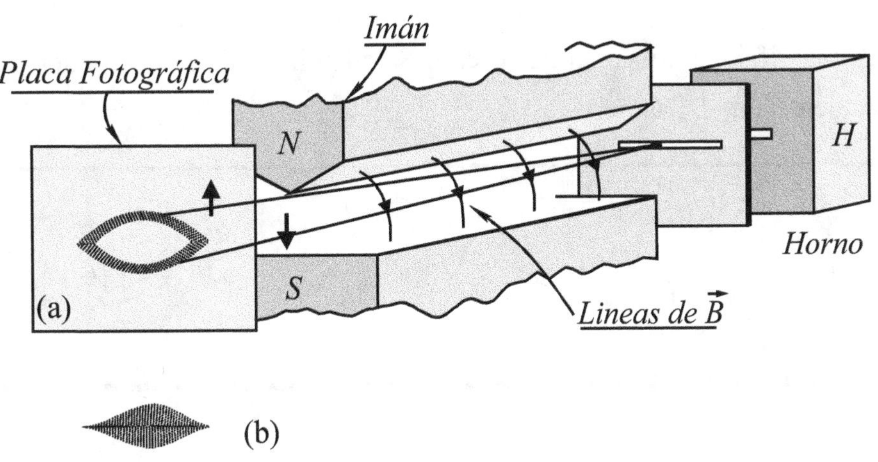

FIGURA 6-20

Veamos la cuantificacion:

> **número cuántico de SPIN (*s*)**, puede tomar sólo el valor de (1/2), positivo.

Determina el valor del módulo del momento cinético de SPIN del electrón:

$$\left|\vec{S}\right| = \sqrt{s\,(s+1)}\cdot\hbar = \frac{\sqrt{3}}{2}\cdot\hbar \qquad\qquad [6\text{-}12]$$

Por ende también determina el momento magnético dipolar de SPIN del electrón:

$$\vec{M}_S = -\,\frac{|e|}{m}\,\vec{S} \qquad\qquad [6\text{-}13]$$

Esta relación no puede demostrarse con recursos clásicos como la [6-7]. Vemos que la razón giromagnética de SPIN es de valor doble a la orbital:

$$g_S = 2g_L$$

> **número cuántico magnético de SPIN (*m_s*)**: (no confundirlo con *s*). Puede tomar los valores 1/2 y (–1/2)

Al igual que m_ℓ cuantifica la dirección del vector $\vec{S}$, cuantificando la componente en la dirección *z* coincidente con $\vec{B}$, así

$$S_Z = m_s\cdot\hbar \begin{cases} \rightarrow \dfrac{1}{2}\hbar \\[2ex] \rightarrow -\dfrac{1}{2}\hbar \end{cases} \qquad\qquad [6\text{-}14]$$

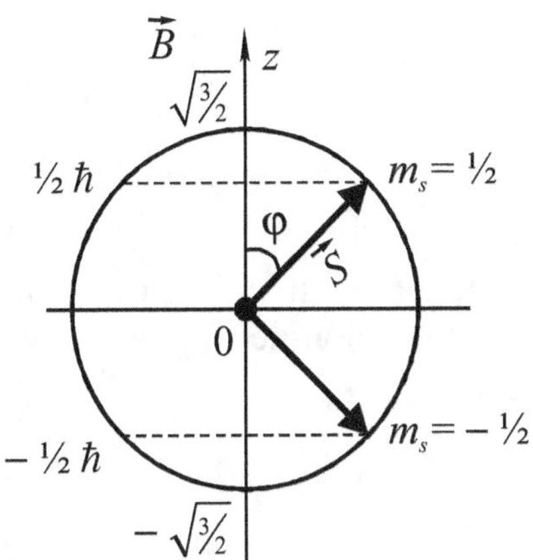

FIGURA 6-21

En la fig.6-21 se muestran las dos posiciones posibles de $\vec{S}$. Vemos que $\vec{S}$ no puede quedar perfectamente alineado con $\vec{B}$, por ello decíamos "casi" cuando describiamos la experiencia de S-G.

La energía dipolar - campo de spin es

$$U_S = -\vec{M}_S \times \vec{B}$$

$$U_S = -\left|\vec{M}_S\right|\left|\vec{B}\right|\cos\varphi$$

pero por [6-13] es

$$U_S = -\frac{|e|\left|\vec{S}\right|}{m}\cdot\left|\vec{B}\right|\cos\varphi$$

pero

$$\left|\vec{S}\right|\cos\varphi = S_Z = m_s\cdot\hbar$$

luego

$$U_S = -\frac{|e|\,m_s\,\hbar B}{m}$$

$$\text{para } m_s = \frac{1}{2} \qquad \rightarrow \qquad U_S = -\frac{|e|\hbar}{2m}\cdot B = -\mu_m\cdot B$$

$$\text{para } m_s = -\frac{1}{2} \quad \rightarrow \quad U_S = +\frac{|e|\hbar}{2m}\cdot B = +\mu_m \cdot B$$

En la fig.6-22(a) tenemos una transición del nivel $(n = 2,\ \ell = 1)$ al $(n = 1,\ \ell = 0)$, sin campo $\vec{B}$. En la fig.6-22(b) la triplicación del nivel 2 por acción de un campo $\vec{B}$ (efecto Zeeman normal) y en fig.6-22(c) la duplicación de cada nivel de fig.6-22(b) por el SPIN del electrón (efecto Zeeman "anormal").

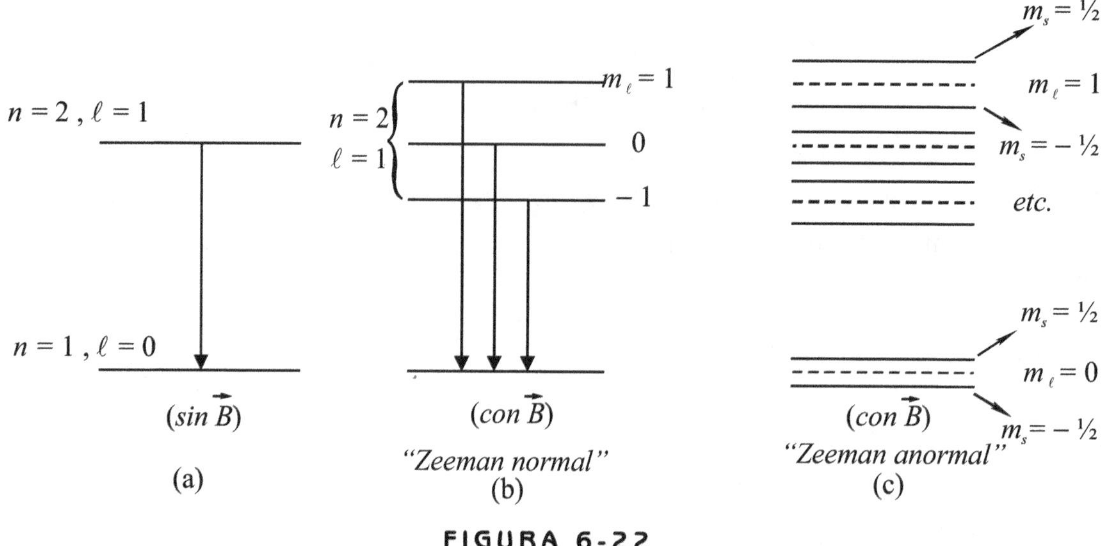

FIGURA 6-22

En la fig.6-23 se muestra todos los estados posibles pares un átomo en el nivel $n = 2$.

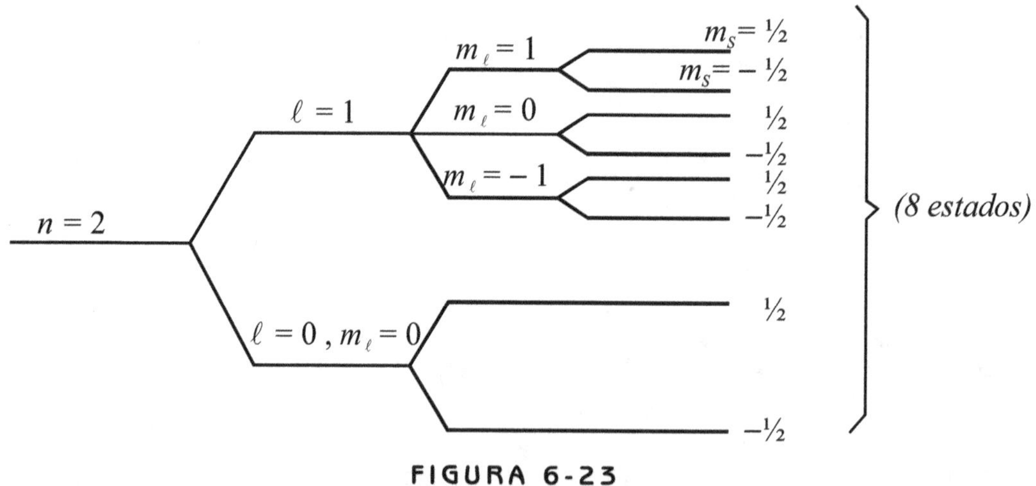

FIGURA 6-23

6.5.4. Momento cinético total de átomo monoeléctrico $\left(\vec{J}\right)$

Siendo $\vec{L}$ el momento cinético orbital y $\vec{S}$ el propio del electrón, el momento cinético total del átomo (respecto del centro de masas) es:

$$\vec{J} = \vec{L} + \vec{S}$$

Se tiene una cuantificación formalmente análoga a

$$\left|\vec{J}\right| = \sqrt{j(j+1)} \cdot \hbar \qquad \text{[6-15]}$$

$$J_z = m_j \cdot \hbar \qquad \text{[6-16]}$$

con m_j que puede tomar valores $(j, j-1, \ldots 2, 1, 0, -1, -2, \ldots, -j+1, -j)$.

¿Qué relación tiene m_j con m_ℓ y m_s? En la fig.5-24 se ha representado una posible suma $\vec{J} = \vec{L} + \vec{S}$, suponiendo los siguientes valores de ℓ, m_ℓ, m_s:

$$\ell = 1 \qquad m_\ell = 1 \qquad m_s = \frac{1}{2}$$

con lo que resulta:

$$\left|\vec{L}\right| = \sqrt{\ell(\ell+1)} \cdot \hbar = \sqrt{2} \cdot \hbar$$

$$L_z = m_\ell \cdot \hbar = \hbar$$

$$\left|\vec{S}\right| = \sqrt{s(s+1)} \cdot \hbar = \frac{\sqrt{3}}{2} \cdot \hbar \ < \ \left|\vec{L}\right|$$

$$S_z = m_s \cdot \hbar = \frac{\hbar}{2} \ < \ L_z$$

Vemos en la fig.6-24 que debe cumplirse:

$$m_j = m_\ell + m_s \qquad\qquad [6\text{-}17]$$

También se cumple la siguiente relación entre j, ℓ y m_s:

$$j = \ell + m_s \qquad\qquad [6\text{-}18]$$

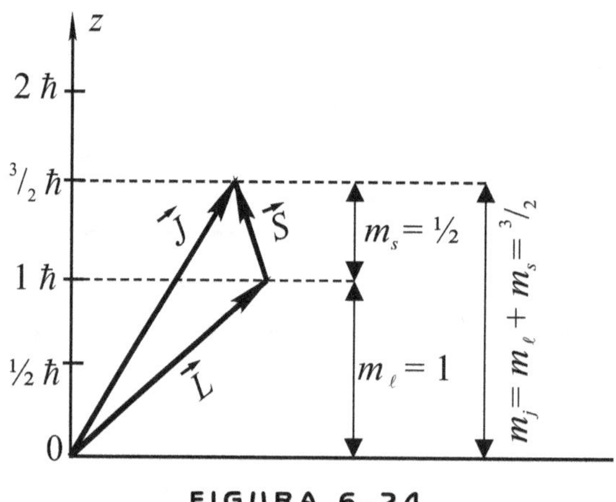

FIGURA 6-24

Para cada valor de ℓ hay dos valores de j: $\left(\ell + \dfrac{1}{2}\right)$ y $\left(\ell - \dfrac{1}{2}\right)$, salvo para $\ell = 0$ que se elimina

$\ell - 1/2 = -1/2$ por ser negativo con lo que la [6-15] daría un valor imaginario para J.

6.5.5. Designacion del estado monoelectrónico

Hemos dicho que los valores de ℓ pueden indicarse con letras (costumbre de los espectroscopistas):

$\ell = s,\ p,\ d,\ f,\ g,\ h,...$ Ahora agregaremos como subindices los valores de j posibles:

$$\ell = 0 \qquad \rightarrow \qquad j = \frac{1}{2} \qquad\qquad \rightarrow \qquad s_{1/2}$$

$$\ell = 1 \qquad \rightarrow \qquad j = \frac{1}{2} \ \text{ y } \ \frac{3}{2} \qquad \rightarrow \qquad p_{1/2},\ p_{1/2},\ etc.$$

6.5.6. Interaccion entre el movimiento orbital y de spin

(**Interacción** $\vec{L} - \vec{S}$). Los campos magnéticos INTERNOS asociados al momento orbital $\vec{M}_L$ y al de spin $\vec{M}_S$ interactúan haciendo que se desdoblen los niveles de energía del átomo, acorde a los valores de ℓ y j.

En la fig.6-25 mostramos un posible diagrama de niveles de energías y las transiciones que respetan las reglas de selección:

$$\Delta\ell = \pm 1, \qquad\qquad \Delta j = \pm 1,\ 0, \qquad\qquad \Delta m_j = \pm 1,\ 0$$

La transición marcada en líneas de trazos es muy débil porque implica una inversión de spin respecto a $\vec{L}$, en efecto $d_{3/2}$ es $\ell = 2$, $m_s = -\dfrac{1}{2}$ y pasaría $p_{3/2}$ es $\ell = 1$, $m_s = +\dfrac{1}{2}$

Los niveles $\ell = 0$ son "simpletes", los otros son "dobletes". No confundir esta cuestión con los efectos Zeeman (campos externos).

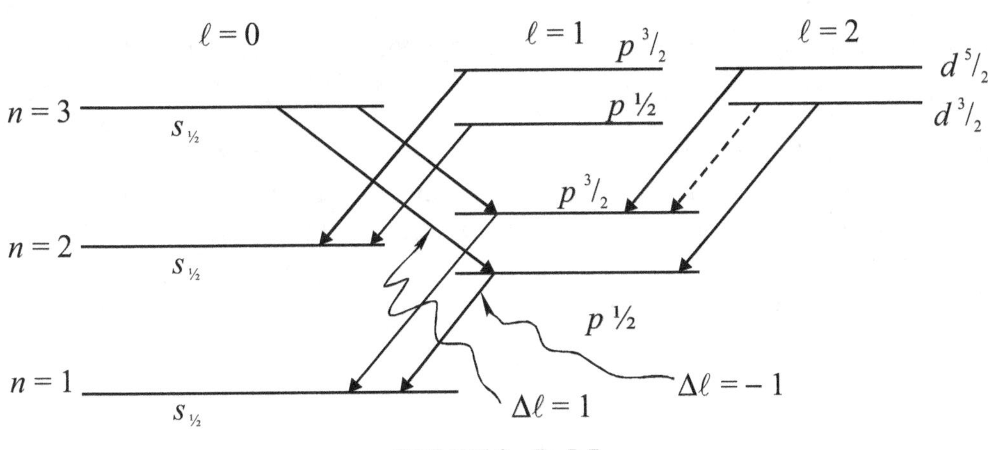

FIGURA 6-25

Además la interacción "spín-orbita" hace que los vectores $\vec{L}$ y $\vec{S}$ precesionen alrededor del vector suma $\vec{J}$ (fig.6-26), describiendo conos. Si no hay campo exterior $\vec{B}$, $\vec{J}$ permanece constante (en la medida que lo permite el Principio de Indeterminación de Heisenberg), en cambio la presencia de un campo exterior $\vec{B}$, de eje Z, hará precesionar también a $\vec{J}$ alrededor de Z (fig.6-27), pero de modo que

$$\left|\vec{J}\right| = \sqrt{j(j+1)} \cdot \hbar \ \text{ y } \ J_z = m_j \cdot \hbar$$

permanezcan constantes (implica que j y m_j son números cuánticos constantes).

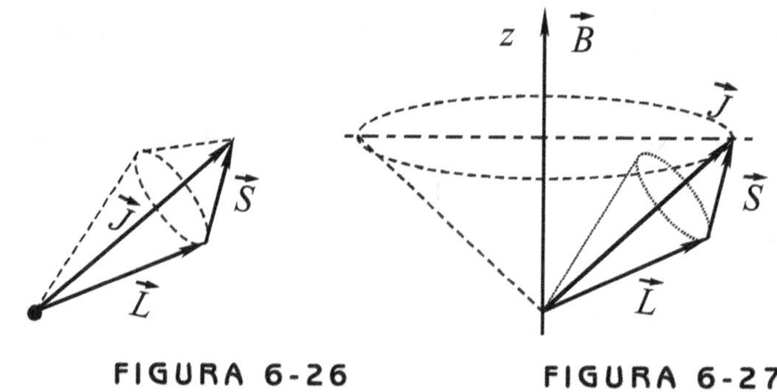

FIGURA 6-26   FIGURA 6-27

La precesión de $\vec{L}$ y $\vec{J}$ alrededor de $\vec{J}$ hace que las proyecciones L_Z y S_Z ya no sean constantes y por ende tampoco los números m_ℓ y m_s, pero si la suma $m_j = m_\ell + m_s$. Por esto los números cuánticos m_ℓ y m_s suelen reemplazarse por $\left(j \text{ y } m_j \right)$.

6.5.7. Átomos multielectrónicos (2 o más electrones)

Los átomos neutros tienen Z electrones, dónde Z es el "número atómico". Este número define al elemento químico, por ejemplo $Z = 1$, Hidrógeno (H), $Z = 2$, Helio (He), $Z = 3$, Litio (Li), etc.

Para estos átomos se puede generalizar los números cuánticos y las magnitudes mecano-cuánticas sumando "convenientemente" los valores individuales de sus electrones (y en caso de mayor precisión, para explicar el espectro "hiperfino", las del núcleo).

Tengamos presente las siguientes ideas básicas:

- a cada electrón se 1e atribuyen cuatro números cuánticos:

$$\left(n, \ell, m_\ell, m_s \right) \quad \text{ó} \quad \left(n, \ell, j, m_j \right)$$

- en un mismo átomo no pueden existir dos o más electrones con sus cuatro números cuánticos iguales. Esto se conoce como el PRINCIPIO DE EXCLU-SION DE PAULI. Equivale a afirmar que en un átomo no puede existir simultá-neamente más de una particula en el mismo "estado cuántico".

- la suma vectorial de los momentos cinéticos orbitales $\left(\vec{L}_i \right)$ y de spín $\left(\vec{S}_i \right)$, de cada electrón del átomo ($i = 1, ..., z$), para hallar el momento cinético total $\vec{J}_T$ se puede efectuar de dos formas básicas:

a) Si la interacción de fuerzas de Coulomb entre los electrones es más fuerte que la interacción magnética entre el momento magnético orbital $\left(\vec{M}_{Li}\right)$ y el spín $\left(\vec{M}_{Si}\right)$ de cada electrón, las sumas se hacen al estilo de RUSSELL-SAUNDERS. Consiste en sumar independientemente los $\vec{L}_i$ para obtener $\vec{L}_T$, lo mismo con los $\vec{S}_i$ para obtener $\vec{S}_T$, y luego obtenemos $\vec{J}_T$ como suma de $\vec{L}_T$ y $\vec{S}_T$, o sea:

$$\vec{L}_T = \sum_{i=1}^{Z} \vec{L}_i, \quad \vec{S}_T = \sum_{i=1}^{Z} \vec{S}_i, \qquad\qquad \vec{J}_T = \vec{L}_T + \vec{S}_T$$

b) por el contrario, si la interacción magnética spin-órbita es más fuerte, se utiliza el modo llamado $\left(\vec{J}-\vec{J}\right)$. Consiste primero en hallar

$$\vec{J}_i = \vec{L}_i + \vec{S}_i \quad \text{y luego} \quad \vec{J}_T = \sum_{i=1}^{Z} \vec{J}_i$$

Dicho así se tiene el derecho a pensar que el modo de $(R\text{-}S)$ y el $(J\text{-}J)$ son iguales pues sólo sería un cambio del orden de los sumandos, que no puede alterar la suma. Pero la diferencia estriba en cómo precesionan y por ende cuáles son los números cuánticos que pueden permanecer constantes.

En la fig.6-28 se muestran cómo precesionan los vectores según el modo $(R\text{-}S)$ y en la fig.6-29 en el modo $(J\text{-}J)$. El modo $(R\text{-}S)$ se cumple mejor en átomos de bajo Z (por ejemplo en los alcalinos) y el $(J\text{-}J)$ en los de alto Z y en el núcleo atómico.

La velocidad de precesión de los $\vec{L}_i$ y $\vec{S}_i$ (en la fig.6-28) alrededor de las sumas $\vec{L}_T$ y $\vec{S}_T$ es alta respecto de la precesión de $\vec{L}_T$ y $\vec{S}_T$ alrededor de $\vec{J}_T$.

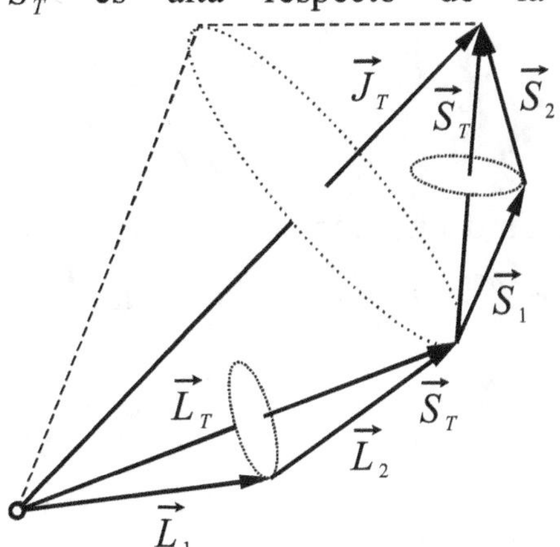

FIGURA 6-28

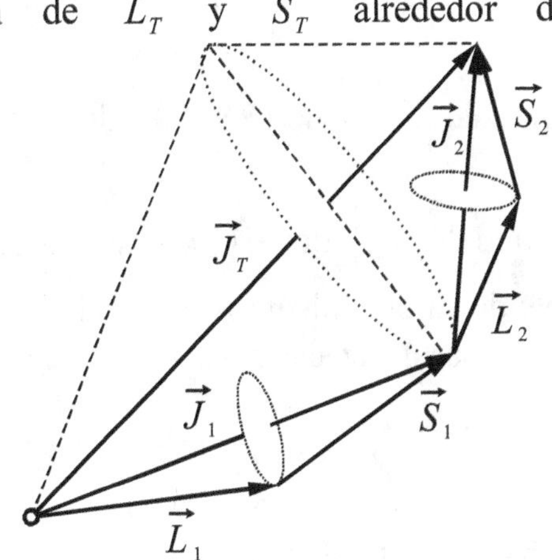

FIGURA 6-29

6.5.8. Veamos la cuantificación para el caso Russell - Saunders

$$\vec{L}_T = \sum \vec{L}_i \, , \ \vec{S}_T = \sum \vec{S}_i \, , \ \vec{J}_T = \vec{L}_T + \vec{S}_T$$

con las siguientes reglas de cuantización:

$$\left| \vec{L}_T \right| = \sqrt{L(L+1)} \cdot \hbar \qquad L_{TZ} = M_L \hbar \qquad [6\text{-}19]$$

con:

$$M_L = \sum m_{\ell i} \qquad M_L = \pm L, \ \pm(L-1), \ \dots, \pm 1, \ 0 \qquad [6\text{-}20]$$

$$\left| \vec{S}_T \right| = \sqrt{S(S+1)} \cdot \hbar \qquad S_{TZ} = M_S \hbar \qquad [6\text{-}21]$$

con

$$M_S = \sum m_{si} \qquad M_S = \pm S, \ \pm(S-1), \ \dots, \pm 1, \ 0. \qquad [6\text{-}22]$$

$$\left| \vec{J}_T \right| = \sqrt{J(J+1)} \cdot \hbar \qquad J_{TZ} = M_J \hbar. \qquad [6\text{-}23]$$

con $M_J = \sum m_{ji}$; $M_J = \pm J, \ \pm(J-1), \ \dots, \pm 1, \ 0$, además

$$J = (L+S), \ (L+S-1), \ \dots, \ |L-S| \qquad [6\text{-}24]$$

Si $L \geq S$, el módulo $\left| \vec{J}_T \right|$ tiene $(2S+1)$ valores distintos

Si $L \leq S$, el módulo $\left| \vec{J}_T \right|$ tiene $(2L+1)$ valores distintos. Es decir, siempre el menor número posible de valores distintos. Los valores numéricos de L se suelen indicar con las mismas letras que las utilizadas para ℓ, pero con mayúscula:

$$L = 0, \ 1, \ 2, \ 3, \ 4, \ \dots$$

$$= S, \ P, \ D, \ F, \ H, \ \dots$$

Un estado posible del átomo ("términos" del átomo) se indica por el valor de L en letras, con un subíndice que indica el valor particular de J y un superíndice izquierdo que indica la multiplicidad de valores de $\left|\vec{J}_T\right|$, por ejemplo

$$^3P_2$$

significa que $L = 1$, que $J = 2$, pero que puede tomar tres valores posibles (por ejemplo $J = 0, 1, 2$). Esto se denomina TRIPLETE. Sí S = 0, por [6-24] se tiene un sólo valor de $\left|\vec{J}_T\right|$, es un SINGLETE. Si $S = 1$, por [5-24] resulta un TRIPLETE.

En general las energías del átomo en los distintos estados ^iL_j son distintas y resultan absorciones y emisiones de fotones cuando se realizan transiciones entre esos estados distintos.

Las transiciones están limitadas por "reglas de selección". Estas son, para el modo (R-S) y emisión dipolar:

$$\begin{cases} \Delta L = 0, \ \pm 1 \\ \Delta J = 0, \ \pm 1 \\ \Delta S = 0, \end{cases} \qquad \text{(pero no es posible} \qquad J_{inicial} = 0 \text{ a } J_{final} = 0)$$

Para el caso de un solo electrón es $\Delta L = \Delta \ell = \pm 1$, el cero no es posible.

El alumno puede consultar en la bibliografía los diagramas de términos para los elementos quimicos (por ejemplo: .el Helio, Sodio, etc).

6.5.9. Estructura electrónica de los átomos y tabla periódica de los elementos químicos de Mendeleiev

Los números cuánticos, el Principio de Exclusión de Pauli y la regla de Hund (que luego veremos).permiten explicar la estructura electrónica de los átomos, a su vez ésta estructura explica la periodicidad de ciertas propiedades fisico-quimicas de los elementos quimicos. (energías de ionización, valencias, temperaturas de fusión, densidad, etc.).

Ya Dimitri Mendeléiev, en 1869, encontró que si se consideraban a los elementos químicos por orden creciente de sus "masas atómicas (A)" existían "períodos" en los valores de A que hacían reencontrar análogas propiedades, es decir, si un elemento quimico de masa A tiene cierta propiedad, existe un período P tal que el elemento de masa ($A + P$) tiene análoga propiedad. Dimitri Mendeléiev agrupó a los elementos conocidos en su época por columnas y filas, constituyendo la conocida tabla; notó, que existían "casillas" en la tabla vacíos y predijo la posibilidad de elementos aún desconocidos que debían ocupar esas casillas, prediciendo sus propiedades.

Sus predicciones fueron confirmadas al pasar el tiempo. Hoy sabemos con mayor precisión que la periodicidad tiene que ver con el número atómico (Z) y no con (A), ocurre que en la mayor cantidad de elementos a mayor A mayor Z.

Daremos una idea de la formación electrónica de los elementos sin entrar en mayores detalles. El alumno seguramente estudió la Tabla Periodica en química.

Consideramos a los átomos en **su estado BÁSICO, de MENOR ENERGÍA.**

Nota:

Supondremos que el elemento Z posee spin (+1/2) y el siguiente (Z + 1) spín (-1/2) (PARA EL ELECTRÓN AGREGADO), arbitrariamente. Algo parecido haremos con los valores del número m_ℓ.

Z = 1, Hidrógeno (H):

posee un electrón, con los números $n = 1$ (ó K), $\ell = 0$ (ó s), $m_\ell = 0$, $m_s = +\frac{1}{2}$. Todo esto se anota así: $1s$.

Z = 2, Helio (He):

posee dos electrones, de números $n = 1$; $\ell = 0$, $m_\ell = 0$, $m_s = \pm\frac{1}{2} \to 1s^2$

Aquí se completó la "capa" $n = 1$ pues no "cabe" otro electrón sin violar el Principio de Exclusión de Paulí.

Z = 3 Litio (Li):

posee tres electrones: los dos del Helio, más otro de números $n = 2$; $\ell = 0$, $m_\ell = 0$, $m_s = \frac{1}{2} \to 1s^2 2s$

Z = 4, Berilio (Be):

se puede agregar otro electrón en $\ell = 0$ con $m_s = -2$ resultando $1s^2 2s^2$. La "subcapa" $n = 2$, $\ell = 0$ (s). está completa, pero esto no implica.que el Be sea inerte como el He pues todavía ℓ puede tomar el valor $n-1 = 1$ (p), y así a su vez $m_\ell = 1, 0, -1$ (algunos autores designan con p_x, p_y, p_z las tres posibilidades).

Z = 5, Boro (B):

agregamos un electrón con $n = 2$, $\ell = 1$ (ó p), $m_\ell = 1$, $m_s = \frac{1}{2} \rightarrow 1s^2 2s^2 2s$.

Z = 6, Carbono (C):

Podriamos pensar que el Carbono se forma agregando un electrón con $m_\ell = 1$, $m_s = -1/2$, cosa **permitida** por el Principio de Exclusión, pero no es así, el electrón (agregado) del estado básico del carbono tiene otro valor m_ℓ, por ejemplo $m_\ell = 0$ y spín $m_s = 1/2$. Esto está de acuerdo con una llamada **Regla de Hund**: "el spín total (S) de un átomo, en estado básico, tiene el máximo valor posible compatible con el Principio de Exclusión". Esta cuestión no se distingue en la notación de la estructura, pues en ella no figuran los números m_ℓ y m_s. Para el carbono es $1s^2 2s^2 2p^2$.

Z = 7, Nitrógeno (N):

se agrega otro electrón con $m_\ell = -1$, $m_s = 1/2 \rightarrow 1s^2 2s^2 2p^3$. Ahora sí hay que seguir agregando los espines negativos (-1/2):

Z = 8, Oxígeno (O):

agregamos un electrón con $m_\ell = +1$, $m_\sigma = -1/2$, $\rightarrow 1\sigma^2 2\sigma^2 2p^4$, etc., así llegamos a otro gas noble, el Néon:

Néon (Ne): $1s^2 2s^2 2p^6$.

Vemos que posee 8 electrones en la capa $n = 2$ (ó L). Ahora para seguir se "habilita" la capa $n = 3$ (ó M) resultando el Sodio (Na): $1s^2 2s^2 2p^6 3s$, etc.

La secuencia de "llenado" es normal, sin "imprevistos" hasta llegar al Argón, otro gas noble, de estructura $1s^2 2s^2 2p^6 3s^2 3p^6$. Para $n = 3$, ℓ puede tomar los valores 0, 1, 2 ó s, p, d, de modo que para proseguir con el próximo elemento Potasio (K), parece que tenemos que agregar un electrón con $n = 3$ y $\ell = d$, es decir, que resulte ... $3p^6 3d$. Sin embargo consideraciones de energía minima, .llevan a ubicar al electrón en el nivel $4s$, es decir, el nivel de energía con el electrón en $4s$ es menor que el correspondiente al $3d$

(aunque con muy poca diferencia), de modo que el Potasio.(K) tiene la estructura $1s^2 2s^2 2p^6 3s^2 3p^6 4s^2$. Recién para $Z = 21$, Escandio (Sc), se agrega un electrón en $3d$:

$$Sc \rightarrow 1s^2 2s^2 2p^6 3s^2 3p^6 3d 4s^2$$

Damos por terminado aquí este resumen; para mayores detalles el alumno puede consultar la bibliografía.

CAPÍTULO **7**

RESUMEN DE FÍSICA ESTADÍSTICA

7.1. INTRODUCCIÓN

Se denomina física estadística (o mecánica estadística) a la parte de la física dónde se estudian sistemas de partículas (átomos, moléculas, electrones, fotones, etc.) constituidos por un número N de particular. Este número N normalmente es del orden del número de Avogadro $\left(N_A = 6,022\times10^{23}\right)$. Un sistema así se denomina macroscópico.

En la física estadística se trata de deducir las PROPIEDADES MACROSCOPICAS del sistema (como ser calor específico, presión, etc.) partiendo de ciertas hipótesis sobre el movimiento MICROSCOPICO de las partículas y el uso de nociones de probabilidades y estadísticas. Esto es así porque es imposible resolver las numerosas ecuaciones diferenciales del movimiento que resultarían al estudiar partícula por partícula. Aún si fuese posible (por ej. con "supercomputadoras") sería inútil, dado que las magnitudes que interesan a nivel macroscópico están relacionadas con valores promedio. Análogamente: a una compañía aseguradora de automóviles no le interesa, ni puede interesarle, la trayectoria de cada automóvil en particular, sino el comportamiento medio (promedio de accidentes, robos, etc.).

Si las partículas son consideradas CLASICAS, es decir que su estado de movimiento está descrito por la dinámica newtoniana, tenemos la denominada FISICA ESTADISTICA CLASICA. En ella, aunque las partículas sean idénticas entre sí, se consideran DISTINGUIBLES, INDIVIDUALIZABLES (por ej. asignando, teóricamente, un número a cada una de ellas). Esto es así porque en física clásica las trayectorias están definidas con absoluta exactitud, aunque sea en teoría.

Si las partículas son consideradas CUANTICAS, es decir que su estado está descripto por la dinámica cuántica (ecuación de SCHRÖDINGER, Principio de Indeterminación de

HEISENBERG) vale la ESTADISTICA CUANTICA. En ella las "partículas" no son distinguibles, NO SON INDIVIDUALIZABLES, pues sus trayectorias no están, exactamente definidas debido al Principio de Indeterminación. Las funciones de onda ψ de cada partícula se solapan entre sí. Este solapado puede ser despreciado solo si la distancia media entre partículas es "grande" comparada con las longitudes de onda de De Broglie de las partículas. Esto ocurre en un gas a muy alta temperatura y baja presión, dónde, en efecto, los resultados de ambas estadísticas se parecen.

Que las partículas se consideren individualizables o no trae aparejado un cambio en el recuento de los microestados posibles, como ya veremos.

7.2. DEFINICIÓN DE MICROESTADO, MACROESTADO Y ESPACIO FÁSICO

Para la estadística clásica. Según la dinámica clásica .el estado de movimiento de una partícula (puntual).i, de masa m_i queda definido en un cierto instante t por su **posición** $\vec{r}_i$

y su **cantidad de movimiento** $\vec{p}_i = m_i \dot{\vec{r}}_i$.

Resulta cómodo y de fácil esquematización trabajar con un espacio matemático 6-dimensional, coordenado por las tres componentes de posición x_i, y_i, z_i y las tres componentes de cantidad de movimiento $m_i \dot{x}_i$, $m_i \dot{y}_i$, $m_i \dot{z}_i$. Este espacio se denomina ESPACIO FASICO.

Así, en este espacio el estado de la partícula i queda definido por un punto. A medida que transcurre el tiempo el punto fásico se desplaza describiendo una trayectoria fásica (no debe confundirse con la trayectoria en el espacio tridimensional de posición). En la fig.7-1 se tiene un espacio fásico bidimensional $\left(x, p = m\dot{x} \right)$ correspondiente a una partícula que se mueve a lo largo de un eje x. Si la partícula realiza un movimiento armónico la trayectoria fásica es una elipse (analice el alumno, teniendo en cuenta que $x = \hat{x}\cos\omega t$; $\dot{x} = -\hat{x}\,\omega\,\operatorname{sen}\omega t$)

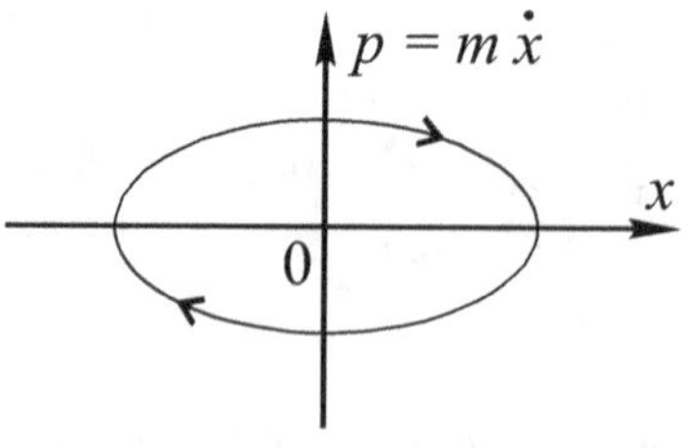

FIGURA 7-1

Ahora bien, para un sistema de N partículas el MICROESTADO del sistema en el instante t queda definido por N **puntos fásicos**, individualizados, es decir, el microestado queda definido por $6N$ números reales: $3N$ de posición y $3N$ de cantidad de movimiento. Algunos autores trabajan con espacios fásicos $6N$-dimensionales, de modo que sólo un punto define el microestado del sistema. A medida que transcurre el tiempo estos N puntos fásicos describen "enrevesadas" trayectorias fásicas.

Hasta aquí hemos supuesto partículas punto, es decir, sin estructura interna. Si se trata de moléculas poliatómicas tendremos más de 3 "grados de libertad" por molécula. Por ejemplo si se trata de moléculas bi-atómicas (O_2, N_2, H_2, etc.) imaginándolas como formadas por dos puntos másicos a distancia fija entre si (tipo "mancuernas"), fig.7-2, se tienen tres grados de libertad de traslación y dos grados de libertad significativos de rotación (según eje x y según eje z, pues según el eje y el momento de inercia I_y es despreciable y así la energía cinética rotacional $\dfrac{1}{2} \cdot I_Y \cdot \omega_y^2 \approx 0$), de modo que tenemos cinco grados de libertad por molécula. El microestado de un sistema así quedará definido por 10 N números reales: 5 de posición (3 coordenadas del centro de masa y 2 ángulos) y 5 de cantidad de movimiento y momento cinéticos correspondiente.

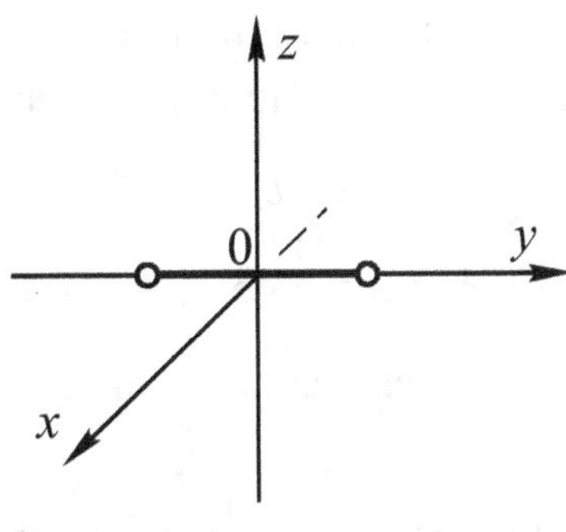

FIGURA 7-2

Por todo esto, para mayor generalidad, hay autores que prefieren trabajar con coordenadas generalizadas q_j y cantidades de movimiento generalizadas p_j, como se estila en la dinámica lagrangeana que el alumno estudiará en el curso de mecánica.

Si bien desde un punto de vista clásico el espacio fásico es continuo, pues no hay límite teórico a la exactitud con que se puede especificar la posición y la cantidad de movimiento, a los fines del **recuento de microestados posibles** que ocupan las partículas conviene imaginar a este espacio fásico dividido en CELDAS, de "volumen" fásico

$$dx\ dy\ dz\ dp_x\ dp_y\ dp_z = dH$$

(iguales o no, aunque aquí los tomaremos todos iguales). Este "volumen" tiene unidades de **momento cinético al cubo**, no de longitud al cubo.

Podemos decir entonces que un cierto MICROESTADO se especifica por los puntos fásicos individualizados que se encuentran CELDA por CELDA.

Si sólo interesa el número de puntos fásicos por celda SIN INDIVIDUALIZAR, entonces definimos un MACROESTADO del sistema.

El volumen fásico dH en cierto modo es arbitrario, pero debe ser un "infinitésimo físico".

Debemos agregar algo MUY IMPORTANTE: a un cierto microestado corresponderá una energía total del sistema E.

Si la interacción entre partículas es despreciable este valor de E es la suma de las energías de cada partícula, o bien es la suma de las energías medias E_i de las partículas en las celdas, para todas las celdas.

MUCHOS MICROESTADOS posibles corresponden a un único valor de E. Cuanto mayor es el número N de partículas mayor es el número de microestados correspondientes a un dado nivel energético E. Este número se denomina GRADO de DEGENERACION $\Omega(E)$ de ese nivel energético (algunos autores le denominan "peso estadístico").

En sistemas con N muy grande podemos subdividir el intervalo de energía de 0 a E en rangos pequeños dE y decir que $d\Omega$ es el número de microestados con energías entre los niveles E y $(E + dE)$. Se suele denominar "densidad de estados" a $g(E) = \dfrac{d\Omega}{dE}$.

Para la estadística cuántica. Las diferencias con la anterior son las siguientes:

- el espacio fásico necesariamente debe concebirse como "granulado", con celdas de mínimo volumen fásico h^3, dónde h es la constante de Planck. Esto es así porque rige el Principio de Indeterminación, en efecto:

$$(\Delta x\, \Delta p_x)(\Delta y\, \Delta p_y)(\Delta z\, \Delta p_z) \geq h^3$$

Dicho de otro modo, el microestado del sistema se da con máxima exactitud no con puntos sino con celdas de volumen fásico h^3.

- Otra diferencia posible es que para ciertas partículas (por ej. electrones) los microestados deben ser especificados no sólo con celdas sino agregando otros números cuánticos (por ej. el espín m_s).

7.3. Hipótesis fundamental de la física estadística

En un sistema en EQUILIBRIO TÉRMICO todos los microestados accesibles correspondientes a un dado nivel de energía E son ocupados por las partículas con **igual frecuencia**.

Dicho de otro modo:

> en equilibrio térmico, los microestados accesibles que corresponden a un nivel dado de energía son igualmente probables. No hay preferencias por ninguno de ellos.

Pareciera a primera vista que esta hipótesis es absurda pues parece que la acumulación de las partículas en unos pocos microestados especiales es menos probable que la distribución uniforme de ellas en todos los microestados, pero no es así, pues hay que tener presente que la definición de un microestado exige especificar **cuáles** partículas están en las celdas, no simplemente su número.

Análogamente, si se tiran N monedas idénticas la probabilidad del "microestado" "todas las monedas CARA" es la misma que una mezcla de CARAS y CECAS, si se tiene en cuenta que hay que individualizar cuáles monedas han de salir cara y cuáles ceca. Esto es cierto si no hay INTERACCIÓN de algún tipo entre ellas.

Son los MACROESTADOS que no exigen el detalle de la individualización los que no tienen igual probabilidad. El macroestado "50 % caras y 50 % cecas" es el más probable.

Supondremos aquí que el sistema estudiado está en equilibrio térmico, a temperatura T.

7.4. Funciones de distribución

Es tarea de la física estadística calcular ciertas funciones de distribución. Distinguiremos aquí, fundamentalmente; tres tipos de funciones de distribución:

1) La distribución $n(E)$ del número medio (dN) de partículas por rangos de energía (dE), dónde $dE <<<E$.

$$n(E) = \frac{dN}{dE}$$

El significado evidente de $n(E)$ es el siguiente: evaluada $n(E)$ en el nivel de energía E, al multiplicarla por el rango dE nos da el número medio de partículas que tienen energía entre E y $(E + dE)$.

2) La distribución $g(E)$ del número $(d\Omega)$ de microestados correspondientes a rangos de energía (dE), también denominada "densidad de estados"

$$g(E) = \frac{d\Omega}{dE}$$

Evaluada en E y multiplicada por dE nos da el número de microestados (o grado, de degeneración o peso estadístico) que corresponden a energías entre E y $(E + dE)$.

3) La distribución $F(E)$ del número medio (dN) de partículas por número de microestados $(d\Omega)$ que corresponden a los niveles entre E y $(E + dE)$.

$$F(E) = \frac{dN}{d\Omega}$$

Se denomina "factor de ocupación" de los microestados o "índice de ocupación". Evaluada en E y multiplicada por $d\Omega$ nos da el número de partículas que en término medio se tiene en esos microestados, o mejor: da el número medio de partículas por microestado, no por nivel de energía. En general $F(E)$ y $n(E)$ no coinciden, en efecto:

$$n(E) = \frac{dN}{dE} = \frac{d\Omega}{dE} \times \frac{dN}{d\Omega} = g(E) \cdot F(E)$$

o bien:

$$dN = g(E) \times F(E) \, dE$$

Como luego veremos $n(E)$ y $g(E)$ pueden coincidir si sólo puede existir una partícula por microestado, es decir $F = 1$.

Hay otras funciones de distribución, por ejemplo $n(v)$, es decir, del número de partículas por rangos de velocidades v (módulo o no), pero aquí serán fácilmente deducibles de las anteriores.

ES MUY IMPORTANTE el análisis de los factores de ocupación $F(E)$. El cálculo de $F(E)$ es prácticamente la principal tarea.

Se tienen TRES MODOS distintos de calcular el factor de ocupación F de los microestados, a saber:

a) según BOLTZMANN y MAXWELL $\left(F_{B.M.} \right)$

El espacio de las fases se divide para el recuento de microestados en celdas de volumen fásico dH arbitrarios (infinitésimos físicos). Las partículas se consideran distinguibles o individualizables, de modo que el intercambio de ellas entre las celdas produce microestados distintos. Además, el número N de partículas y la energía total E se consideran invariables en el tiempo. Con todo estos supuestos se demuestra que:

$$F_{B.M.} = \frac{1}{e^{\alpha} . e^{\frac{E}{KT}}}$$

dónde α es una constante que luego calcularemos, E la energía que corresponde al microestado cuyo factor de ocupación es $F_{B.M}$, K la constante de Boltzmann y T la temperatura absoluta del sistema.

Este factor concuerda con la experiencia para sistemas clásicos dónde las partículas tienen separaciones medias superiores a las longitudes de onda de De Broglie, por ej. en un gas ideal, no así pares gases a muy baja temperatura, por ej. Helio cerca del $0°K$.

b) según BOSE y EINSTEIN $\left(F_{B.E.} \right)$

El espacio fásico está dividido en celdas de volumen fásico h^{3}, pues impera el Principio de Indeterminación de Heinsenberg. Las partículas no son individualizables, son de espín entero (se denomina bosones). El intercambio de ellas entre las celdas no genera nuevos microestados. No hay límite en principio para el número de partículas por microestado cuántico, es decir, no vale el Principio de Exclusión de Pauli (espín entero). Es válida para fotones o "gases degenerados", por ej. He cerca de $0°K$. La energía E se conserva pero si se trata de fotones el número N de ellos puede no conservarse. Estos detalles luego se tratarán. Resulta:

$$F_{B.E.} = \frac{1}{e^{\alpha}.e^{\frac{E}{KT}} - 1}$$

c) según FERMI y DIRAC $\left(F_{F.D.}\right)$

Ídem que Bose y Einstein pero con el agregado importante que impera el Principio de Exclusión de Pauli, es decir, que no pueden existir más de una partícula en un mismo estado cuántico. Son partículas con espin semientero (por ejemplo ½), como los electrones (fermiones). Resulta:

$$F_{F.D.} = \frac{1}{e^{\alpha}.e^{\frac{E}{KT}} + 1}$$

El cálculo de estos factores no lo haremos aquí, sólo diremos que para el cálculo se recurre a nociones elementales de Análisis Combinatorio pare hallar los posibles microestados, el cálculo de máximos condicionados (método de los multiplicadores de Lagrange, dónde, justamente α, es uno de ellos que tiene relación con la condición N = cte. o no) y comparación con los resultados conocidos de la termodinámica (así aparece K y T). El estudiante puede consultar la bibliografía, por ej. Conceptos de física Moderna de Arthur Beiser, cap. 10 dónde encontrará el detalle del cálculo.

7.4. APLICACIONES

Cálculo de la distribución $n(p)$ de moléculas monoatómicas en un gas ideal, por módulo de cantidad de movimiento.

Pretendemos hallar el número medio (dN) de átomos que poseen módulo de la cantidad de movimiento entre p y ($p + dp$). Utilizaremos para ello el factor de ocupación de Boltzmann-Maxwell $F_{B.M.}$.

Sabemos que

$$dN = n(E) \cdot dE = F_{B.M.}\ g(E) \cdot dE = e^{-\alpha} \cdot e^{-\frac{E}{KT}} \cdot g(E) \cdot dE$$

Como la interacción entre átomos se supone despreciable la energía E es puramente cinética, de modo que

$$E = \frac{1}{2}mV^2 = \frac{p^2}{2m}\,,\ dE = \frac{2pdp}{2m} = \frac{pdp}{m}$$

reemplazando *m. a. m.* y simplificando sólo p y m:

$$n(P).dp = e^{-\alpha}.e^{-\frac{p^2}{2mKT}}.g(p).dp\,;\ p = \sqrt{2mE}$$

Debemos calcular ahora el grado de degeneración $g(p)dp$ y la constante $e^{-\alpha}$.

$g(p)\,dp$ es el número de microestados que tienen energías entre E y $(E + dE)$ o, lo que es lo mismo, cantidades de movimiento entre p y $(p + dp)$, sin importar la posición dentro del recipiente que contiene el gas. Este número es el mismo que el de celdas existentes en una zona del espacio fásico cuyos puntos tienen coordenadas de posición dentro del recipiente y coordenadas de cantidad de movimiento correspondientes a los vectores $\vec{p}$ y $(\vec{p} + \vec{dp})$. Si el espacio fásico está dividido en celdas de volumen fásico dH, este número es:

$$g(p)dp = \frac{\displaystyle\iiint\iiint dxdydzdp_xdp_ydp_z}{dH} = \frac{\displaystyle\iiint_{V_S} dxdydz \cdot \iiint_{V_C} dp_xdp_ydp_z}{dH}\,,$$

dónde V_S es el volumen del sistema y V_C es el "volumen" de un dominio en forma de cáscara esférica (fig.7-3) en el espacio sólo de la cantidad de movimiento, cuyo radio interior es p y el espesor dp, de modo que

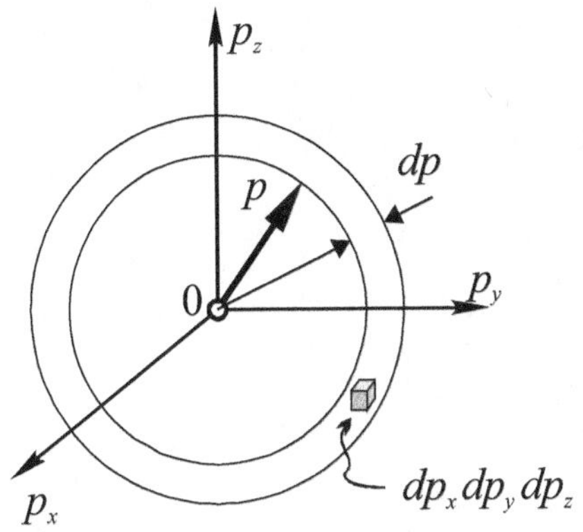

FIGURA 7-3

$$\iiint dxdydz = V_S$$

$$\iiint dp_x dp_y dp_z = 4\pi p^2 dp \qquad \text{(volumen de una cáscara)},$$

luego

$$g(p)dp = \frac{V_S 4\pi p^2 dp}{dH},$$

reemplazando:

$$dN = n(p)dp = \frac{V_S 4\pi p^2 dp.e^{-\alpha}.e^{-\frac{p^2}{2mKT}}}{dH}$$

Ahora calculemos $e^{-\alpha}$. Integrando *m. a. m.* para todo el sistema dónde, en teoría p puede variar de 0 a ∞ se tiene:

$$N = \frac{V_S 4\pi e^{-\alpha}}{dH} \int_0^\infty p^2.e^{-\frac{p^2}{2mKT}} dp$$

Se sabe que $\int_0^\infty x^2.e^{-ax^2}.dx = \frac{1}{4}\sqrt{\frac{\pi}{a^3}}$, luego

$$N = \frac{V_S 4\pi e^{-\alpha}}{dH} \cdot \frac{1}{4}\sqrt{\frac{\pi}{(2mKT)^{-3}}}$$

simplificando y despejando $e^{-\alpha}$:

$$e^{-\alpha} = \frac{NdH}{V_S (2\pi mKT)^{\frac{3}{2}}},$$

reemplazando se llega al resultado buscado:

$$n(p) = \frac{\sqrt{2}.\pi N}{\left(\pi m \sqrt{KT}\right)^{\frac{3}{2}}} \times p^2.e^{-\frac{p^2}{2mKT}} \propto p^2.e^{-\frac{p^2}{2mKT}}$$

donde el símbolo $\propto$ significa proporcional.

El volumen fásico dH arbitrario se simplifica, denotando que no influye en el espacio fásico clásico.

Haciendo $p = m\,v$ se tiene la distribución para los módulos de las velocidades de Boltzmann y Maxwell

$$n(v) = \frac{\sqrt{2}.\pi N m^{\frac{3}{2}}}{\left(\pi KT\right)^{\frac{3}{2}}} \times v^2.e^{-\frac{mv^2}{2KT}} \sim v^2.e^{-\frac{mv^2}{2KT}}$$

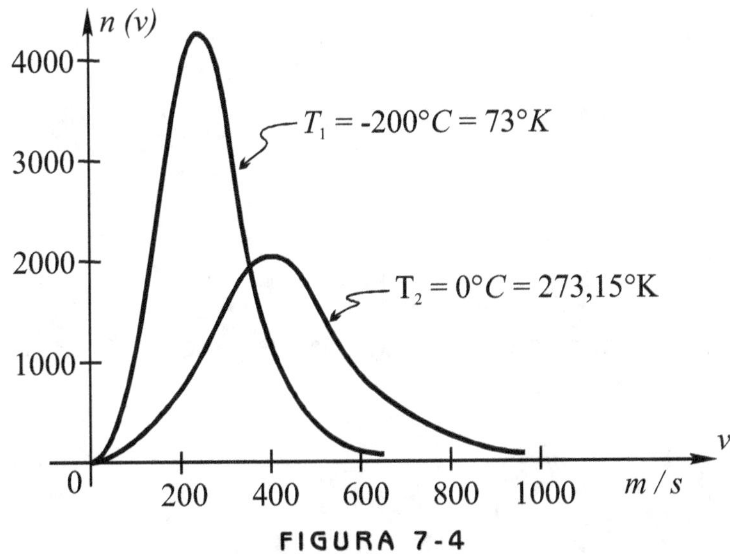

FIGURA 7-4

En la fig.7-4 se tiene representado $n(v)$ para dos temperaturas (las áreas bajo las curvas deben ser iguales pues dan el número total de partículas N, que aquí es 100.000, son de oxígeno).

Teniendo $n(v)$ se pueden calcular los siguientes valores típicos:

Velocidad más probable (v_p). Es el valor de v que hace máximo $n(v)$, es decir, nula la derivada primera. $\dfrac{dn(v)}{dv}$.

Efectuando este trabajo resulta:

$$v_p = \sqrt{\frac{2KT}{m}}$$

Velocidad media (v_m). Es $v_m = \dfrac{1}{N}\displaystyle\int_0^\infty n(v).v.dv$,

resulta:

$$v_m = \sqrt{\frac{8KT}{\pi m}} > v_p$$

Velocidad media cuadrática (v_{rms}).

$$\text{Es } v_{rms} = \sqrt{\frac{1}{N}\int_0^\infty n(v).v^2.dv} \ ,$$

resultando

$$v_{rms} = \sqrt{\frac{3KT}{m}} > v_m$$

Este último valor de v_{rms} es útil para el cálculo de las energía cinética de las moléculas monoatómicas, en efecto:

$$E_{cin.m} = \frac{1}{N}\sum_{j=1}^{n}\frac{1}{2}mv_j^2 = \frac{mv_{rms}^2}{2}$$

$$E_{cin.m} = \frac{m}{2}\frac{3KT}{m} = 3\frac{KT}{2}$$

de aquí resulta que la temperatura absoluta de un gas ideal es directamente proporcional a la energía cinética media de las moléculas.

Estos valores han sido confirmados con las experiencias sobre haces moleculares (leer A. Beiser o Resnick-Halliday, parte I).

7.5. GAS DE FOTONES. LEY DE RADIACIÓN ESPECTRAL DEL CUERPO NEGRO O RADIADOR DE CAVIDAD

Recordemos de Física II la ley de distribución de la potencia con la longitud de onda (o bien la frecuencia) para un radiador de cavidad (ley de Max Planck). En esa ocasión no efectuamos ningún modelo microscópico del radiador, presentábamos los hechos como resultados empíricos y comentábamos que fue Max Planck que cuantizando la energía dedujo la ley correcta. Ahora estamos en condiciones de efectuar un modelo y aplicar la física estadística: supondremos que en el interior de la cavidad se tienen fotones (cuantos de energía electromagnética) como constituyendo un gas, en equilibrio térmico, a temperatura T. Estos fotones tienen energía hf correspondientes a todos los valores de frecuencia f. Las paredes de la cavidad emiten y absorben fotones, "algunos" escapan por un pequeño orificio constituyendo la radiación de la cavidad. E1 número N de fotones no se conserva pues los átomos de las paredes los emiten y absorben: bien puede ser que la pared absorba un fotón de energía hf y emita dos (o más) de energía $hf' = \dfrac{hf}{2}$. Se demuestra (consultar bibliografía, Beiser) que esto hace necesario suponer que $\alpha = 0$, es decir $e^{\alpha} = 1$. Por otro lado, si la radiación no está polarizada se debe suponer que hay tantos fotones polarizados en un sentido como en otro. Esto hace que el número de microestados en una cáscara como la de fig.7-3 sea el doble que en esa ocasión, es decir

$$g(p)\,dp = 2 \times \frac{V_s\,4\pi p^2 dp}{dH}$$

Además el volumen de las celdas es necesariamente $dH = h^3$. Los fotones no son individualizables, de modo que emplearemos el factor de ocupación de Bose-Einstein (que justamente fue encontrado por estos físicos a propósito del problema de la radiación). Por otro lado, si se emplea el factor de Boltzmann-Maxwell se llega a una distribución de la radiación errónea (como le ocurrió a WIEN, pero con otras consideraciones).

De modo que, con $\alpha = 0$, se tiene:

$$n(E)\,dE = \frac{g(E)\,dE}{e^{\frac{E}{KT}} - 1}$$

con los mismos recursos del tema anterior pero teniendo en cuenta las polarizaciones de los fotones y que $dH = h^3$ se tiene:

$$g(E)\,dE = g(p)\,dp = V_s\,\frac{8\pi p^2 dp}{h^3}$$

Por otro lado, la cantidad de movimiento de un fotón es $p = \dfrac{hf}{C}$ y la energía $E = hf$, C es la velocidad de la luz en el vacío, luego

$$g(p)\,dp = g(f)\dfrac{h}{C}df = \dfrac{V_S.8\pi h^2 f^2.df}{h^3 C^2 C} = \dfrac{V_S.8\pi f^2 df}{C^3}$$

reemplazando:

$$n(E)\,dE = \dfrac{8\pi V_S f^2.df}{C^3\left(e^{\frac{hf}{KT}} - 1\right)}$$

Esto da el número de fotones con energías entre E y $(E + dE)$ o frecuencia f y $(f + df)$. Entonces si multiplicamos *m.a.m.* por la energía de un fotón hf y dividimos por V_S y df obtenemos

$$\rho(f) = \dfrac{n(f).df.hf}{V_S df} = \dfrac{8\pi hf^3}{C^3\left(e^{\frac{hf}{KT}} - 1\right)}$$

que justamente es la ley de la radiación que Max Planck encontró con otras consideraciones sobre los osciladores atómicos.

7.6. GAS DE ELECTRONES. DISTRIBUCIÓN ENERGETICA DE LOS ELECTRONES LIBRES DE UN CONDUCTOR METALICO

En primera aproximación se puede considerar que los electrones libres en un metal se comportan como un gas ideal, pero existen algunas diferencias con el gas monoatómico ya analizado, a saber:

los electrones, como partículas cuánticas pueden poseer el número cuántico de espín m_s de valor ½ y -½ por lo tanto rigen sobre ellos el Principio de Exclusión de Pauli. Esto trae las siguientes consecuencias: el número de microestados en una cáscara como de la fig 7-3 es el doble (como para los fotones), además, por cada microestado puede haber sólo un electrón, o ninguno, o en término medio fracción menor que uno, es decir el factor de ocupación sólo puede tomar valores entre 0 y 1.

Si en teoría suponemos que el gas de electrones tiene la menor energía posible, esto es, está a $T = 0°K$, los N electrones tendrán que ocupar los niveles cuánticos más bajos, sin saltear ninguno (por analogía: si N estudiantes en una escalinata deben poseer la mínima energía (potencial gravitatoria), estos tendrán que ir ocupando los escalones más bajos (sin saltear ninguno). De modo que si denominamos E_F el nivel de máxima energía ("último escalón"), a $0°K$, el factor de ocupación $F_{F.D.}(E)$ tendrá que ser 1 de cero a E_F y nulo para $E > E_F$. Este factor de Fermi-Dirac, para $0°K$ está graficado en la fig.5. El valor de E_F se denomina NIVEL DE ENERGIA de Fermi. En resumen, a cero grado absoluto no puede haber ningún electrón que ocupe un microestado que le corresponda energía superior al nivel de Fermi. Para traducir esto matemáticamente es fácil comprender que e^α debe tomar el valor $e^{-\frac{E_F}{KT}}$, pues así

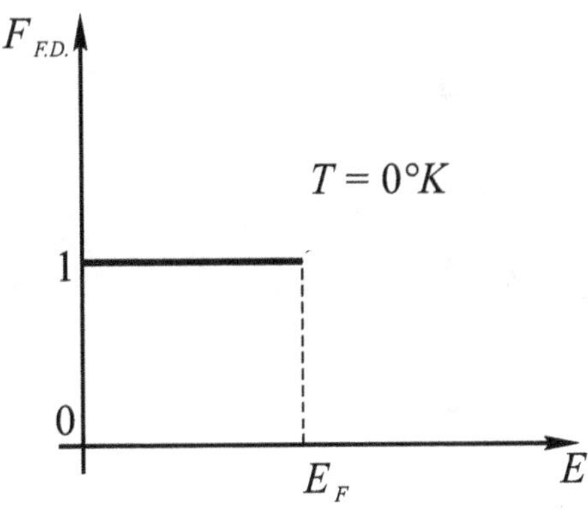

FIGURA 7-5

$$F_{F.D.} = \frac{1}{e^{\frac{(E-E_F)}{KT}} + 1}$$

en efecto, si $E < E_F$ el exponente es negativo y para $T = 0$ se hace por lo tanto $e^{-\infty} = 0$, $F_{F.D.} = 1$. Si $E > E_F$ es positivo y para $T = 0$ es $e^{\infty} = \infty$, $F_{F.D.} = 0$. Si $T > 0°K$, como es normal, para $E = E_F$ queda

$$F_{F.D.} = \frac{1}{e^0 + 1} = \frac{1}{2}.$$

En 1a fig.7-6 se tiene $F_{F.D.}$ para $T > 0°K$.

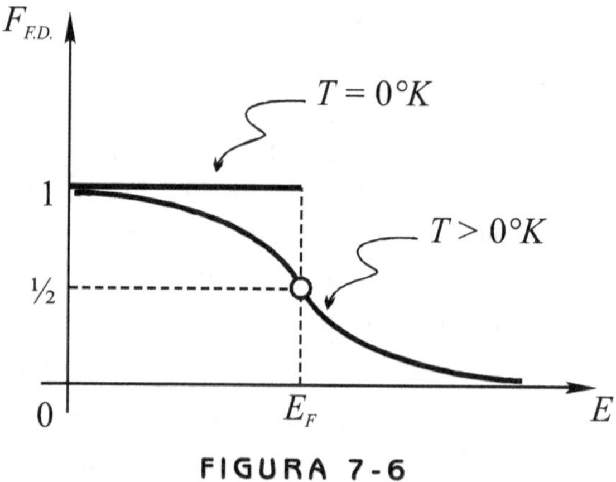

FIGURA 7-6

Encontraremos ahora la distribución $n(E)$ para un gas de electrones, a temperatura T.

Para ello escribiremos el valor del número de microestados $g(p)dp$ en función de la energía E. Desde el punto de vista NO RELATIVISTA es

$$E = \frac{p^2}{2m}, \; p^2 = 2mE, \; p = \sqrt{2mE}$$

$$2p\,dp = 2\,m\,dE, \; dp = \frac{mdE}{\sqrt{2mE}}$$

reemplazando todo esto en

$$g(p)\,dp = \frac{V_S\,8\pi p^2 dp}{h^3}$$

resulta

$$g(E)\,dE = \frac{8\pi\sqrt{2}m^{3/2}V_S}{h^3} \cdot E^{1/2} \cdot dE$$

En la fig.7-7 representamos la densidad de estados $g(E)$. Es una parábola a eje horizontal pues $g(E) \sim E^{1/2}$. Así resulta al fin:

$$n(E) = g(E) \cdot F_{F.D.} = \frac{8\pi\sqrt{2}m^{3/2}V_S}{h^3} \times \frac{E^{1/2}}{\left[e^{\frac{(E-E_F)}{KT}} + 1\right]}$$

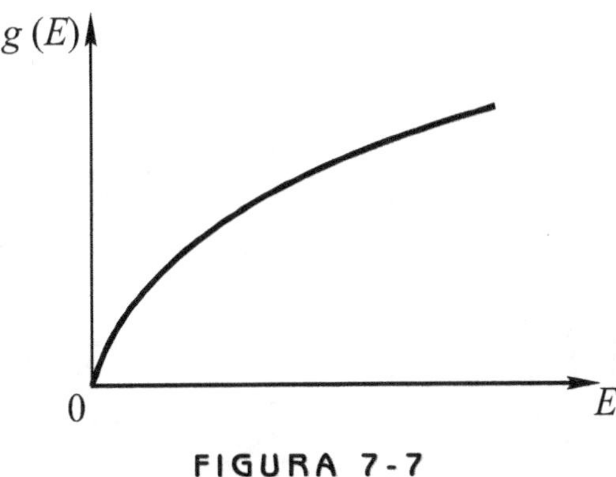

FIGURA 7-7

Para $T = 0°K$, $n(E)$ coincide con $g(E)$ hasta $E = E_F$, luego es cero (fig.6-8). Para $T > 0°K$ se indica la gráfica en la misma fig.6-8. El área encerrada por ambas curvas debe ser la misma pues

$$\int_0^\infty n(E)\,dE = N = n^{ro} \text{ de electrones}$$

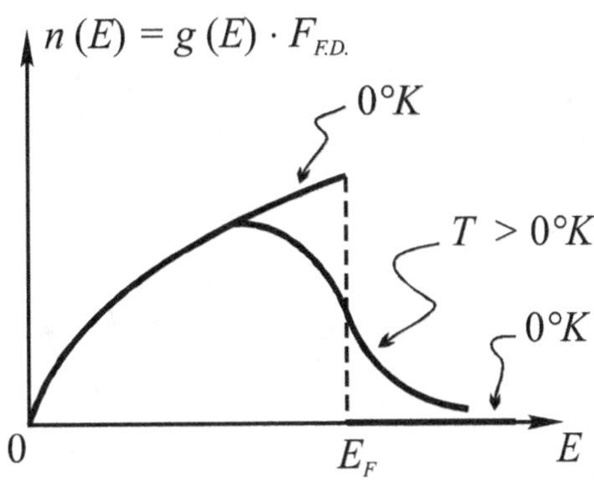

FIGURA 7-8

7.6.1. Cálculo del nivel de energía de Fermi E_F (para $T = 0°K$)

Para $T = 0°K$ es $n(E) = g(E)$, de modo que $dN = g(E)\,dE$ y así

$$N = \int_0^{E_F} g(E)\,dE = \frac{8\pi\sqrt{2}\,V_S\,m^{3/2}}{h^3} \cdot \int_0^{E_F} E^{1/2} \cdot dE$$

$$N = \frac{16\pi\sqrt{2}V_{sis}m^{3/2}}{3h^3} \times E_F^{3/2}$$

despejando E_F:

$$E_F = \frac{h^2}{2m}\left(\frac{3}{8\pi}\right)^{\frac{3}{2}} \times \left(\frac{N}{V_S}\right)^{\frac{3}{2}}$$

$\dfrac{N}{V_S}$ es la densidad volumétrica de electrones libres, m la masa del electrón, h la constante de Planck. Poniendo el valor de $\dfrac{N}{V_S}$ para el Cobre, se tiene $E_F \cong 1,13 \times 10^{-18}\, joule = 7,04\ eV$.

CAPÍTULO 8

SEMICONDUCTORES

A grandes rasgos podemos clasificar a las sustancias en tres grandes grupos

- Conductores
- Semiconductores
- Dieléctricos o aislantes.

A temperatura ambiente (aproximadamente $300°K$) la resistividad de los conductores posee un rango que va de 10^{-8} a 10^{-6} $\Omega \times m$ (la plata, Ag, posee una resistividad de 1,58 x 10^{-8} $\Omega \times m$ y una aleación de nicrome 1,05 x $10^{-6} \Omega \times m$). Los semiconductores un rango de 10^{-6} 10^{12} Ωm (el germanio, Ge, según su estado de pureza y perfección cristalina puede tener de 5 x 10^{-6} a 0,47 $\Omega \times m$). Los dieléctricos superan los 10^{8} $\Omega \times m$ (el cuarzo puede llegar a 10^{16} $\Omega \times m$).

Sabemos que el número de portadores de carga eléctrica libres, por unidad de volumen, determina la resistividad, por ejemplo, en los metales, como el cobre, Cu, este número puede llegar a 10^{23} electrones libres por cada cm^{3}.

A la temperatura de $0°K$ (cero absoluto)[4] los semiconductores no poseen portadores libres, es decir, a esa temperatura son aislantes. Ocurre que al aumentar la temperatura se liberan portadores, como luego veremos en detalle. Por otro lado, los dieléctricos lo son hasta un valor máximo del campo eléctrico que soportan. Este campo máximo, de cierto valor para cada aislante, se denomina campo disruptivo o rigidez dieléctrica.(en Volt/metro).

---

[4] El valor $0°K$ no seria alcanzable según el 3er principio de la termodinámica, solo se puede aproximar, pero no llegar exactamente.

Ejemplos típicos de elementos semiconductores son el germanio (Ge) y el Silicio (Si).

8.1. SEMICONDUCTORES PUROS (O INTRÍNSECOS) CONDUCCIÓN INTRÍNSECA POR ELÉCTRONES Y "HUECOS"

Por semiconductores puros o INTRÍNSECOS entendemos aquéllos que, están formados (sus cristales) por una sola especie de átomos, por ejemplo todos átomos de Ge, o Si, a lo más se admite átomos extraños o Impurezas solo en una parte en 10^{10}. Los semiconductores de mayor uso en electrónica son el Ge y el Si. Este último ha prosperado más en los últimos años por su abundancia (la arena es óxido de Si) y por su mayor capacidad de mantener sus propiedades a mayor temperatura que el Ge.

Son cristales del tipo COVALENTE, es decir la unión entre los átomos del cristal se produce por

coparticipación de los 4 electrones de valencia que cada átomo posee.

La estructura espacial de los cristales es similar a la del diamante (una variedad de cristal de carbono, C,). Aquí nosotros sólo representaremos con fines didácticos a tales cristales por figuras planas, como en la fig.8-1. Los círculos grandes representan IONES de Si (o Ge), de carga +4e, los puntos negros son los electrones de valencia compartidos (4 por ION), formando el enlace covalente. El círculo de trazos engloba un átomo, neutro, de Si (o Ge). En la fig.8-l se supone que la temperatura es próxima a $0°K$, de modo que los electrones están todos ligados a los iones, así no hay portadores libres.

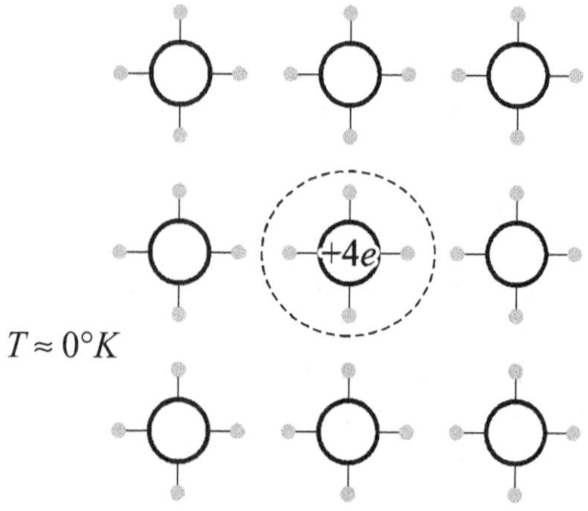

FIGURA 8-1

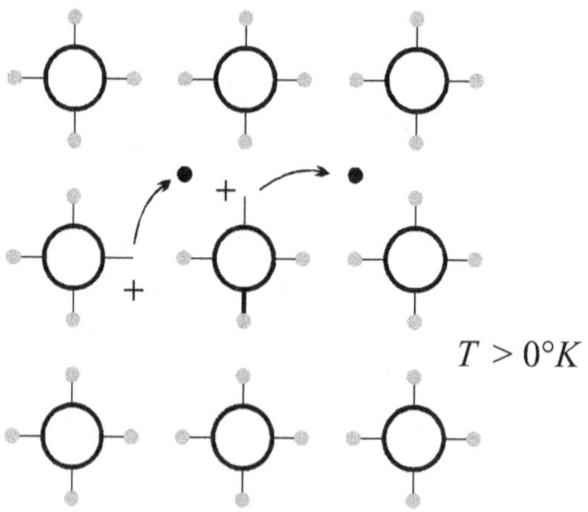

FIGURA 8-2

En la fig.8-2 la temperatura es superior a cierto valor típico para cada semiconductor, de modo que se han producido "roturas" de enlaces, liberándose electrones y dejando éstos .en sus lugares iniciales una influencia localizada de carga eléctrica positiva, que denominaremos HUECOS (algunos los denominan lagunas o agujeros). En el dibujo hemos supuesto que se han producido 2 electrones libres y por ende 2 huecos marcados con +. La situación de la fig.8-2 no debe pensarse como estática sino que de pronto un hueco es ocupado por un electrón que deja de ser libre, pero en otra parte del cristal se produce otra rotura de enlace formándose otro par electrón hueco. Es decir, a una dada temperatura, en término medio, el número de electrones y huecos que se "recombinan" es igual al de electrones y huecos que se producen por rotura de enlace. Que los electrones pueden constituir así portadores libres de carga es fácil de admitir, pero el siguiente sencillo razonamiento puede convencer que también los huecos pueden actuar como portadores libres de carga positiva[5]: cuando un electrón se libera deja, tras de sí una influencia localizada de carga positiva del ION de Si (hueco), que puede ser ocupado seguidamente por otro electrón, que a su vez deja tras de sí otro hueco, etc. Es dable pensar entonces que los huecos, sin ser partículas en el sentido de como lo son los electrones, se mueven como éstos. Sin campo eléctrico $\vec{E}$ aplicado el movimiento al azar, térmico, pero si se aplica al cristal un campo $\vec{E}$ se producirá un movimiento más ordenado, con velocidad media de arrastre de huecos en el sentido de $\vec{E}$ y de electrones en el sentido contrario. Si se constituye con el cristal semiconductor un circuito, generalmente completado con conductores (por ej. de Cu) y hay f.e.m se puede tener una corriente estacionaria. Una corriente de huecos en el sentido de $\vec{E}$ y una corriente de electrones en el sentido contrario es equivalente a una "doble" corriente convencional (de portadores positivos +), en el sentido de $\vec{E}$ (o de los potenciales decrecientes). Esta corriente de huecos y electrones en el semiconductor se denomina intrínseca (porque es lograda sin la intervención de átomos extraños o de impurezas).

Insistamos en la idea de que a una dada temperatura, en término medio, en un semiconductor intrínseco, el número de portadores libres positivos es igual al de portadores libres negativos (número de huecos = al número de electrones).

Estos huecos y electrones son liberados por energía térmica, en efecto, si T es la temperatura absoluta, sabemos que KT (en joule o eV) es energía, dónde K es la constante de Boltzmann (en joule/$^\circ K$ ó eV/$^\circ K$). Luego, cuando estudiemos la teoría de BANDAS DE ENERGIA daremos más detalles.

---

[5] Veremos que en otras situaciones los huecos no son portadores libres

8.2. SEMICONDUCTORES CON IMPUREZAS ("DOPA-DOS") O SEMICONDUCTORES EXTRÍNSECOS

Es posible lograr que el número de portadores libres de un signo supere al número de portadores libres del otro signo, sin por ello alterar la neutralidad eléctrica del cristal en conjunto. .Esto se logra agregando al semiconductor básico (Si o Ge) átomos de otro elemento apropiado. A este otro elemento se le denomina IMPUREZA. Para lograr efectos importantes en las propiedades eléctricas basta que los átomos de impureza estén presente en el cristal en la proporción de uno en un millón.

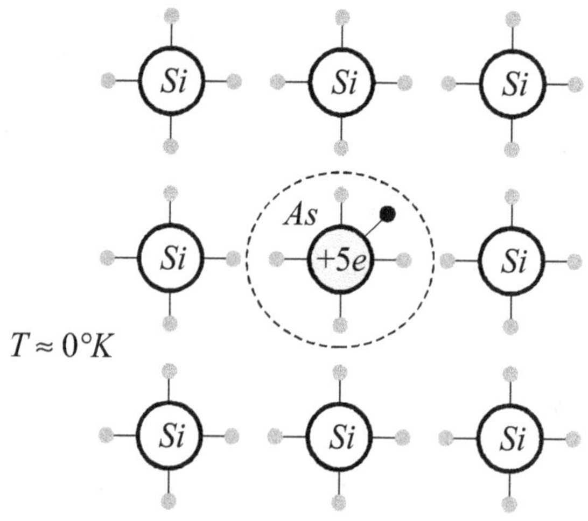

FIGURA 8-3

Concretamente, si al semiconductor básico Si se le agregan átomos de arsénico (As), pentavalente, resulta, cerca del $0°K$, la situación representada en la fig.8-3. En el conjunto atómico de esta fig. un átomo de Si fue reemplazado en la red del cristal por un átomo pentavalente de As, quedando un electrón del As sin formar enlace covalente. El ION de As es de carga +5e pero como vemos en la fig. el átomo, encerrado en línea de trazos es neutro. Ahora bien, se puede comprobar que este electrón está más débilmente ligado al ión que los otros que forman enlace covalente, de modo que la energía para liberarlo es menor. En la fig.8-4 se representa la situación a mayor temperatura. Se han dibujado dos átomos de As para poder indicar que se han liberado dos electrones del As por sólo uno de rotura de enlace covalente, y por ende se ha producido un sólo hueco libre marcado con +. Podemos considerar que también los electrones del As al abandonar al átomo dejan huecos, pero a estos hay que considerarlos fijos, no son portadores libres, no se produce la "cadena" de sucesos que mencionábamos para el semiconductor puro de Si. Se observa en la fig.8-4 que: se han producido tres electrones libres (dos por la impureza y uno por rotura de enlace) y sólo un hueco libre. Por otro lado los átomos de As, englobados en líneas de trazos han quedado simplemente ionizados. **Son fijos.**

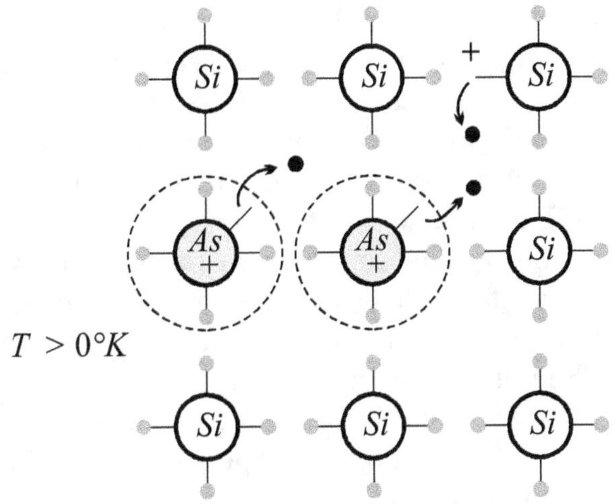

FIGURA 8-4

Lo manifestado no se desprende de este rudimentario modelo sino que se deduce de consideraciones cuántico-estadísticas y balances energéticos de ligaduras. E1 modelo de enlaces tiene más bien un valor didáctico, "visualizador".

Las impurezas como el As, que "entregan" un electrón se denominan DONADORAS. El semiconductor dopado o extrínseco es del tipo n, pues los electrones son los portadores libres MAYORITARIOS, y los huecos los portadores libres MINORITARIOS.

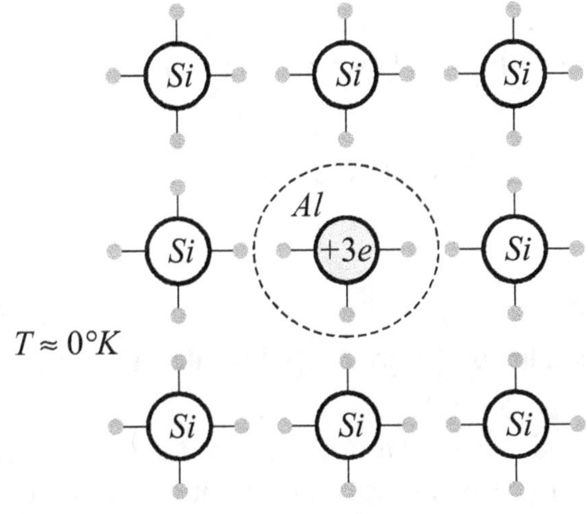

FIGURA 8-5

Puede lograrse lo inverso: que los huecos sean los portadores libres MAYORITARIOS. Se logra agregando al semiconductor básico impurezas trivalentes, como por ejemplo átomos de aluminio (Al), iridio (In) o galio. En el $0°K$ se tendría la situación graficada en la fig.8-5. En el conjunto un átomo de Si ha sido reemplazando por uno de Al. Al aumentar la temperatura los átomos de Al capturan electrones de los enlaces rotos, con mayor afinidad que la captura de electrones por parte de los huecos que se generan en dichos enlaces rotos del Si. En la fig.8-6 se grafica la situación. Se han dibujado dos átomos de Al para poder mostrar que son más los huecos libres que los electrones libres: los dos átomos de Al han capturado dos electrones del enlace con el Si produciendo dos huecos libres, además se supone en la figura que se ha roto un enlace Si-Si produciéndose un par electrón-hueco, libres. Así tenemos tres huecos libres, marcados con + y sólo un electrón libre; por otro lado los átomos de aluminio, englobados en líneas de trazos resultan simplemente ionizados negativamente, pero esas cargas negativas no son portadores libres, son fijas. Como vemos resulta lo opuesto al caso del semiconductor tipo n. Las impurezas que capturan electrones para formar enlaces covalentes se denominan ACEPTORAS. El semiconductor se denomina extrínseco, tipo p (por positivo). Los huecos son portadores mayoritarios y los electrones minoritarios.

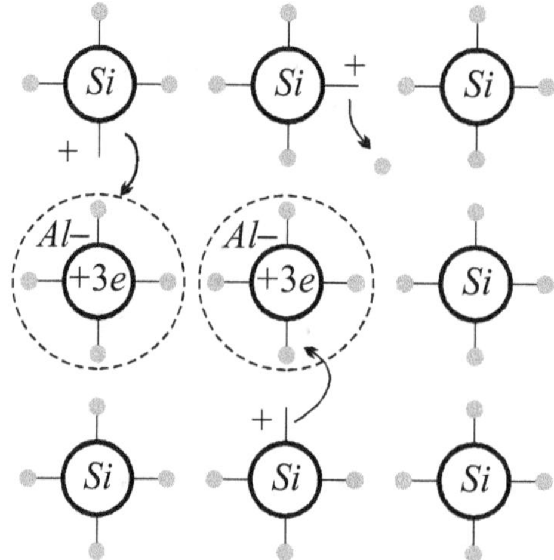

FIGURA 8-6

Resumen:

- En los semiconductores intrínsecos los huecos y electrones libres son de igual número.

- En los semiconductores extrínsecos, tipo n, los electrones son portadores libres mayoritarios los huecos minoritarios. Las impurezas se tornan en iones positivos fijos.

- En los semiconductores extrínsecos, tipo p; los huecos son portadores libres mayoritarios, los electrones minoritarios. Las impurezas se tornan en iones negativos fijos.

- En todos ellos el conjunto de huecos, electrones, libres o no forman un conjunto neutro con el resto de los iones de la estructura cristalina.

Hemos dicho que los dibujos tienen sólo el valor didáctico de permitir visualizar rápidamente el porqué de la presencia de portadores positivos (+) y negativos (-) en los semiconductores, porqué unos son mayoritarios y otros minoritarios, pero adolecen de severas limitaciones, una de ella consiste en que los huecos y electrones aparecen muy localizados, como si fuesen partículas clásicas, "nos hemos olvidado del carácter ondulatorio". Si aplicamos el Principio de Indeterminación de Heisenberg, $\Delta x . \Delta p \approx h$ encontraríamos que la posición de los portadores, a unos $300°K$, está indeterminada en varias decenas de $\overset{\circ}{A}$, siendo la distancia media entre iones de 1 ó 2 $\overset{\circ}{A}$.

8.3. ALGUNAS DEFINICIONES ÚTILES

8.3.1. Densidad de portadores

Llamemos con:

n_o = número de electrones libres por cm^3 de semiconductor, dopado o no, en equilibrio térmico, a temperatura T.

p_o = ídem para los huecos.

n_i (T) = número de electrones libres por cm^3 de semiconductor no dopado o intrínseco (por ello el subíndice i), en equilibrio térmico, a temperatura T (este número es igual para los huecos).

Se demuestra en libros más extensos que

$$p_o n_o = n_i^2 .$$

Si T = cte., n_i = cte., en la fig.7 se ha hecho una gráfica $n_o - p_o$.

Si por dopado con impurezas aceptoras (semiconductores tipo p) se tiene $p_o > n_o$ entonces también es $p_o > n_i$, lo inverso ocurre para el material tipo n.

Para el material intrínseco es $n_o = p_o = n_i$ (ver fig.7).

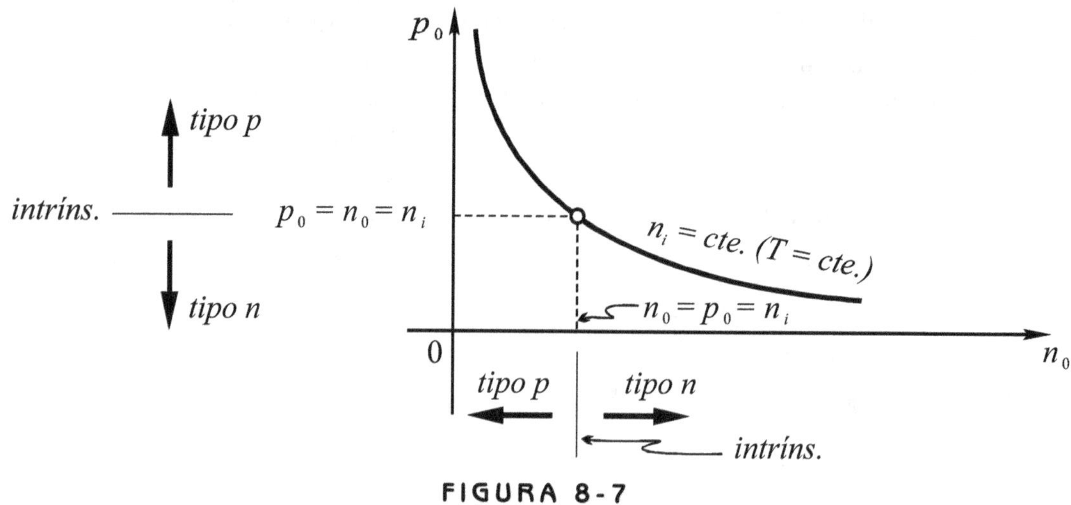

FIGURA 8-7

8.3.2. Movilidad

Hemos dicho que la presencia de un campo eléctrico $\vec{E}$ en el semiconductor, a cierta temperatura (por ej. $T \approx 300°K$) producirá cierta velocidad media de arrastre de portadores, $\vec{V}_A$. En general podemos suponer una relación lineal (a $T = $ cte.) entre $\vec{V}_A$ y $\vec{E}$, así:

$$\vec{V}_A = \mu \vec{E}$$

dónde el coeficiente μ se denomina **movilidad** del portador. La experiencia y la teoría (que no desarrollaremos) permiten afirmar que la movilidad μ depende del material, de la temperatura y también del tipo de portador. Expresada la relación en forma vectorial es claro que μ debe ser un número negativo para los electrones. Es habitual expresar E en $V/cm.$ y V_A en $cm/$seg., de modo que $(\mu) = \dfrac{cm^2}{V.seg}$. Seguidamente damos valores de μ y de n_i a $T \approx 300°K$ para Si y Ge intrínsecos y además del Cu para

$$\text{comparar} \begin{cases} \mu_e \text{ para electrones} \\ \mu_p \text{ para huecos.} \end{cases}$$

Si: $\mu_e = -1350,$ $\mu_p = 480,$ $n_i \approx 10^{1.1}$

Ge: $\mu_e = -3900,$ $\mu_p = 1900,$ $n_i \approx 10^{1.1}$

Cu: $\mu_e = -35,$ no posee, $n_i \approx 10^{23}$

vemos que la movilidad es muy elevada en el semiconductor, pero en contrapartida el Cu posee más portadores libres.

8.3.3. Conductividad

Se demostró en Física II que en un metal la velocidad media de arrastre es

$$V_A = \frac{J}{n.e}$$

dónde J es la densidad de corriente, n el número de electrones libres por cm^3 y e la carga del electrón, ahora tenemos además que $V_A = \mu E$ de modo que

$$\mu E = \frac{J}{n.e}$$

o bien

$$J = n\,e\,\mu\,E$$

sabemos que la ley de OHM se puede escribir como $J = \sigma E$ dónde σ es la conductividad. Análogamente para un semiconductor intrínseco se puede plantear una conductividad para cada tipo de corriente, de electrones y de huecos:

$$\sigma_e = n_o.e\mu_e = n_i.e\left|\mu_e\right|$$

$$\sigma_p = p_o.e\mu_p = n_i.e\mu_p$$

luego la conductividad total es

$$\sigma = n_i e\left(\left|\mu_e\right| + \mu_p\right)$$

(los μ van en valor absoluto).

En un semiconductor extrínseco queda

$$\sigma = n_o.e\left|\mu_e\right| + p_o e\,\mu_p$$

pues

$$n_o \neq p_o$$

8.3.4. Efecto Hall

Remitimos al alumno al curso de Física II dónde seguramente ha estudiado el efecto Hall. Recordemos que éste permite clasificar, en un semiconductor extrínseco, cual es el portador mayoritario según sea la polaridad que adquieren los bordes laterales de una "cinta" de tal semiconductor, sometida a un campo magnético perpendicular a ella y por la cual circula corriente.

8.4. Juntura *P-N*. Diodo de union

Se puede dopar un cristal de Si (o Ge) de modo que, digamos, una mitad resulte tipo p y la otra tipo n. Tenemos así una juntura p-n. ¿Qué ocurre?.

Para responder recordemos que en síntesis un semiconductor tipo p consiste en iones negativos fijos, huecos mayoritarios y electrones minoritarios e inversamente para el material tipo n. Supongamos que en el tiempo $t = 0$ se ha formado la unión p-n (fig.8-8). En ella hemos representado con círculos los IONES FIJOS, $\oplus$ en el semiconductor tipo n y $\ominus$ en el tipo p. con signos +, - los huecos y electrones libres.

Los que surgen por las impurezas aceptoras y donoras los hemos dibujado cerca de los iones de las mismas, los que surgen por rotura del enlace del semiconductor básico los hemos dibujado algo apartados (esto sólo tiene la finalidad de recordar al estudiante los distintos orígenes de las cargas eléctricas).

Apenas la unión se forma en $t = 0$ seg la situación no puede permanecer como en la fig. 8-8. pues se produce una difusión de huecos de p a n y de electrones de n a p, recombinándose (por difusión), de modo que resulta una zona de iones "al descubierto"', es decir sin compensar sus cargas, constituyéndose una "doble capa eléctrica", positiva $\oplus$ en el semiconductor n y $\ominus$ en el p, de modo que aparece un campo eléctrico coulombiano que frena toda ulterior, difusión (fig.8-9).

Pero esto no es todo, se supone que en algunos huecos tienen probabilidad de salvar este campo fluyendo de p a n y recombinándose en n, constituyendo una pequeña corriente de huecos i_R (por recombinación), fig.8-10. Al mismo tiempo en n, por energía térmica se generan pares hueco-electrón y algunos huecos fluyen hacia p constituyendo una pequeña corriente i_G (por generación). En equilibrio térmico es $\left| i_G \right| = \left| i_R \right|$, es decir, la corriente neta, a través de la unión, en término medio es CERO.

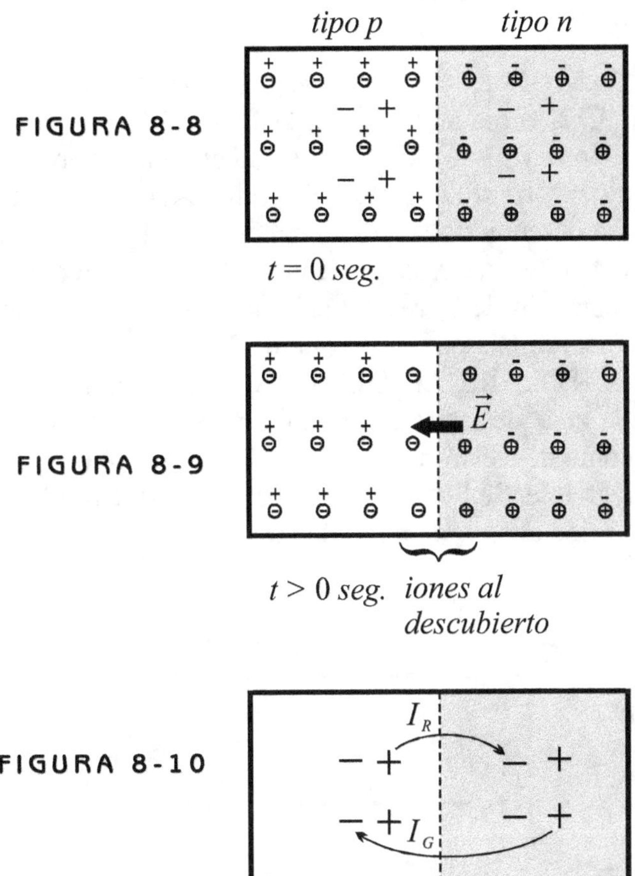

El ancho de la zona espacial de cargas al descubierto permanece constante. En la fig.8-11 se tiene la gráfica de potencial V a lo largo del cristal, tomando arbitrariamente como $V = 0$ el extremo izquierdo del semiconductor p. Lo que se dijo de los huecos vale para los electrones. Se comprende que el equilibrio mencionado se prefiere pensar como dinámico, no estático.

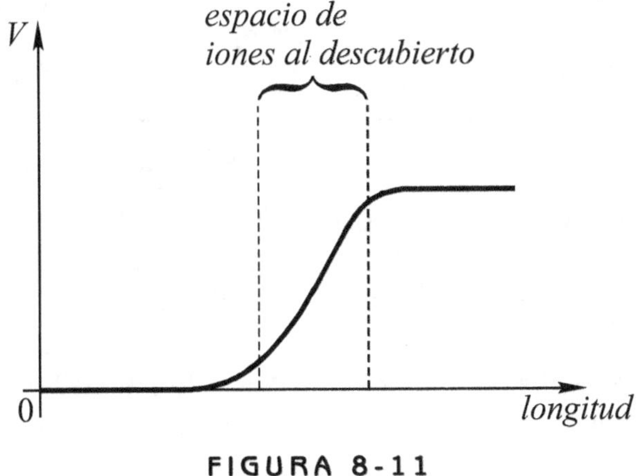

8.5. Función como diodo

Si ahora conectamos a los extremos izquierdo y derecho del cristal una batería, por medio de conductores (por ej. de Cu), como se indica en la fig.8-12 (el borne positivo + de la batería al semiconductor tipo n y el negativo - al semiconductor tipo p (POLARIDAD INVERSA)), es claro que la barrera de potencial V crece (fig.8-13) (respecto a la de fig.7-11),la zona de iones al descubierto se ensancha, el flujo de huecos de p a n por recombinación disminuye mucho, es decir, la corriente i_R se hace muy débil, en cambio i_G no varía pues ésta es función sólo de T, resulta así una pequeña corriente $i = i_G - i_R$, la juntura ofrece gran resistencia al paso de la corriente. En cambio, si se efectúa una conexión como en la fig.8-14 (POLARIDAD DIRECTA) la barrera de potencial V disminuye su altura (fig.7-15), la zona de iones al descubierto se angosta, se produce un gran flujo de huecos de p a n (como de electrones de n a p), es decir i_R aumenta mucho respecto de i_G que permanece invariable. Se tiene así una corriente resultante $i = i_R - i_G$ (de huecos) bastante grande en relación al caso de polaridad inversa.

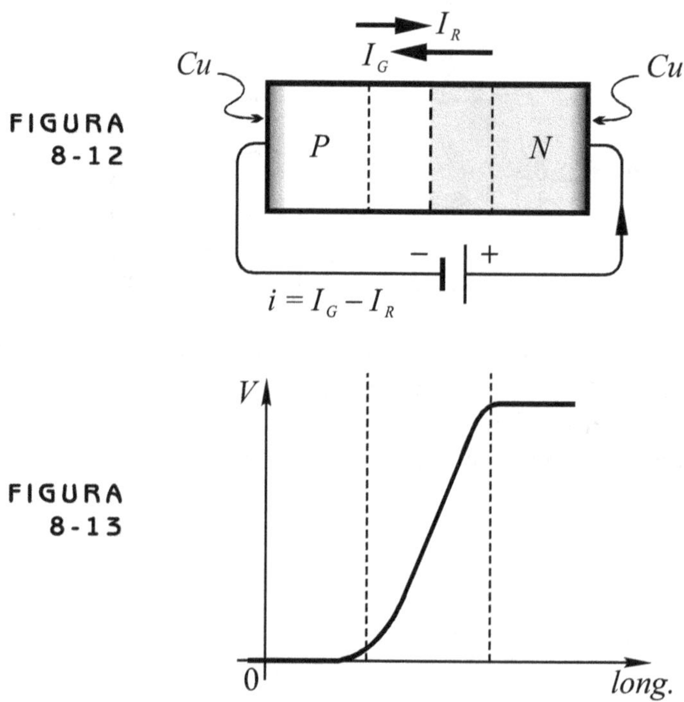

FIGURA
8-12

FIGURA
8-13

La juntura ofrece poca resistencia con polaridad directa. Vemos así que efectivamente actúa como VALVULA electrónica o DIODO. Ha reemplazado en la mayoría de las aplicaciones a los tubos electrónicos con electrodos (cátodo-ánodo).

En las descripciones anteriores hemos fijado la atención sólo en el movimiento de huecos, es decir que i_G, i_R eran corrientes de huecos, pero se comprende que simultáneamente se tienen corrientes de electrones, lo que equivale a una "doble" corriente de portadores positivos (corriente convencional).

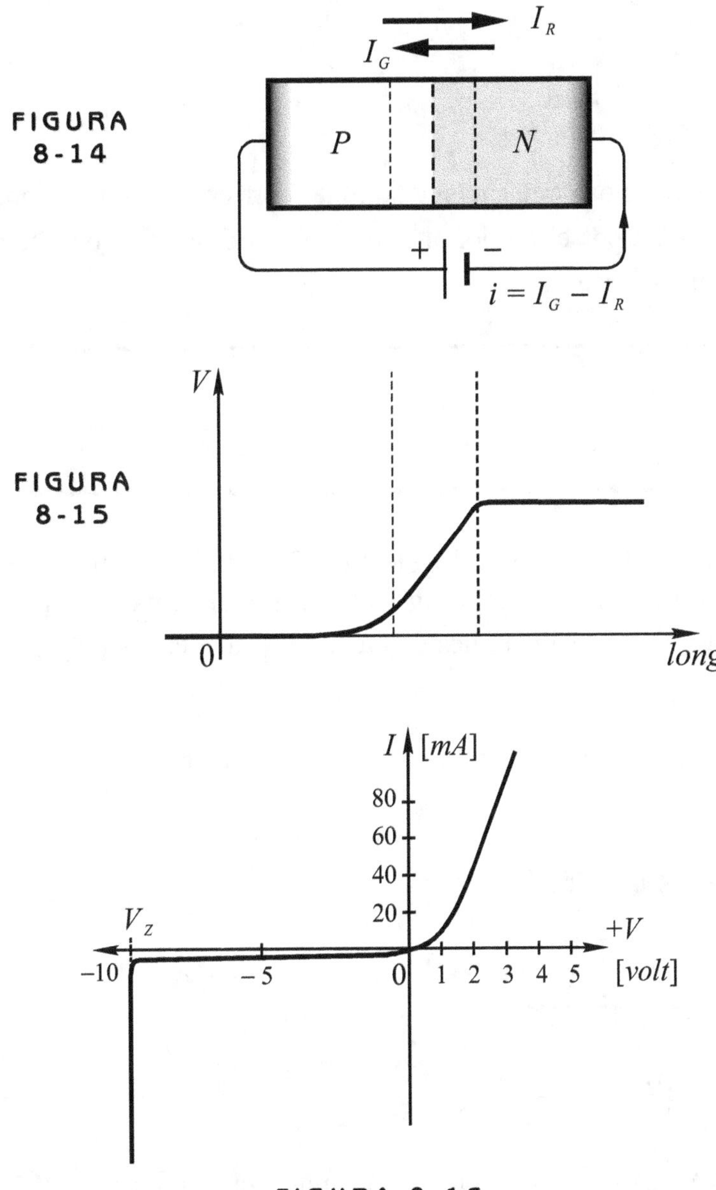

FIGURA 8-16

$\dot{I}_{Rp}$ = corriente de recombinación de huecos.

$\dot{I}_{Rn}$ = corriente de recombinación de electrones

$\dot{I}_{Gp}$ = corriente de generación de huecos

$\dot{I}_{Gn}$ = corriente de generación de electrones;

es:

$$\dot{I}_{RTOTAL} = \dot{I}_R = \dot{I}_{Rp} + \left| \dot{I}_{Rn} \right|$$

$$\dot{I}_{GTOTAL} = \dot{I}_G = \dot{I}_{Gp} + \left| \dot{I}_{Gn} \right|$$

A la corriente total de generación se le suele denominar corriente de saturación: $\dot{I}_S = \dot{I}_G$. La corriente neta que circula por el diodo, al aplicarle una diferencia de potencial V es $\dot{I} = \dot{I}_R - \dot{I}_G$, la expresión analítica es:

$$\dot{I} = \dot{I}_S \left(e^{\frac{qV}{KT}} - 1 \right)$$

graficada en la fig.8-16, dónde q = carga del electrón, V = d. d. p. aplicada, K = cte de Boltzmann, T = temperatura absoluta. En la fig.16 se observa que para cierto valor V inverso (V_z) la ecuación deja de ser válida pues en lugar de $\dot{I}$ tender a $-\dot{I}_S$ para $V \to -\infty$ se hace muy elevada.

Este fenómeno se denomina EFECTO ZENER. La corriente inversa de Zener es casi independiente de V.

símbolo electrónico del diodo (ideal)

8.6. EL TRANSISTOR

Así como la juntura P-N se comporta como diodo, una doble juntura P-N-P ó N-P-N (fig.8-17) se comporta como TRIODO. Quizás el alumno conozca que el TRIODO es un tubo con tres electrodos: cátodo (K), ánodo (A) y grills (G), fig.8-18.

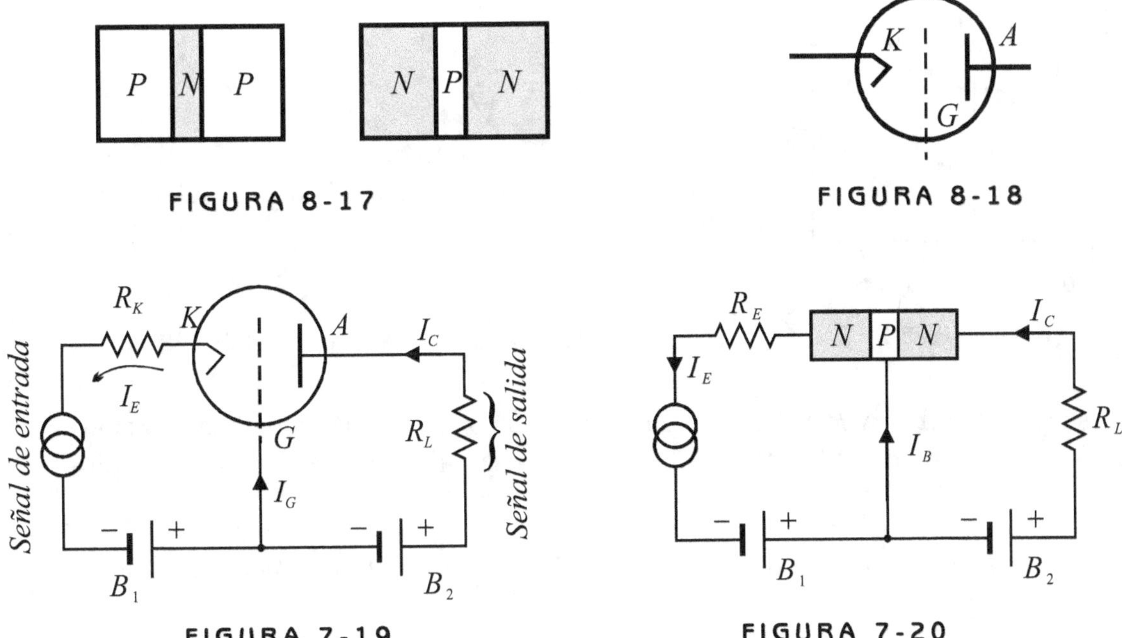

FIGURA 8-17

FIGURA 8-18

FIGURA 7-19

FIGURA 7-20

Debidamente polarizados los electrodos, se tiene que el cátodo K emite electrones y el ánodo los recibe. La grilla (o rejilla) controla la corriente electrónica. Esta consiste en un electrodo con múltiples orificios que permiten el paso de los electrones. En la fig.8-19 se tiene un tríodo cumpliendo la función de amplificación: la batería B_1 polariza debidamente K respecto de G (polarización directa), la señal de entrada (que será amplificada) está dada por un generador representado con doble circulo. R_K es una resistencia limitadora de la corriente $\dot{I}_E$ (convencional). La batería B_2 polariza debidamente el ánodo A respecto de G (polarización inversa). A los bornes de la resistencia R_L se tiene la señal saliente amplificada. Esta conexión se denomina GRILLA COMUN, pues la grilla pertenece tanto a la malla izquierda como a la derecha. Las corrientes indicadas son de sentido convencional (portadores positivos). La corriente $\dot{I}_G$ se debe a los portados que inevitablemente "captura" la grilla con sus alambres o partes no agujereadas.

Ahora bien, sin entrar por ahora en detalles sobre la circulación de huecos y electrones, diremos que la doble juntura N-P-N de la fig.8-20 cumple la misma función que el tríodo: es un triodo semiconductor o TRANSISTOR. La función de cátodo la realiza el semiconductor N de la izquierda, denominado EMISOR, la de ánodo el otro semiconductor N, de la derecha, se denomina COLECTOR, y la función de grilla la cumple el semiconductor P denominado BASE. La conexión de la fig.8-20 se denomina BASE común por la misma razón que la del triodo de la fig.8-19. Se indican las corrientes en cada rama, con sentido convencional.

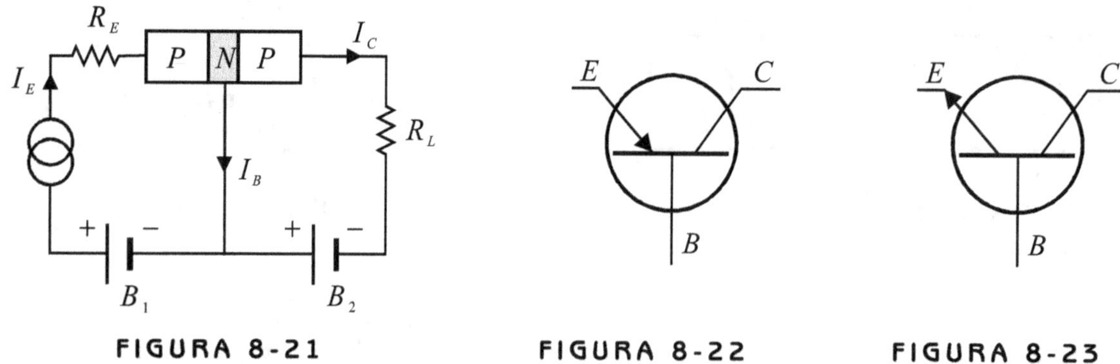

FIGURA 8-21   **FIGURA 8-22**   **FIGURA 8-23**

El transistor puede ser *P-N-P*. En la fig.8-21 se tiene la conexión correspondiente. Vemos en ambos que el diodo EMISOR-BASE debe polarizarse directamente, en cambio el diodo BASE-COLECTOR inversamente.

En la fig.22 se tiene el símbolo de un transistor *P-N-P* y en la 23 de *N-P-N*; a veces el círculo no se dibuja.

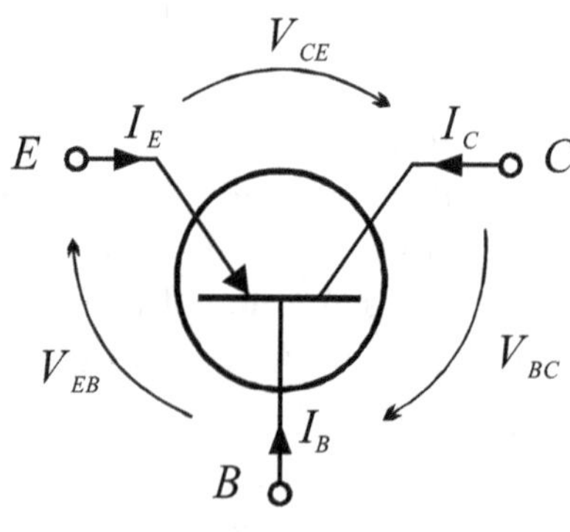

FIGURA 8-24

Para recordar el sentido de la flecha piénsese que indica el sentido de la corriente convencional del emisor polarizado directamente como hemos dicho. En la fig.8-24 se tienen las "cotas" de diferencia de potencial y los sentidos de las corrientes, todas positivas. Es claro que realmente no todas las corrientes pueden ser entrantes:

$$\dot{I}_E + \dot{I}_C + \dot{I}_B = 0$$

$$V_{EB} + V_{CE} + V_{BC} = 0$$

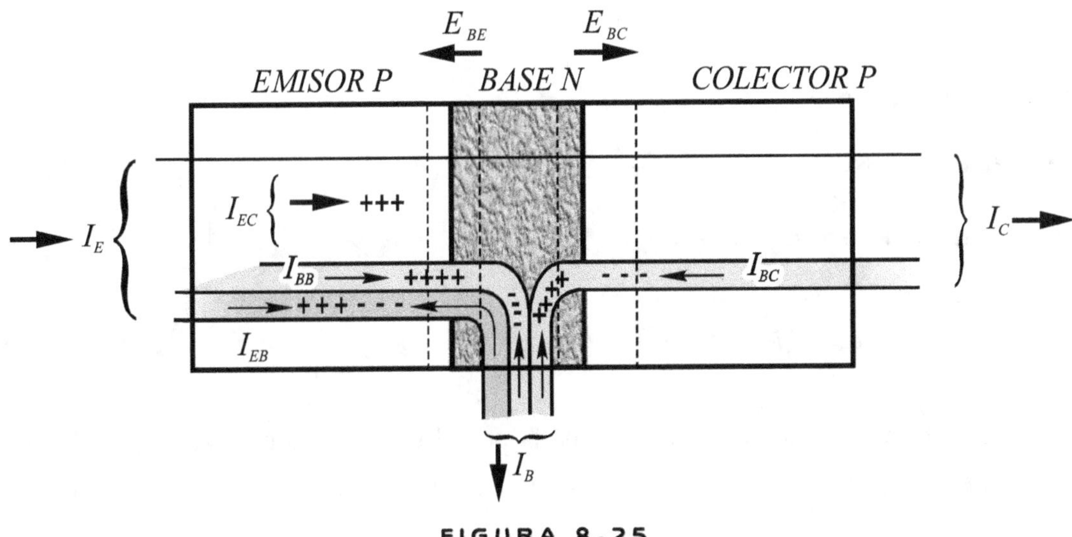

FIGURA 8-25

En la fig.8-25 hacemos un "balance" de las corrientes de electrones y huecos en el interior de un transistor P-N-P y sus relaciones que las corrientes exteriores I_E, I_C, I_B.

Como la polaridad para el diodo E-B es directa, la zona de iones al descubierto (encerrados en líneas de trazos) en la juntura P-N está reducida (hay iones $\oplus$ en la derecha y $\ominus$ en la izquierda) y por ende el campo eléctrico $\vec{E}_{B,E}$ está también reducido, facilitándose así el paso de huecos de E a B empujados por .el campo producido por la batería B_1 (no dibujada). En cambio como la polaridad en el diodo B-C es inversa, la zona de iones al descubierto. se ha ensanchado (iones $\oplus$ a izquierda y $\ominus$ a la derecha) y por ende también el campo eléctrico $\vec{E}_{BC}$, facilitándose así el transporte de los huecos de B a C: de modo que en primera aproximación podemos suponer que los huecos que provienen del emisor atraviesan la base y pasan al colector, pero luego veremos que hay ciertas complicaciones de detalles. En efecto, se tiene:

$\dot{I}_{EC}$: corriente principal de huecos del emisor hacia la base empujados por el campo de la batería B_1.

$\dot{I}_{BB}$: corriente de huecos que van hacia la base para compensar los huecos de la base que se recombinan con electrones de la base.

$\dot{I}_{EB}$: corriente de huecos que se generan para compensar los huecos que en el emisor se recombinan con electrones que provienen de la base.

$\dot{I}_{BC}$: corriente de electrones que provienen del colector por la polaridad inversa de B-C. Es muy pequeña en relación a las otras porque los electrones son portadores minoritarios en el colector tipo p. Esto hace que huecos en igual cantidad pasen de la base al colector para compensar.

En síntesis, viendo la fig.7-25 se tiene:

corriente del emisor $\dot{I}_E = \dot{I}_{EC} + \dot{I}_{BB} + \dot{I}_{EB}$

corriente de la base $\dot{I}_B = \dot{I}_{BB} + \dot{I}_{EB} + \left|\dot{I}_{BC}\right|$

corriente del colector $\dot{I}_C = \dot{I}_E - \dot{I}_B = \dot{I}_{EC} + \dot{I}_{BB} + \dot{I}_{EB} - \dot{I}_{BB} - \dot{I}_{EB} + \left|\dot{I}_{BC}\right|$

$$\dot{I}_C = \dot{I}_{EC} + \left|\dot{I}_{BC}\right| \approx \dot{I}_{EC} \quad \text{si hacemos} \quad \dot{I}_{BC} \approx 0$$

La corriente del colector $\dot{I}_C$ queda así determinada por el valor $\dot{I}_{EC}$, que a su vez la determina la diferencia de potencial V_{EB} con independencia de la diferencia de potencial V_{BC}, con tal que las polaridades sean las mencionadas.

En la fig.8-26 se tiene $\dot{I}_C$ en función de V_{BC} para diversos valores de V_{EB} crecientes hacia arriba. Como vemos $\dot{I}_C$ es casi independiente de V_{BC} para valores positivos (+). En la fig.7-27 se tiene I_E en función de V_{EB} con $V_{CB} = $ cte.

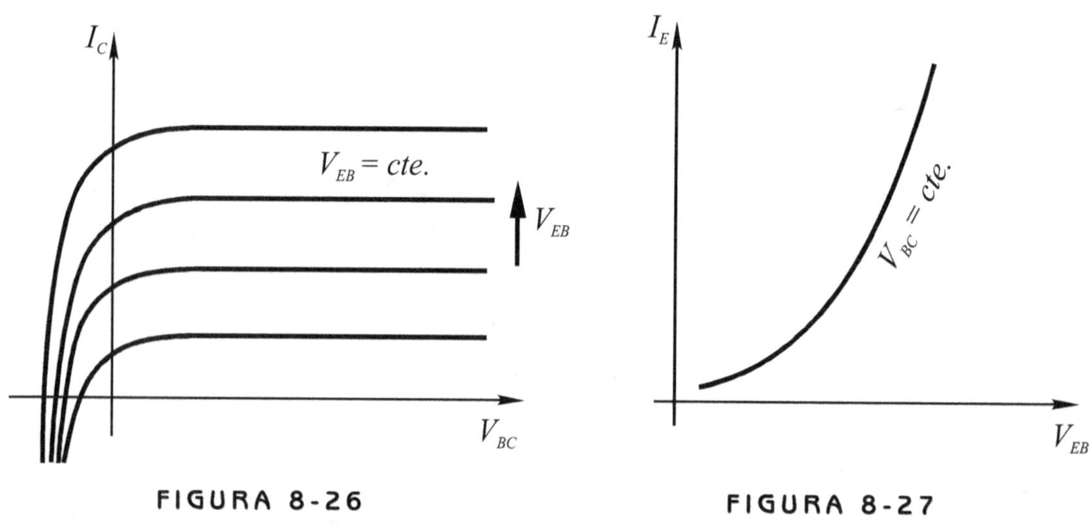

FIGURA 8-26   FIGURA 8-27

8.7. TEORÍAS DE BANDAS DE ENERGÍA

Hemos estudiado entre las unidades 4 y 5 que el átomo posee niveles de energía bien definidos y que los electrones no pueden poseer en un mismo átomo todos sus números cuánticos iguales (Principio de Exclusión de Pauli). Además, hemos aceptado cierta indeterminación en los valores de posición, cantidad de movimiento, energía y tiempo de vida media del nivel de energía dado (Principio de Incertidumbre).

Ahora bien, ¿qué ocurre cuando se agrupan muchos átomos, como para formar un cristal?. La interacción entre ellos altera los niveles de energía que tenían cuando estaban muy separados o aislados. Se produce un fenómeno análogo al acoplamiento de sistemas oscilantes mecánicos o eléctricos: el acoplamiento multiplica los modos y frecuencias propias de oscilación. En la fig.28(a) se muestra un cierto nivel de energía E_n correspondiente a un cierto átomo aislado.

En la fig.8-28(b) se muestra el desdoblamiento de ese nivel cuando el átomo se acerca a otro átomo idéntico, a distancia r. Es decir, cuando la pareja de átomos está a distancia r_1 entre sí la pareja posee dos niveles: E_{n1} y E_{n2}. A la diferencia $E_{n2} - E_{n1}$ le denominaremos "ancho" de "banda", adelantando un poco este término. El "ancho" queda prácticamente determinado por la distancia r_1 y no por el número de átomos: si por ejemplo tenemos cuatro (4) átomos a distancia r_1 igual a la anterior, el ancho $E_{n2} - E_{n1}$ es prácticamente el mismo, salvo que ahora tenemos dos niveles intermedios más (fig.8-28(c)).

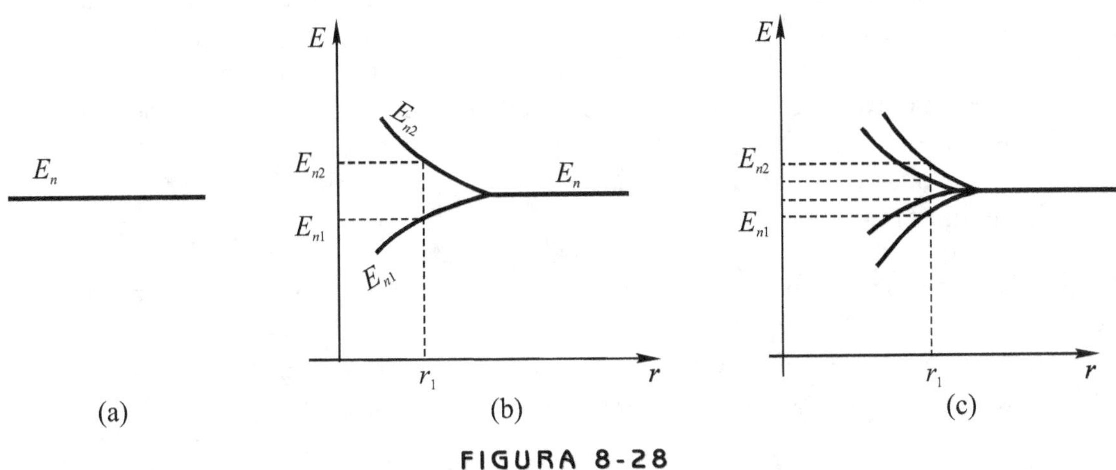

FIGURA 8-28

Para un número N muy alto de átomos formando un cristal (N puede ser del orden del número de Avogadro) los niveles intermedios consecutivos están tan cerca entre sí que se puede considerar que el conjunto de N niveles forman una BANDA o FAJA CONTINUA (fig.8-29-a). En la fig.8-29 se ha rayado la banda, pero no hay que olvidar que en realidad el sistema (cristal) posee un conjunto DISCRETO de N niveles de energía. En la fig.8-29(b) se ha dibujado la banda con el ancho correspondiente a la distancia r de equilibrio entre los átomos del cristal. En ordenada se tiene energía pero no tenemos abscisa, es sólo una representación energética.

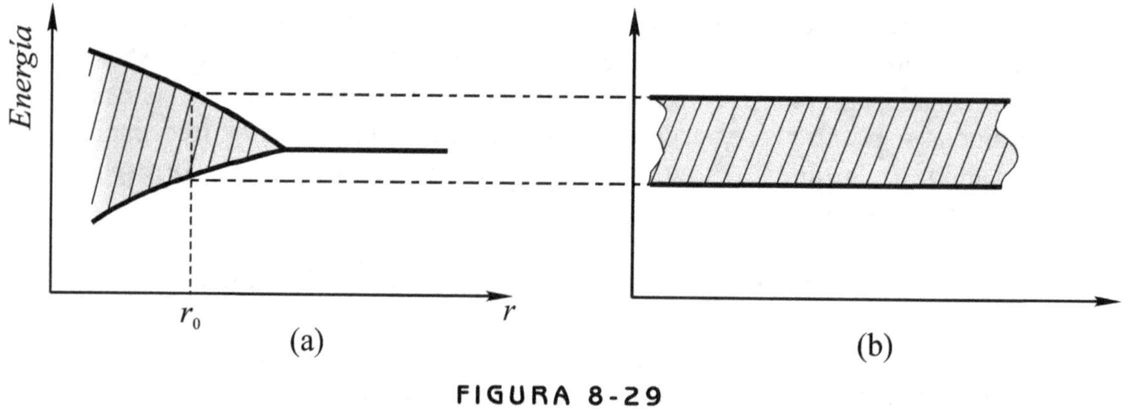

FIGURA 8-29

Sabemos que cada átomo muy alejado del resto (átomo aislado) posee varios niveles discretos en su estado no excitado. Los electrones que constituyen ese átomo, en ese estado, "ocupan" los niveles desde abajo hacia arriba, el último nivel, o mejor, el más alto, puede estar completamente ocupado, obedeciendo el principio de exclusión de Pauli (por ej. los gases nobles) o bien parcialmente ocupado. También tenemos niveles superiores "disponibles", que los electrones podrían ocupar de ser excitado el átomo, de lo contrario permanecen vacíos. Sabemos también que entre niveles de energía (ocupados, incompletos o vacíos) hay separaciones en energía "prohibidas", es decir, el átomo no puede tener en forma estable energía entre esos niveles.

Cuando los N átomos forman un cristal se produce en general bandas permitidas y prohibidas, completas, incompletas y vacías. También se producen reacomodaciones en la población electrónica. En verdad, este tema, tratado con rigor físico-matemático es muy complejo y laborioso. Aquí presentamos una versión simplificada al máximo, sin demostración.

En la fig.8-30(a) suponemos que un cierto número N de átomos, que aislados poseen cuatro niveles de energía (no especificamos la población de electrones), en estado fundamental o no excitado, se acercan para formar un cristal, produciéndose así las bandas. En la figs.8-30(b) se las dibuja para $r = r_o$ (distancia típica entre átomos del cristal).

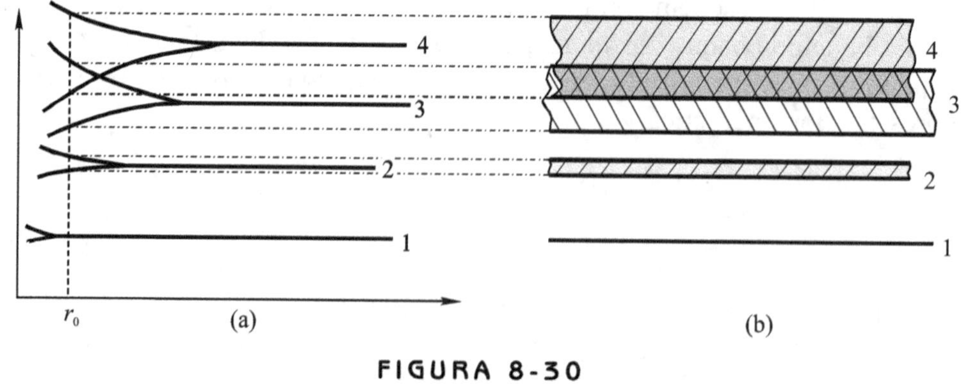

FIGURA 8-30

Vemos que para $r = r_o$ el nivel 1 no se ha multiplicado, el 2 si, el 3 y 4 hasta se han superpuesto o solapado parcialmente. Vemos además las zonas prohibidas entre los niveles 1, 2 y 3.

Las bandas de energía prohibidas siempre estarán vacías de portadores. No deben ser confundidas con las bandas permitidas vacías, pues estas últimas poseen niveles que si pueden ser alcanzados por los portadores si de algún modo se les comunica suficiente energía.

Precisemos un poco más la distribución de la población de electrones para un caso concreto. Por ejemplo, el nivel s $(\ell = 0)$ de un átomo puede tener hasta dos electrones, es decir, el nivel s posee 2 estados posibles: spin $m_s = +\dfrac{1}{2}$ y $m_s = -\dfrac{1}{2}$. El nivel p $(\ell = 1)$ posee seis estados posibles, pues m_ℓ puede ser -1, 0 y 1, y para cada m_ℓ, dos espines.

Para los átomos de Carbono, Silicio y Germanio él nivel s está completo, es decir, posee dos electrones, pero el nivel p sólo posee dos electrones pudiendo tener seis, es entonces un nivel incompleto. El número de electrones y los estados posibles será indicado así:

$$n^o \text{ de electrones} \longrightarrow \bigoslash \longleftarrow n^o \text{ de estados posibles}$$

De modo que para los elementos mencionados se tiene:

$$s^2 \longrightarrow \left(\tfrac{2}{2}\right) \qquad\qquad p^2 \longrightarrow \left(\tfrac{2}{6}\right)$$

En la fig.8-31(a) se indica que ocurre cuando N átomos de esos elementos se acercan para formar un cristal: ocurren solapamientos de bandas y redistribución de electrones y estados posibles.

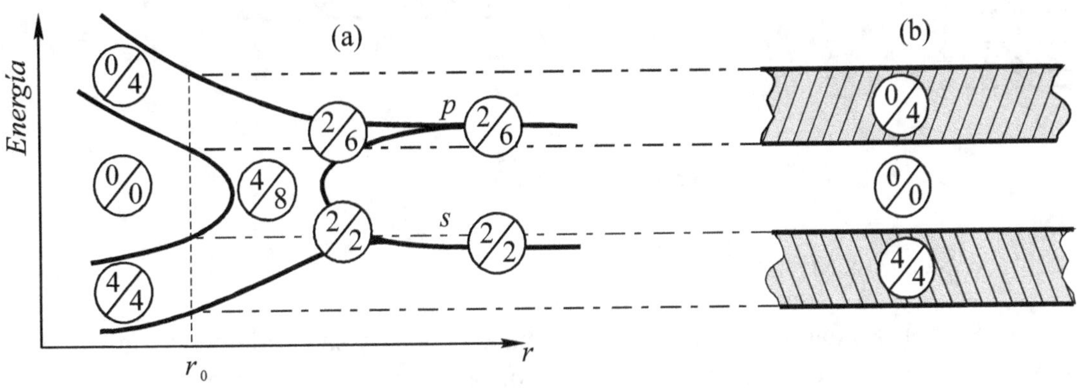

FIGURA 8-31

En la fig.8-31(b) se tienen las bandas para la distancia de equilibrio r_o. Vemos que la banda inferior está totalmente ocupada (o "llena") y la superior vacía (pudiendo albergar 4 electrones). Hay una banda prohibida que las separa. En realidad, si N es el número de átomos deberíamos multiplicar por este número al número de electrones en cada banda.

Vemos en los dibujos que los niveles superiores se multiplican formando bandas a distancias mayores que los inferiores, esto se debe a que los electrones en los niveles superiores están más alejados del núcleo y así son los primeros en interactuar al acercarse los otros átomos.

En otros cristales estas bandas pueden estar dispuestas de otra forma.

Cuando los átomos del cristal están en el estado fundamental la banda de energía ocupada (total o parcialmente), de mayor energía se denomina BANDA de VALENCIA. En el ejemplo que hemos dado (C, Si, Ge), la banda de valencia está totalmente ocupada o llena.

Según sean estas bandas y los electrones que puedan contener se tiene que el cristal puede ser CONDUCTOR, AISLANTE o SEMICONDUCTOR.

E1 cristal es conductor en los siguientes casos:

- la banda de valencia no está completa (fig.8-32(a)).
- la banda de valencia está completa, pero la siguiente permitida está solapada con ella (fig.8-32(b)).

Esto último se produce en el Berilio (Be).

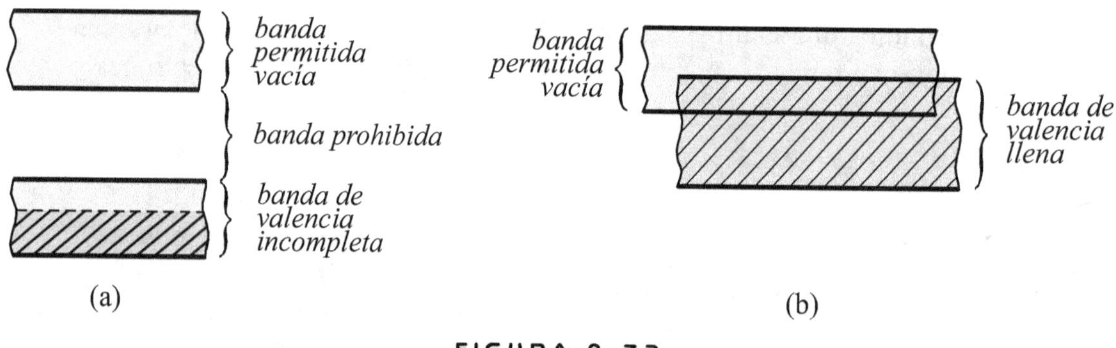

FIGURA 8-32

Esta situación se da en los METALES.

El cristal es AISLANTE cuando la banda de valencia está llena y separada de la siguiente permitida por una banda prohibida de varios electrón-volts de ancho (por ejemplo en el diamante es de 6 *eV*.), fig.8-33(a). Si la banda prohibida es más estrecha (del orden de 1 *eV*), se dice que el cristal es SEMICONDUCTOR (se podría decir que es semiaislante, pero no es usual), fig.8-33(b).

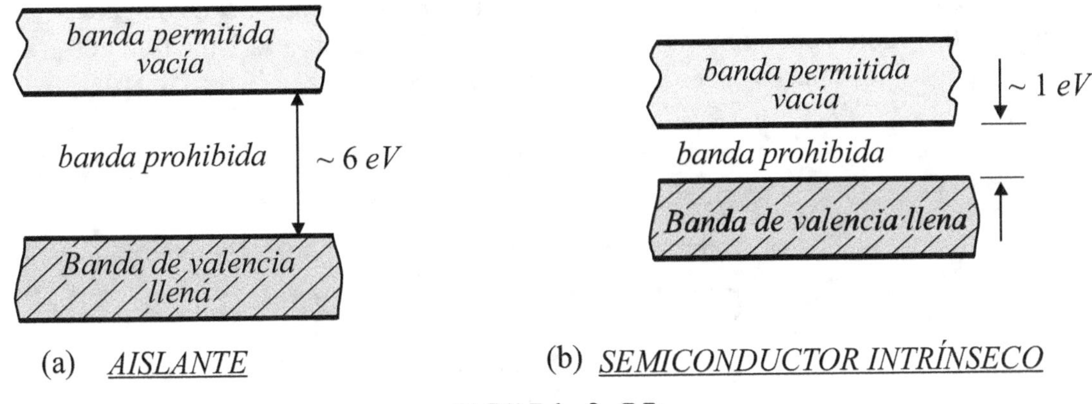

FIGURA 8-33

Nos hemos referido al semiconductor intrínseco (sin impurezas), luego veremos qué ocurre con el semiconductor extrínseco.

¿Porqué estos comportamientos distintos?

Si se da cualquiera de las situaciones señaladas en las figuras 8-32(a) ó (b) el cristal es conductor porque si se lo somete a un campo eléctrico, por débil que este sea, los electrones adquieren energía cinética pasando a niveles permitidos vacíos que están cercanos. No violan el Principio de Exclusión de Pauli. En el caso de la fig.8-32(a) los niveles permitidos vacíos están en. la propia banda de valencia. En la fig.8-32(b) aunque la banda de valencia esté llena está solapada con una vacía de niveles permitidos, de modo que al fin es la misma situación anterior: estas dos bandas son como una sola.

Decir que los electrones adquieren energía cinética es decir que se ponen en movimiento, constituyendo una corriente eléctrica.

En cambio en las figs.8-33, al estar la banda de valencia llena y separada de los niveles permitidos vacíos por una banda prohibida, los electrones no pueden adquirir energía cinética de campos relativamente débiles, "no tienen dónde ir", el Principio de Exclusión impide cambiar de nivel energético. Esto es cierto hasta un cierto valor del campo eléctrico y temperaturas, suficientemente altos, que logren conferir la energía necesaria para "salvar" la valla de energía de la banda prohibida. En los semiconductores la banda prohibida tiene un ancho energético del orden de la energía térmica, de modo que a temperatura superior al $0°K$ comienzan a "saltar" electrones a la banda vacía permitida.

La banda vacía, por encima de la de valencia, por todo lo dicho, se denomina BANDA DE CONDUCCIÓN.

En el semiconductor, cuando los electrones adquieren energía cinética y pasan de la banda de valencia a la de conducción, sabemos que dejan huecos libres en la banda de valencia: en la fig.8-34 se indica con signos – los electrones que pasaron a la banda de conducción y con signos + los huecos libres en la banda de valencia.

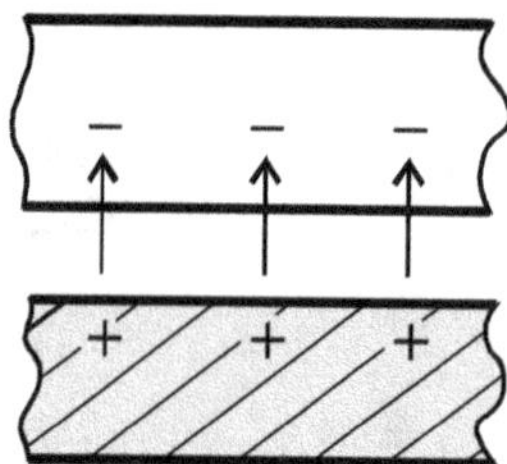

FIGURA 8-34

Hay que cuidar la interpretación de estos dibujos: en rigor no es lícito dibujar los portadores en un diagrama de niveles de energía, pero se lo hace a fin de visualizar los conceptos.

Sabemos además que el campo eléctrico moviliza tanto a los electrones como a los huecos constituyendo lo que hemos llamado corriente intrínseca.

¿Cómo se explica el comportamiento de un semiconductor extrínseco o dopado?

Las impurezas paseen niveles de energía que se ubican en la banda prohibida del semiconductor básico. Si la concentración de impurezas es pequeña, la interacción entre átomos de impurezas es despreciable y así los N_i niveles no están desdoblados (N_i = número de átomos de impurezas). Si la concentración aumenta los N_i niveles comienzan a separarse constituyendo bandas. Nosotros aquí suponemos quo estas bandas son muy estrechas, al punto de constituir un sólo valor de energía (ó N_i niveles superpuestos).

- **Semiconductor tipo P**: las impurezas aceptoras (Al en silicio) poseen "un" nivel permitido vacío muy cerca del "techo" de la banda de valencia (a unos centésimos de eV), fig.8-35(a). A temperaturas aún bastantes bajas los electrones de la banda de valencia pasan a este nivel, ionizando las impurezas y liberando huecos en la banda de valencia. Los iones negativos son fijos en ese nivel y los huecos son libres.

  Los huecos libres en la banda de valencia están indicados como siempre por signos +, los electrones Libres en la banda de conducción por signos – y los iones negativos fijos en la banda o nivel aceptor con $\ominus$. Vemos que hay más huecos libres que electrones. La neutralidad del cristal es siempre cierta.

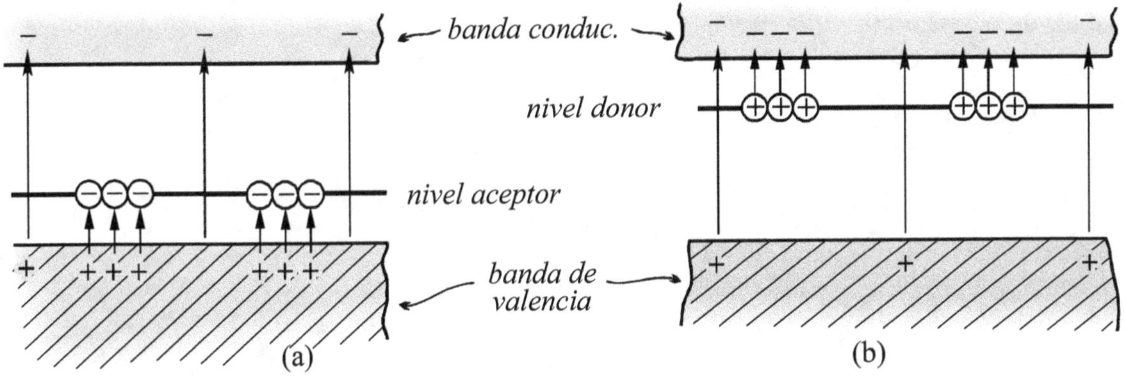

FIGURA 8-35

- **Semiconductor tipo** N: las impurezas donoras (As en silicio) poseen "un" nivel permitido completo de electrones cerca de la "base" de la banda de conducción (fig.8-35(b)). Los electrones de las impurezas, aún a bajas temperaturas, pasan a la banda de conducción quedando libres y dejando a las impurezas ionizadas positivamente y fijas en el nivel donor. Vemos así que hay más electrones libres que huecos.

Cuando decimos "nivel de impureza aceptor o donor vacío o lleno respectivamente", se entiende que es así cerca del $0°K$.

8.8. LA ESTADÍSTICA DE FERMI-DIRAC APLICADA A LOS SEMICONDUCTORES

Daremos aquí un resumen más qué elemental de las ideas más importantes, sin efectuar demostraciones.

Recordemos de la unidad 6 de Física Estadística que teníamos una distribución $n(E)$ de partículas (electrones en nuestro caso) por niveles de energía E:

$$n(E) = \frac{dN}{dE},$$

una "densidad de microestados"

$$g(E) = \frac{d\Omega}{dE}$$

y un "factor de ocupación"

$$F(E) = \frac{dN}{d\Omega},$$

de modo tal que

$$n(E) = g(E) \times F(E)$$

Para la estadística de Fermi-Dirac es

$$F(E)_{F,D} = \frac{1}{e^{\frac{(E-E_F)}{KT}} + 1},$$

dónde E_F es una energía llamada "nivel de Fermi". Repetimos en la fíg.8-36 la figura del capítulo 6, para dos temperaturas $T = 0°K$ y $T > 0°K$, por ejemplo $T \cong 300°K$.

Para un METAI., es decir, para el caso en que los electrones libres constituyen un "gas" 1a distribución $g(E)$ de microestados es la de la fig.8-37. Pero la distribución de microestados en un semiconductor (intrínseco) no es la misma que para un metal. En la fig. 8-38(b) se muestra en forma aproximada, en correspondencia con las bandas de energía de fig.8-38 (a).

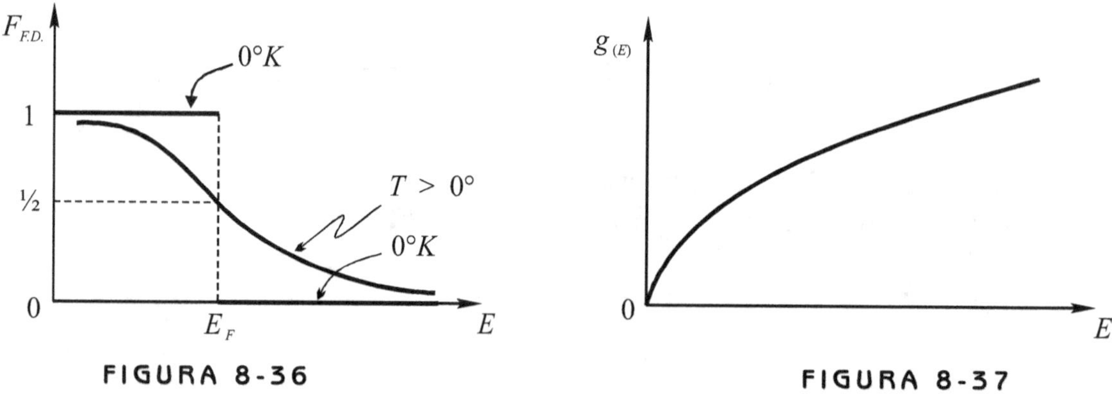

FIGURA 8-36   **FIGURA 8-37**

La función $g(E)$ muestra los estados posibles, "sin especificar si están ocupados por electrones o no". Esto último lo establece la función $F_{F.D.}$ a una dada temperatura (fig.

8-38(c)). En efecto, la densidad de electrones $n(E)$ está dada por el producto abscisa por abscisa de la gráfica fig.8-38 (b) y (c), es decir $n(E) = g(E) \times F_{F.D.}$ a una dada temperatura. Por ejemplo, a $0°K$ resulta la distribución de la fig.8-38 (d): la banda de valencia está totalmente ocupada o llena y la de conducción vacía, pero a $T >> 0°K$ (por ej. $300°K$) resulta la distribución de la fig.8-38 (e): parte de los electrones pasaron a la banda de conducción. En todas las figuras la energía de Fermi E_F es un nivel ubicado prácticamente en el medio de la banda prohibida, de modo que resulte lo que acabamos de informar. La demostración analítica, rigurosa, de todo esto es muy ardua, se encuentra en libros especiales de los doctorados de física.

Las "áreas" sombreadas en las figs.8-38 dan el número de electrones, pues esas "áreas" se obtienen de $n(E) \times dE = dN$, integrando, de modo que no deben variar al ser modificadas sus formas como en la fig.8-38(e).

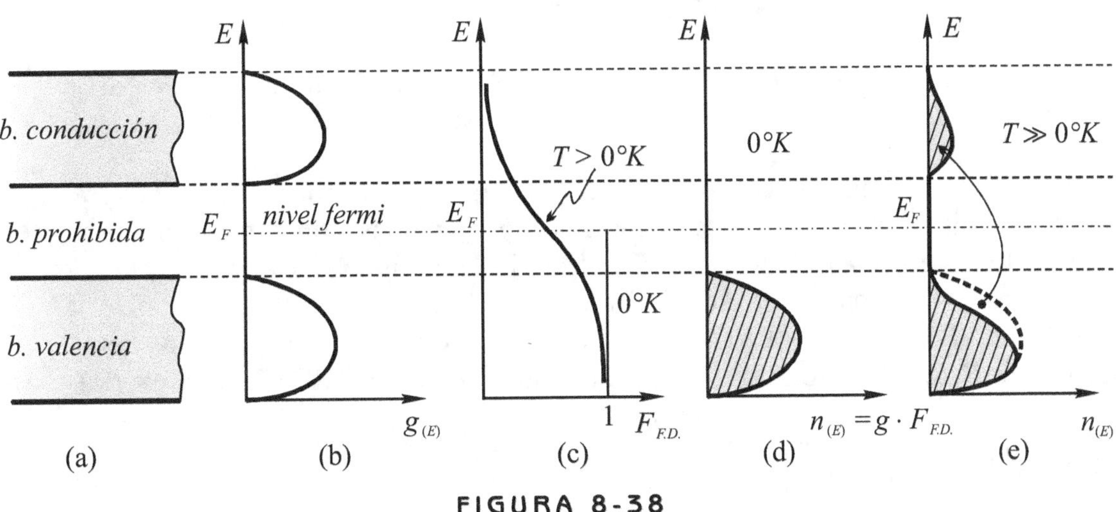

FIGURA 8-38

8.8.1. Semiconductor extrínseco (tipo N)

El agregado de impurezas produce dos cosas esencialmente: desplaza el nivel de Fermi y agrega estados permitidos ubicados en la banda prohibida del semiconductor básico. En la fig.8-39 se muestra la situación para un semiconductor tipo N, es decir, con impurezas DONORAS. El nivel de Fermi se acerca a la base o fondo de la banda de conducción: de este modo se explican las figs.8-39(d) y (e). A $0°K$ la banda de valencia y de impureza están totalmente ocupadas, a temperatura mayor se produce una redistribución: parte de los electrones de la banda de valencia y de la banda de impurezas pasan a la de conducción. En los dibujos no hay intención de valor cuantitativo, sólo cualitativo.

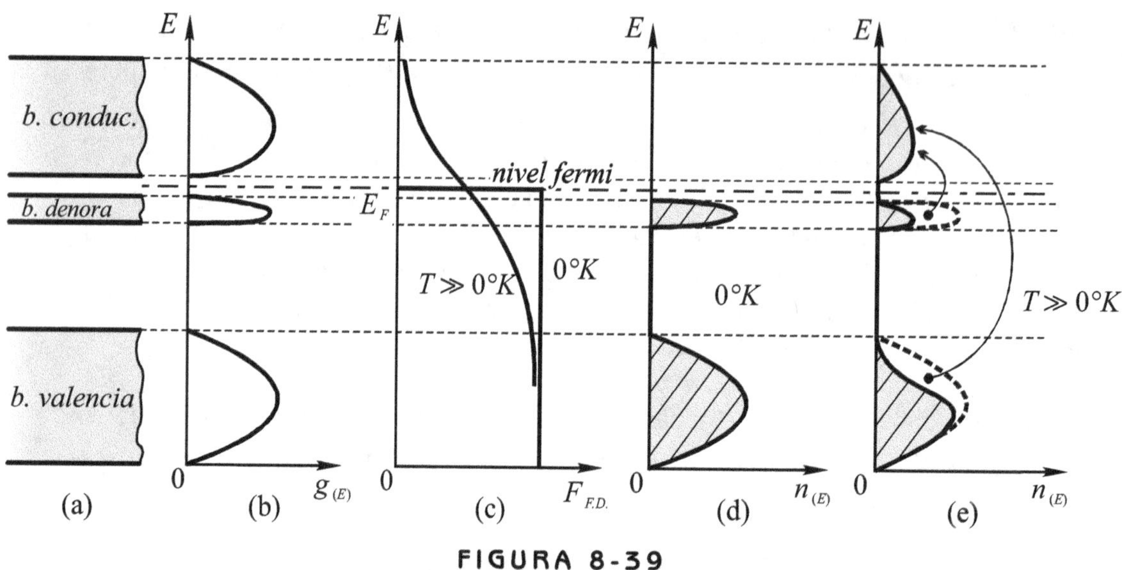

FIGURA 8-39

Para un semiconductor tipo P (impurezas aceptoras) el nivel de Fermi ubica cerca de la banda de valencia.

Creemos que con estos conocimientos básicos el alumno está en condiciones de interpretar el comportamiento de dispositivos semiconductores (diodos, transistores, tristores, triac, etc.) en libros especiales (ver " Electrónica del Estado Sólido" de Angel D. Tremosa, Ed. Marymar, "Electrónica" de Adolfo Di Marco, Ed. El Ateneo, "Introducción a la Física del Estado Sólido" de Kittel, Ed. Reverté, "Introducción a la Física de los Semiconductores" de R.B. Adler, A.C. Smith-R.L. Longhini, Tomo 1 y 2 SEEC, Ed. Reverté).

8.9. MÁSER Y LÁSER

En óptica ondulatoria hemos hablado de ondas COHERENTES, pues bien, desde 1954 en adelante es posible generar ondas electromagnéticas centimétricas, en el infrarrojo y luz, con gran COHERENCIA, pero además, gran DIRECCIONALIDAD, es decir haces que divergen muy poco (en el orden de 0,001 radián o menos), gran MONOCROMATICIDAD (frecuencias tan definidas como permita el Principio de Indeterminación y el efecto Doppler debido al movimiento atómico) y gran POTENCIA y BRILLO.

Estos logros se han alcanzado con dispositivos denominados con los acrónimos MASER: Microwave Amplification by Stimulated Emission of Radiaton, es decir Microondas Amplificadas por Estimulación de la Emisión de la radiación y LÁSER: ídem con sólo reemplazar Microwave por Light, es decir Luz.

En todos los casos estamos hablando de emisión de FOTONES de distinta frecuencia.

Antes de entrar a describir las partes esenciales de un máser o láser resumamos algunas ideas importantes sobre el fenómeno de Absorción y Emisión de fotones por los átomos (o moléculas).

Sabemos que la absorción y emisión de fotones producen cambios en los NIVELES de energía de los átomos.

También hay que aclarar que un átomo puede intercambiar energía con la red cristalina a la cual pertenece por medio de FONONES, es decir, cuantos de energía vibracional mecánica.

En la ABSORCION el átomo toma energía de la radiación incidente y eleva su nivel de energía a algún valor permitido por las reglas de la mecánica cuántica. Debe producirse una especie de resonancia: si se pretende que el átomo pase de un nivel de energía E_i a otro superior E_j la radiación incidente (los fotones) debe poseer una frecuencia que se aproxime mucho al valor

$$f = \frac{E_j - E_i}{h} \qquad \text{(ley de } N.\text{ Bohr)} \qquad [8\text{-}1]$$

Hablando con mayor precisión, la frecuencia debería ser algo mayor, pues el átomo también adquiere energía cinética al "retroceder" por el impacto. Esto será despreciado.

Por el contrario, en la EMISION el átomo pasa de un nivel de energía E_j a otro inferior E_i emitiendo un fotón de frecuencia dada por [8-1]. En realidad algo menor por el efecto de retroceso. Pero la emisión puede ser de dos tipos: EMISION ESPONTANEA y EMISION ESTIMULADA o INDUCIDA.

8.9.1. Emisión espontánea

Hemos visto en la teoría de Bohr y en la de Schrödinger que los átomos poseen niveles de energía E estables. Estables en el sentido que, estando el átomo en un nivel E no debería emitir fotones. Pero por otro lado, al estudiar el Principio de Indeterminación hemos dicho que si ΔE es la indeterminación en el valor de la energía de un nivel, entonces Δt es el tiempo de VIDA MEDIA de ese nivel. Debe cumplirse la conocida inecuación

$$\Delta E . \Delta t \geq \frac{h}{4\pi}$$

Si el nivel tuviese una energía exactamente E $(\Delta E = 0)$ seria "eterno", es decir $\Delta t \to \infty$ y el átomo no emitiría. Pero la experiencia muestra que no es así, las vidas medias de los niveles excitados son finitas, sus energías fluctúan en ΔE en tiempos Δt. Esto ocurre estando aún el átomo."aislado" de radiación incidente. La electrodinámica cuántica explica esta fluctuación como debida a un intercambio permanente de "fotones VIRTUALES" entre el átomo y el "VACIO". Es que el espacio, vacío para la física clásica, se considera actualmente como lleno de partículas virtuales. Eso sí, en un conjunto de N átomos, cada átomo emite espontáneamente con independencia de los demás y en instantes impredecibles con exactitud, de modo que esta emisión espontánea es INCOHERENTE.

8.9.2. Emisión inducida

Cuando un átomo posee previamente un nivel de energía E_j superior a otro E_i, puede emitir un fotón de energía $hf = E_j - E_i$ por acción de otro fotón de igual energía o frecuencia (fotón inductor) que el átomo no absorbe, de modo que, incide un fotón real (no virtual), de frecuencia f y del átomo sale otro de igual frecuencia que acompaña al primero, en FASE. El átomo decae al nivel E_i. Este fenómeno fue previsto por EINSTEIN en 1917. Veremos que es uno de los fenómenos que hace posible el máser y el láser.

En las figs.8-40 tenemos gráficamente resumido lo dicho. En ellas A* simboliza al átomo excitado. Las flechas sinusoidales simbolizan al fotón, de ningún modo deben ser tomadas como el "aspecto" del fotón.

¿Qué ocurrirá si tenemos una mezcla de N_i átomos con energía E_i y N_J con energía $E_j >$ E_i y sobre ellos inciden N fotones de energía $hf = E_j - E_i$?. Claro está que se producirán tanto emisiones como absorciones, pero ... ¿del sistema de átomos saldrán emitidos un número N' de fotones mayor, igual o menor a N?. Todo dependerá de los números iniciales N_i y N_j y de las PROBABILIDADES DE ABSORCIÓN, EMISIÓN ESPONTÁNEA Y ESTIMULADA. Por lo tanto para responder a la pregunta habrá que estudiar estas probabilidades.

Adelantemos que el estudio conduce a que si N_j es mayor que N_i entonces N' es mayor que N, es decir se emiten más fotones que los que se absorben. Se tiene así un efecto de AMPLIFICACION, también denominado ABSORCIÓN NEGATIVA. Esto es posible porque la PROBABILIDAD DE EMISIÓN ESTIMULADA ES IGUAL A LA DE ABSORCIÓN.

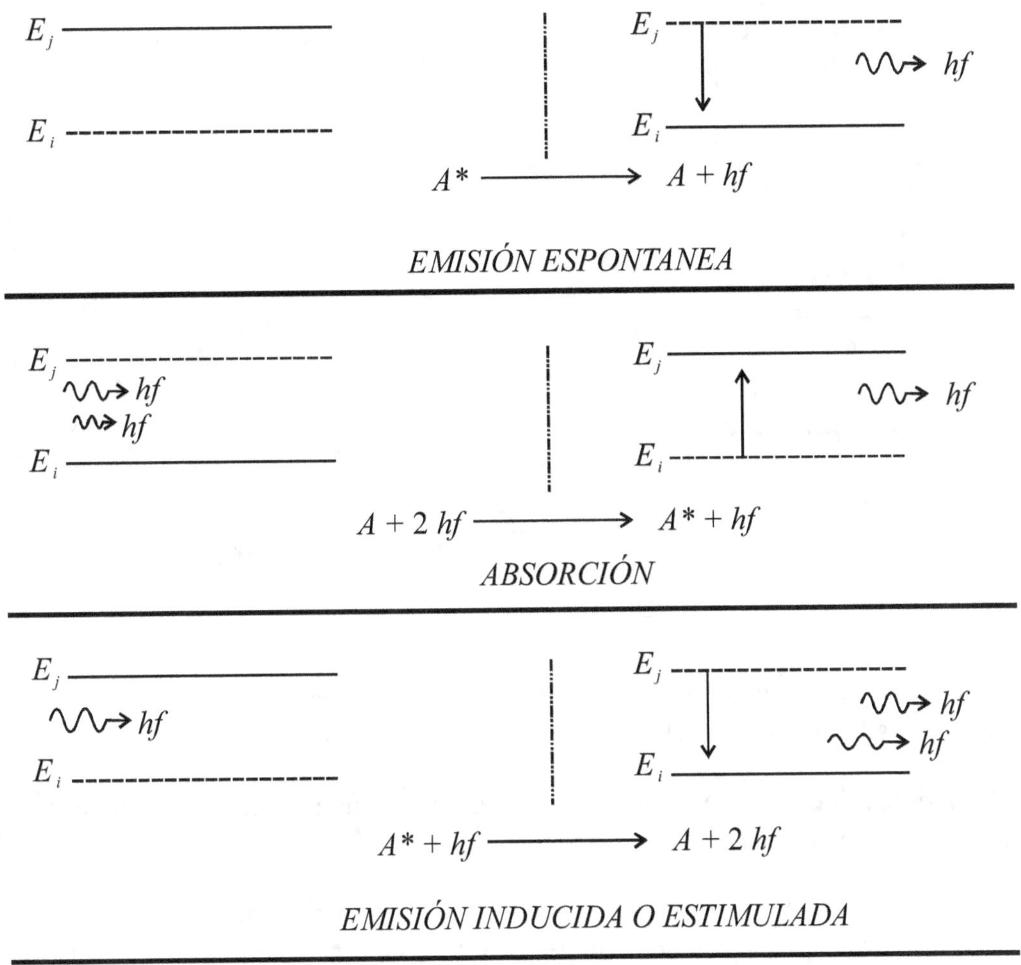

FIGURA 8-40

Antes que EINSTEIN aclarara estos aspectos en 1917; la emisión estimulada había sido ignorada o mejor, olvidada, pues en mecánica se conocían fenómenos análogos. Pero entonces ...¿porqué hubo que esperar hasta 1954 para lograr concretar experimentalmente estos fenómenos?. Porque entre otras cosas, en un sistema macroscópico en equilibrio térmico se cumplen las leyes de la física estadística, por ejemplo la de Boltzmann-Maxwell, que ya hemos estudiado. Sabemos por ella que cuánto mayor es el nivel de energía E' de los átomos, menor es el número $N(E)$ de átomos con ese nivel. La ley es exponencial negativa:

$$N(E) \text{ proporcional a } e^{-\frac{E}{KT}} \qquad\qquad [8\text{-}2]$$

dónde K es la constante de Boltzmann y T la temperatura absoluta del sistema. En la fig.8-41 representamos cualitativamente la ley para una dada temperatura T.

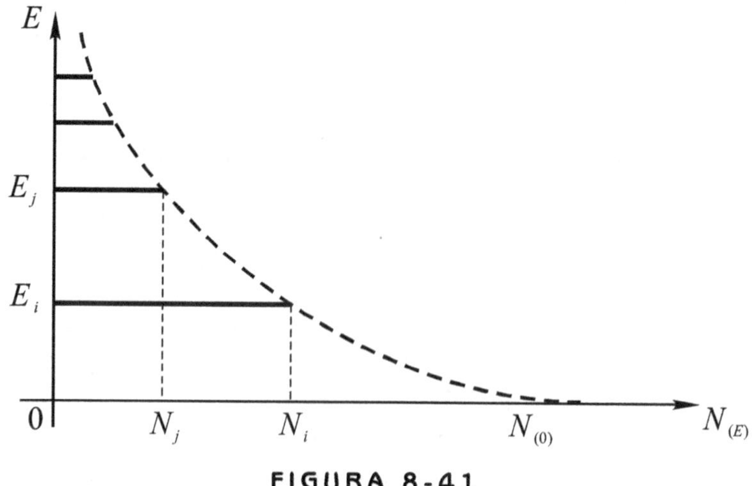

FIGURA 8-41

Dicho vulgarmente: hay normalmente más átomos pobres en energía que ricos (hace recordar la situación de la humanidad...).

Para lograr el fenómeno de amplificación máser o láser hay que revertir esta situación. Esto es lo que demoró su aparición.

La situación revertida, es decir donde se cumple que $N_j > N_i$ se denomina INVERSION DE POBLACION. Se logra inyectando energía al sistema con ingeniosas y delicadas técnicas.

Según el tipo de máser o láser la inyección de energía puede ser por calentamiento, ondas de radiofrecuencia, luz, corrientes eléctricas y hasta con reacciones químicas.

Es interesante destacar que cuando el sistema está en inversión de población, según. la [7-2] hay que admitir temperaturas absolutas ¡negativas!. Este es un concepto estadístico de la temperatura, el sistema está más caliente con T negativa que con T positiva. Tiene que ver con la ENTROPIA y la ENERGIA INTERNA del sistema.

En resumen: la inversión de población y la emisión estimulada hacen posible al MASER y al LÁSER.

Estudiemos ahora someramente las probabilidades de absorción, emisión espontánea y estimulada como lo hizo Einstein en 1917.

Supongamos que en cierto instante t, N átomos poseen el nivel de energía E y que, debido a emisiones y absorciones ese número varía en dN en un intervalo dt de tiempo. Pues bien, llamaremos PROBABILIDAD (por unidad de tiempo) del fenómeno de absorción o emisión en cuestión a:

$$P = \pm \frac{dN}{Ndt}$$

El signo se elige de modo que P sea siempre positiva. Además a la letra P le agregaremos subíndices apropiados:

$P_{Ai,j}$ = probabilidad de absorción del nivel i al j.

$P_{Eej,i}$ = probabilidad de emisión espontánea del nivel j al i.

$P_{Eij,i}$ = probabilidad de emisión inducida del nivel j al i.

En este apunte nos apartamos de la nomenclatura generalmente utilizada en los libros pues nos parece más explícita en nuestro idioma, al precio de ser algo sobrecargada.

Se postula que tanto la ABSORCIÓN como la EMISIÓN ESTIMULADA dependen directamente de la DENSIDAD VOLUMÉTRICA DE ENERGÍA FOTÓNICA. Esta densidad fue calculada para un GAS DE FOTONES con la estadística de BOSE-EINSTEIN, resultando:

$$\rho(f) = \frac{8\pi h f^3}{c^3} \frac{1}{\left(e^{\frac{hf}{KT}} - 1\right)} \qquad [8\text{-}3]$$

Según lo dicho podemos proponer que:

$$P_{Ai,j} = A_{i,j} \cdot \rho$$
$$P_{Eij,i} = E_{j,i} \cdot \rho \qquad [8\text{-}4]$$

En cambio la EMISIÓN ESPONTÁNEA no depende de ρ. Los coeficientes $A_{i,j}$ y $E_{j,i}$ se denominan de Einstein y demostraremos que son iguales.

Es claro que ocurriendo ambas emisiones, la PROBABILIDAD TOTAL DE EMISIÓN es:

$$P_{Ej,i} = P_{Eej,i} + P_{Eij,i}$$ [8-5]

Si el sistema está en equilibrio térmico, el número de átomos que pasan a poseer el nivel de energía j debe ser el mismo que el número de los que pasan al nivel i, es decir la población por nivel no debe variar $\left(\dfrac{dN}{dt} = 0 \right)$.

$$N_i P_{Ai,j} = N_j P_{Ej,i}$$ [8-6]

y por [7-4] y [7-5] se tiene:

$$N_i A_{i,j} . \rho = N_j P_{EEj,i} + N_j E_{j,i} . \rho$$ [8-7]

despejando ρ:

$$\rho(f) = \frac{\dfrac{P_{EEj,i}}{E_{j,i}}}{\dfrac{N_i A_{i,j}}{N_j E_{j,i}} - 1} .$$ [8-8]

Ahora bien, suponiendo válida la estadística de B-M, y que cada nivel en juego no es degenerado $(g = 1)$ resulta:

$$\frac{N_i}{N_j} = \frac{e^{-\frac{E_i}{KT}}}{e^{-\frac{E_j}{KT}}} = e^{-\frac{(E_j - E_i)}{KT}}$$

(Si hay degeneración g_i, g_j el último miembro debe ser multiplicado por g_i/g_j).

Teniendo en cuenta que $E_j - E_i = hf$, reemplazando en [8-8] resulta:

$$\rho(f) = \frac{\dfrac{P_{EEj,i}}{E_{j,i}}}{\dfrac{A_{i,j}}{E_{j,i}}.e^{\frac{hf}{KT}}-1} \qquad [8\text{-}9]$$

Comparando [8-3] con [8-9] debe ser:

$$\frac{A_{i,j}}{E_{j,i}} = 1 \qquad [8\text{-}10]$$

o sea

$$A_{i,j} = E_{j,i}$$

y además

$$\frac{P_{EEj,i}}{E_{j,i}} = \frac{8\pi hf^3}{c^3} \qquad [8\text{-}11]$$

La expresión [8-10] es interesante: es la prometida demostración de que la probabilidad $P_{Ai,j}$ de absorción es igual a la probabilidad $P_{Eij,i}$ de emisión estimulada.

Según la [8-5] vemos que entonces la probabilidad total de emisión $P_{Ej,i}$ es mayor que la de absorción:

$$P_{Ej,i} = P_{EEj,i} + P_{Ai,j} \qquad [8\text{-}12]$$

Esto permite comprender que si se logra la inversión de población, es decir $N_j > N_i$ se tendrá amplificación o absorción "negativa". Para ver mejor esto hagamos el cociente entre el número de átomos que emiten con el de los que absorben:

$$(13)\frac{P_{Ej,i}.N_j}{P_{Ai,j}.N_i} = \left(1 + \frac{P_{EEj,i}}{A_{i,j}.\rho}\right).\frac{N_j}{N_i} \qquad [8\text{-}13]$$

Como el paréntesis es mayor que 1 entonces si N_J es mayor que N_i prevalece el número de átomos que emiten.

Además de lo dicho interesa otra cosa: la emisión espontánea al ser incoherente produce RUIDO en la señal amplificada de salida, es deseable que el ruido sea mínimo. La relación que se suma a 1 en el paréntesis de la [8-13] es la relación entre la probabilidad de emisión espontánea y de la emisión estimulada pues esta es igual a la de absorción. Desarrollemos esta relación en base a la [8-3] y la ([8-11])

$$(14)\quad \frac{P_{EEj,i}}{P_{Elj,i}} = \frac{P_{EEj,i}}{A_{i,j}\cdot 8\pi\dfrac{hf^3}{c^3}}\cdot\left(e^{\frac{hf}{KT}}-1\right)=\left(e^{\frac{hf}{KT}}-1\right) \qquad [8\text{-}14]$$

Para que prevalezca la emisión estimulada sobre la espontánea la exponencial debe tener un valor pequeño, de modo que debe ser en lo posible $hf < KT$.

Cuando T es la ambiente (aprox. $300°K$) aquello se logra con frecuencias correspondientes a las microondas. Quizás por esto el máser se logró antes que el láser.

Otro hecho puede ayudar al menor ruido; la intensidad total de la emisión incoherente es la simple suma de las intensidades individuales de los átomos que emiten, en cambio, en el caso coherente primero hay que hallar la amplitud total sumando amplitudes individuales (pues están en fase) y luego elevar al cuadrado la amplitud total para hallar la intensidad, resultando así mucho mayor que la incoherente (recordar la interferencia).

En resumen

El porcentaje de ruido en el máser es ínfimo con respecto a los amplificadores tradicionales.

Pasemos ahora a describir someramente los dispositivos. Veremos que todos ellos requieren a grandes rasgos los mismos requisitos para funcionar, como ser:

- un mecanismo de inyección o bombeo de energía para la activación
- una cavidad resonante

8.10. MÁSER

El primer máser fue construido en 1954 en base a los trabajos del Dr. TOWNES y otros Investigadores de la Universidad de Columbia. Utilizaba gas amoníaco (NH_3). Producía una relativa débil radiación estimulada pero de frecuencia muy estable (aproximadamente de 24.000 MHz, que corresponde a una longitud $\simeq$ 1,25 cm). El dispositivo está esquematizado "en bloques" en la fig.8-42. Todo se encuentra encerrado en una cámara C sin aire. En el horno H se activan las moléculas de NH_3. Debido a la baja presión de recinto C, las moléculas salen a chorro por pequeños orificios O y se encuentran con un selector S que posee un campo eléctrico no uniforme que logra desviar lateralmente aquéllas moléculas que quedaron sin excitar. Esto es posible porque las moléculas activadas tienen un momento dipolar distinto a las sin activar. El chorro que pasa ya tiene la necesaria inversión de población.

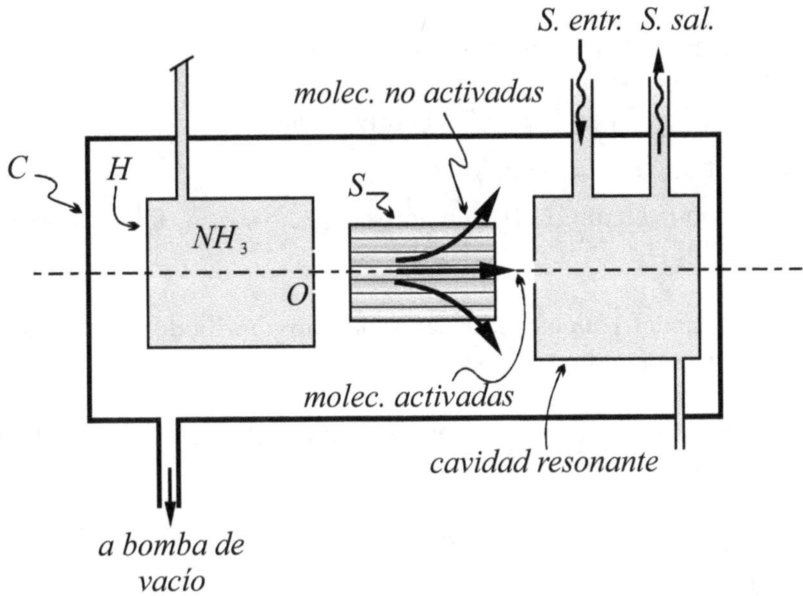

FIGURA 8-42

Ingresa así a una CAVIDAD RESONANTE cuidadosamente diseñada para que resuene a la frecuencia típica de emisión del amoníaco, es decir, en ella se producen "ondas estacionarias" de esa frecuencia y se atenúan otras.

La emisión espontánea se refleja en las paredes de la cavidad e induce la emisión estimulada coherente. Esta es ayudada por una señal de entrada de frecuencia parecida, pero no tan coherente *ni* de frecuencia tan definida.

Resulta una señal de salida muy coherente, de frecuencia muy definida y amplificada (aunque no mucho en comparación con los logros posteriores).

La frecuencia es tan estable que un RELOJ regulado por este máser tendría una precisión de ± 1 seg. en mil años o más. De hecho, esto es ya una aplicación del dispositivo: LOS RELOJES ATÓMICOS, que son el moderno control de la hora.

También hay máseres de vapor de CESIO (Cs).

Para mayores potencias se construyen máseres de material sólido, como el RUBÍ. El rubí es un cristal compuesto Al_2O_3 como matriz e impurezas de CROMO (Cr). También se logró que los máseres de rubí emitieran luz, constituyendo un LÁSER.

8.11. LÁSER

Los láseres pueden ser clasificados, según el estado del material que se activa, en:

- sólidos, por ejemplo de Rubí, Neodimio, etc.
- líquidos, por ejemplo de colorantes.
- gaseosos, por ejemplo el conocido de Helio-Neón, CO_2, N_2 y vapor de Hg.

También deberíamos incluir en sólidos los láseres basados en diodos semiconductores, por ejemplo los de arseniatos de galio (As-Ga).

Hay láseres cuya activación se produce por reacción entre el Flúor (F) y el Hidrógeno (H), para dar FH. Estarían dentro de los gaseosos.

Descripción breve de algunos de ellos.

8.11.1. Láser de rubí

Se basan en la excitación de los iones de Cr^{3+} de una barra de rubí, elevándolos desde un nivel de energía fundamental E_1 (fig.8-43) hasta un nivel E_3. Este nivel en realidad tiene cierto ancho ΔE_3 y una vida media Δt_3 = aproximadamente 10^{-7} seg. Desde este nivel se produce una caída espontánea hasta otro nivel E_2 más estrecho, de vida media Δt_2 = aproximadamente 3×10^{-3} seg.

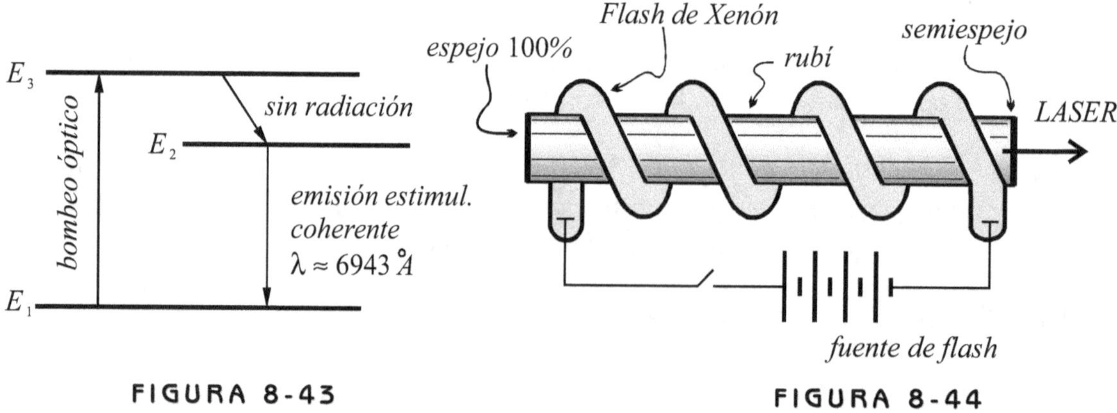

FIGURA 8-43   FIGURA 8-44

En este decaimiento NO hay radiación de fotones, sino paso de energía de los iones a la red del cristal por choques. Si la activación ha sido suficiente se puede tener inversión de población entre el nivel E_2 y el fundamental E_1. Por último, el decaimiento de E_2 a E_1 sí produce radiación coherente. Este decaimiento se produce por estimulación de la propia emisión espontánea. Para que sea así, en los extremos de la barra deben existir ESPEJOS, uno de ellos semireflectante. Si constituye así una cavidad resonante de dimensiones apropiadas, se produce amplificación. Los espejos aquí son de múltiples capas dieléctricas depositadas sobre vidrio o cuarzo;,es decir no son espejos metálicos (aunque se ha usado en alguna oportunidad finísimas capas de oro). Por estar en juego tres niveles se dice que es un láser de tres niveles. En la fig.8-44 se tiene un esquema del primitivo láser. La activación la provoca la energía luminosa proveniente de un FLASH de Xenón que rodea a la barra de rubí. Se espejaron directamente los extremos. La energía de salida se repartía en múltiples pulsos, lo que es un inconveniente.

Para lograr concentrar la energía en un único pulso ("pulso gigante") se recurre a técnicas que permiten variar el FACTOR DE CALIDAD (Q) de la cavidad de resonancia. La variación de Q debe estar sincronizada con el disparo del flash. En la fig.7-45 se tiene un posible dispositivo. El mecanismo de variación de Q suele denominarse "Q-switch", que puede traducirse como "conmutador de Q". Es curioso que switch también signifique barra. El motor M rota al espejo de semireflexión a unas 24.000 *rpm*. El disparo del flash de alta tensión se coordina con un detector y un temporizador, de modo que se produzca cuando los espejos en cierto instante pasen a ser paralelos.

La barra de rubí y el flash ocupan las líneas focales de una caja de sección elíptica, de modo que la luz del flash se concentre sobre la barra.

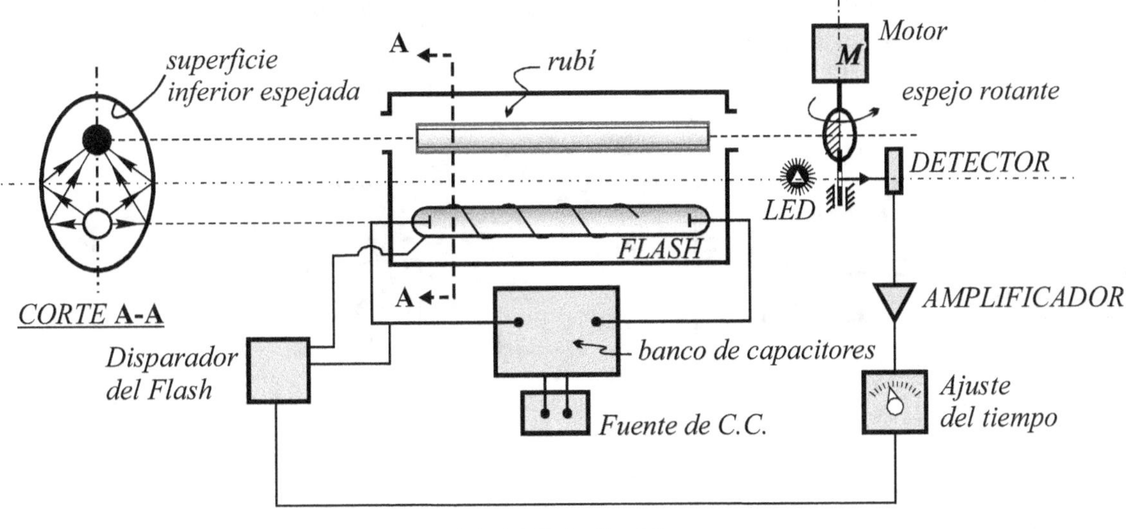

FIGURA 8-45

Sintéticamente diremos que para lograr concentrar la energía en un solo pulso el Q-switch mantiene el valor de Q de la cavidad en casi cero y lo eleva cuando el flash a enviado suficiente energía al rubí. Exlsten otros mecanismos para efectuar esa función.

8.11.2. Láser de Helio-Neón

Es más sencillo que el anterior porque no requiere Q-switch, además es de emisión continua. Consta de un tubo de vidrio de dimensiones apropiadas con una mezcla de He y Ne en la proporción de 5 átomos de He por 1 de Ne, con presiones parciales de 0,5 y 0,1 mm de Hg respectivamente (fig.8-46). La activación se puede lograr con corrientes electrónicas provocadas desde el exterior por radiofrecuencia o bien con electrodos dentro del tubo, conectados a fuentes de tensión continua o pulsante.

Participan 4 niveles de energía: una del He y tres del Ne, (fig.8-47). Los electrones provocan la elevación del nivel de energía del He del fundamental al metaestable E_4 de 20,61 eV y también cierta proporción de átomos de Ne son elevados al nivel E_3 que sólo difiere de E_4 en 0,05 eV. La población N_3 de este nivel también se incrementa por choques con átomos de He. Se produce una inversión de población entre el nivel E_3 y E_2 y la emisión espontánea de estos niveles provoca la emisión láser de 6,328 Å . Del nivel E_2 se pasa al E_1 por emisión no coherente de 6,680 Å y por último al nivel fundamental sin radiación, la energía de este último decaimiento se entrega a las paredes del tubo como calor. Para que esto ocurra con la rapidez adecuada debe existir una relación definida entre el largo del tubo y su diámetro.

La cavidad resonante está constituida por el tubo y los espejos de los extremos. Si se quiere láser polarizado, la salida del tubo tiene que formar el ángulo de BREWSTER (recordar la polarización por reflexión) (fig 8-48)

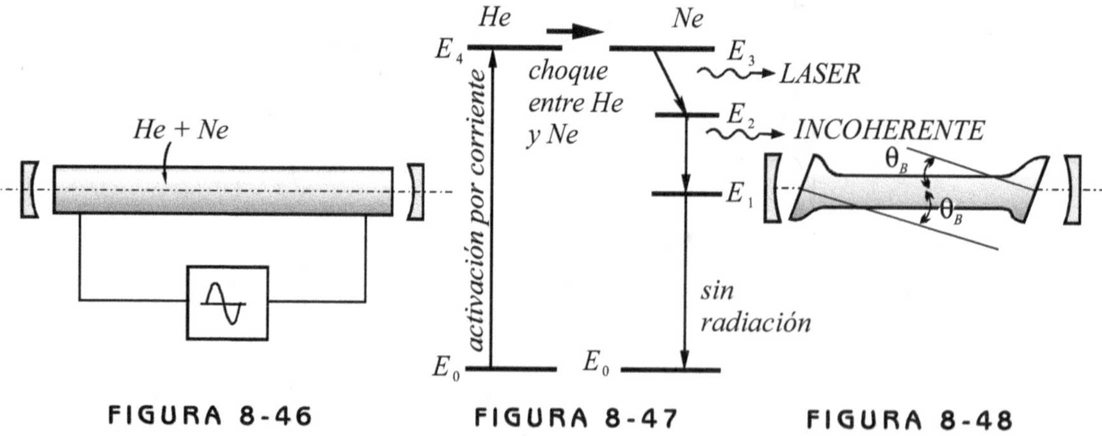

FIGURA 8-46   FIGURA 8-47   FIGURA 8-48

BIBLIOGRAFÍA

- **Beiser, A.** *Conceptos de Física Moderna.* Ed. Mc Graw Hill.

- **Alonso, M. y E. Fin.** *Física Vol. III.* Fondo Educativo Interamericano.

- **Feynman, R. y Leighton, Sands.** *Mecánica Cuántica Vol. III.* Ed. Adison Wesley.

- **Crawford, F.** *Ondas Vol. 3 del Berkeley Phisics Course.* Ed. Reverté.

- **Wichmann, E.** *Física Cuántica Vol. 4 del Berkeley Phisics Course.* Ed. Reverté.

- **Loedel, E.** Física Relativista. Ed. Kapeluz.

- **Halliday; Resnick.** *Física, parte I y II.* Ed. C.E.C.S.A.

- **Frish; Timoreva.** *Curso de Física General, Tomo 3.* Ed. MIR.

- **Aigrain, P. y F. Englert.** *Semiconductores.* Ed. EUDEBA.

- **Semat, H.** *Física Atómica y Nuclear.* Ed. Aguilar.

La presente edición de FÍSICA III
— se terminó de imprimir en Universitas en el mes de agosto de
2020.

Impreso en Argentina

www.ingramcontent.com/pod-product-compliance
Lightning Source LLC
Chambersburg PA
CBHW080935120726
48003CB00011B/3172